高含硫气田培训系列丛书

采气工艺与井控

张庆生　主编

中国石化出版社
·北京·

图书在版编目(CIP)数据

采气工艺与井控 / 张庆生主编. --北京 : 中国石化出版社, 2025.5. --(高含硫气田培训系列丛书).

ISBN 978-7-5114-8016-3

Ⅰ. TE37; TE28

中国国家版本馆 CIP 数据核字第 2025QC2596 号

中国石化出版社出版发行

地址:北京市东城区安定门外大街 58 号

邮编:100011　电话:(010)57512446

发行部电话:(010)57512575

http://www.sinopec-press.com

E-mail:press@sinopec.com

北京科信印刷有限公司印刷

全国各地新华书店经销

*

787 毫米×1092 毫米 16 开本 13.25 印张 320 千字

2025 年 5 月第 1 版　2025 年 5 月第 1 次印刷

定价: 90.00 元

编写指导委员会

编写委员会

前　言

普光气田是国家“川气东送”工程重要的气源地之一，更是中原油田扎实践行习近平总书记“端牢能源饭碗”要求的主战场。气田自2009年10月投产以来，已累计产气超$1200 \times 10^8 m^3$。

普光气田天然气中高含H_2S、CO_2，气体毒性大、腐蚀性强、环境污染风险高，给气田安全生产带来众多难题。气田投产初期，通过引进吸收、自主攻关、改进完善、集成创新，形成了适合普光气田的采气工程系列技术，有效解决了高酸性气田腐蚀防护、投产作业、储层改造、生产测井、井控安全等技术难题。在十多年的开采过程中，高含硫采气工艺与井控技术不断迭代更新，在发展海相酸性气工艺技术的同时，陆相致密/页岩气工艺技术也取得长足进步。

在普光气田开发建设20周年之际，为适应新时代气田的发展要求，在《高含硫气田采气工》《高含硫气田井控技术》等原有教材基础上，我们进一步总结提炼技术成果和管理经验，结合现有书籍资料和现场生产实际情况，编写完成了《采气工艺与井控》培训教材。本教材内容共分8章，主要包括常规采气工程基础知识、致密/页岩气采气技术、高含硫天然气采气技术、井控技术等相关理论知识，涉及增产改造、完井试气、带压作业、产出水回注等重要内容。根据高含硫采气、井控特点，对溶硫剂解堵、气举阀排液、过油管堵水、环空带压监控等含硫气田特殊工艺技术进行了重点介绍，同时列举了常见生产问题及处理措施，可供工程技术等人员学习参考。

本教材由张庆生主编，古小红、王红宾、党军胜统稿。第1章由黄德明、王姝编写，第2章由彭龙、王红宾、蔡文明、徐莹莹编写，第3章由彭龙、吕国强、吴黄溢、王红宾、赵延平编写，第4章由彭龙、熊红武、王龙、唐弢、陈勇光编写，第5章由郭士东编写，第6

章由黄德明、刘爱华编写，第 7 章由王国昌、姜鹏、王记状、赵延平编写，第 8 章由王红宾、常琳编写。

本教材在编写过程中，得到了各级领导的高度重视和大力支持，吸取了行业内多位专家学者的意见和建议，韩兴温、耿波、李卫国、祖钦先、曾浩、孙国奇、李顺林、霍海斌、张志平、刘永涛、王亮、陈贵梅、苟浩嘉、孔祥政等专家、技术骨干和技能操作能手为本教材编写贡献了集体智慧、付出了辛勤劳动，此外还得到中原油田石油工程技术研究院高含硫气田技术研究所和钻完井技术研究所的技术支持，在此一并表示衷心的感谢。

高含硫气田开发生产管理经验在不断积累完善，恳请同志们在教材使用过程中多提宝贵意见，为进一步修订、完善提供借鉴和参考。书中不当及疏漏之处尚祈业内专家学者雅正。

目　　录

第1章 采气地质

气藏地质主要涉及气藏构造、储层、流体性质等方面，地质特征决定了气藏的分布、储量和开采条件，指导采气工程科学、高效、安全进行。本章主要介绍了普光气田开发区地层发育情况、构造特征、储层特征、气藏类型等基础地质内容。

1.1 地 层

地层是指具有一定时间和空间含义的层状岩石的自然组合。河流、湖泊等陆地环境沉积形成的地层称为陆相地层。滨海、浅海、深海等海洋环境沉积形成的地层称为海相地层。

普光气田所属的“宣汉 - 达县区块”(以下称普光气田)和“通南巴区块”(以下称通南巴气田)均位于川东北地区。目前，这两个区块勘探开发层系自上而下涉及侏罗系、三叠系和二叠系地层，石炭系、泥盆系、志留系、奥陶系等以下深部地层则作为气田远景目标层系。

普光气田投入试采的主要含气层段侏罗系中统千佛崖组、侏罗系下统自流井组、三叠系上统须家河组等属于上部陆相地层；投入开发的主要含气层段三叠系下统飞仙关组及二叠系上统长兴组(大隆组)等属于中部海相地层。

通南巴气田投入开发的主要含气层段三叠系须家河组等属于上部陆相地层。

1.1.1 上部陆相地层

川东北地区的气藏上部陆相地层自上而下主要发育侏罗系千佛崖组、自流井组和三叠系上统须家河组。

1)千佛崖组

千佛崖组为一套滨湖 - 半深湖沉积，地层厚度 274 ~ 504m，自上而下划分为千(千佛崖)三段、千二段和千一段三个岩性段。千三段中上部岩性主要为页岩、粉砂质泥岩，局部见有厚层箱状细砂岩；下部主要为细砂岩或粉砂岩与泥岩呈不等厚互层。千二段主要发育泥岩。千一段下部发育泥页岩夹薄层粉砂岩、泥质粉砂岩，向上逐渐过渡为厚层块状砂岩与泥岩互层。

普光气田千佛崖组投入试采的页岩气层分布在千一段中下部(3 小层)、致密砂岩气层分布在千一段上部(5 小层)；通南巴气田千佛崖组正在开展勘探评价工作。

2)自流井组

自流井组主要为河流沉积，地层厚度 253 ~ 464m，自上而下分为大安寨段、马鞍山段、东岳庙段、珍珠冲段四个岩性段。大安寨段以页岩与生物介壳灰岩不等厚互层为主，上部夹泥岩、泥灰岩及细砾岩凸镜体。马鞍山段以泥岩、粉砂质泥岩为主，夹细砂岩、泥质砂岩、泥质粉砂岩，间夹薄层的黑色炭质泥岩。东岳庙段以泥岩、粉砂质泥岩为主，夹粉砂岩、泥质粉砂岩。珍珠冲段为泥岩、粉砂质泥岩与灰色细砂岩、砂岩、粉砂岩呈不等厚互层，局部夹黑色煤层。

普光气田大安寨段含气层段正进行试采评价工作。

3)须家河组

须家河组地层主要为辫状河三角洲沉积，厚度446～999m，自上而下划分为六段，本区须六段和须一段地层部分缺失。须六段为细砂岩夹薄层泥岩、粉砂质泥岩。须五段为细砂岩、粉砂岩、泥质粉砂岩与泥岩、粉砂质泥岩呈略等厚互层，间夹煤层、炭质泥岩。须四段以细砂岩、粉砂岩、石英砂岩为主，夹泥岩、粉砂质泥岩、炭质泥岩、黑色煤线。须三段为泥岩、粉砂质泥岩夹泥质砂岩、泥质粉砂岩、黑色煤层、炭质泥岩。须二段以中砂岩、细砂岩、砂岩、泥质砂岩、泥质粉砂岩为主，夹泥岩、粉砂质泥岩，间夹黑色煤层或黑色炭质泥岩。须一段为深灰色泥岩、粉砂质泥岩。

普光气田须家河组二段、三段和四段含气层已经投入试采。通南巴气田须家河组二段、四段含气层已经投入开发，三段和五段处于勘探评价阶段。普光气田和通南巴气田上部陆相地层特征相似，相对而言，普光气田陆相地层矿物组分更纯一些、碎屑颗粒磨圆稍好、粒径略小。

1.1.2 中部海相地层

川东北中部海相地层自上而下主要发育三叠系雷口坡组、嘉陵江组、飞仙关组，二叠系长兴组(大隆组)、龙潭组、茅口组等，是普光气田主要勘探开发目的层段。中部海相地层通南巴气田的勘探工作尚未突破。本节以普光气田实钻情况介绍中部海相地层的发育特点。

1)雷口坡组

雷口坡组是普光气田飞仙关组和长兴组气藏的盖层，锂、钾资源丰富。地层厚度375m左右，自上而下划分为雷三段、雷二段、雷一段。雷三段以厚层灰岩、泥灰岩为主，夹白云岩及灰质白云岩薄层，底部见薄层硬石膏岩。雷二段主要为白云岩、灰质白云岩、膏质白云岩与薄－中厚层硬石膏岩呈不等厚互层。雷一段为白云岩、泥质白云岩与薄层硬石膏岩呈不等厚互层。

2)嘉陵江组

嘉陵江组是普光气田飞仙关组和长兴组气藏的主要盖层，锂、钾资源丰富。地层厚度1350m左右，自上而下划分为嘉四－五段、嘉三段、嘉二段、嘉一段。嘉四－五段为厚层硬石膏岩与巨厚层盐岩、厚层膏盐岩呈不等厚互层，间夹薄层白云岩、灰岩、膏质白云岩。嘉三段以厚层灰岩为主，底部夹薄层膏质白云岩、灰质白云岩、泥灰岩。嘉二段为厚层硬石膏岩与灰岩、白云质灰岩略等厚互层。嘉一段以巨厚层灰岩为主，上部夹泥灰岩薄层。

3)飞仙关组

飞仙关组是普光气田主要开发层系，地层厚度为445～720m，自上而下划分为飞(飞仙关)四段、飞三段、飞一二段。飞四段为白云岩、灰岩、石膏质白云岩与灰白色石膏不等厚互层，以石膏层发育为特征。地层厚度一般在50m左右，整体由东向西增厚，石膏层趋于更发育。飞三段为灰色、深灰色中至厚层状含泥灰岩、微晶灰岩、白云岩夹鲕粒灰岩、砂屑灰岩、溶孔状白云岩。飞一二段为灰色、深灰色结晶白云岩、溶孔状白云岩、鲕状白云岩、残余藻屑白云岩。

4）长兴组（大隆组）

长兴组（大隆组）沉积期，普光气田东北部为浅水区，西南部为深水区，同期沉积形成了两种不同岩性的地层。东北部区域（老君－普光主体－大湾－毛坝－分水岭一带）以生物礁滩沉积为主，称为长兴组；西南部区域（宣汉东－双石庙－雷音铺－双庙场－铁山北一带）以泥岩、页岩沉积为主，称为大隆组。

长兴组发育在普光气田东北部，为普光气田主力开发层系。地层厚度92～290m，顶部为含白云质、硅质、泥质灰岩；中、上部为中厚层状生物礁灰岩、生屑灰岩或溶孔云岩，以富含燧石结核为特征；底部主要为纯灰岩。

大隆组发育在普光气田西南部，是海相页岩气主要试采评价层段。地层厚度40～500m，主要为灰黑、深灰色炭质泥岩、页岩，上部夹深灰色泥质灰岩。

5）龙潭组

龙潭组是海相页岩气主要试采评价层段。地层厚度33～120m，主要岩性为灰色燧石灰岩含燧石层，底为黑色页岩。

6）茅口组

茅口组发育岩溶储层，为主要勘探评价层段。地层厚度140～200m，主要岩性为深灰色灰岩生物灰岩，顶部硅质岩，下部夹泥质岩。

普光气田中部海相地层中的飞一二段、飞三段和长兴组含气层系是普光气田的主力开发层段，大隆组、龙潭组和茅口组地层是主要的勘探评价层段，有希望实现勘探突破。通南巴气田中部海相地层的勘探工作尚未突破。雷口坡组和嘉陵江组锂、钾资源丰富，具有较高的社会经济价值，也是川东北地区拓展新矿产资源的重要勘探评价层段。

1.1.3 深部海相地层

深部海相地层自上而下主要包括石炭系、志留系、泥盆系等地层，是川东北地区的远景勘探目标。

1.2 构 造

地壳运动造成地层变形（或变位）形成的各种地层形态称为地质构造。地质构造分为褶皱构造和断裂构造。在地壳运动所产生的构造力作用下，使水平岩层变成波状弯曲形态，但未丧失其连续完整性，这样的构造称为褶皱构造。褶皱构造是两个或多个背斜和向斜的联合。断裂构造是指岩层在地壳运动的影响下发生破裂，若岩层沿破碎面没有显著位移，称为裂缝；若岩层沿破碎面有显著位移，称为断层。

普光气田和通南巴气田构造位于川东北断褶带，主要形成有北东向和北西向构造，整体特点是褶皱强烈、断裂发育。普光气田和通南巴气田相距约50km，构造特征差异较大，普光气田投入开发的主要是中部海相地层，通南巴气田投入开发的主要是上部陆相地层。这里重点介绍普光气田中部海相地层和通南巴气田上部陆相地层构造特征。

1.2.1 普光气田

普光气田中部海相地层构造依断层走向分为北东向和北西向两组断裂体系。区内主要发育东岳寨－普光构造、大湾构造、毛坝构造、老君构造、双庙构造、普光西构造及清溪场构造等。这里主要介绍开发区普光构造、大湾构造和毛坝构造的特征。

1)普光构造

普光构造整体表现为与逆冲断层有关的西南高北东低、北北东走向的大型长轴断背斜型构造，构造位置处于双石庙－普光背斜带的北段，主要发育于嘉陵江组以下的中部海相地层中。断裂系统分为北东向和北西向两组，包括东岳寨－普光、普光 7、老君庙南及普光 3 等 4 条断层，其中东岳寨－普光断层是普光构造的主控断层。普光 3 断层将普光构造分为普光 2 块圈闭、普光 3 块圈闭两个次级圈闭，开发上简称为普光 2 块和普光 3 块，普光气田主体飞一段顶面构造见图 1－1。

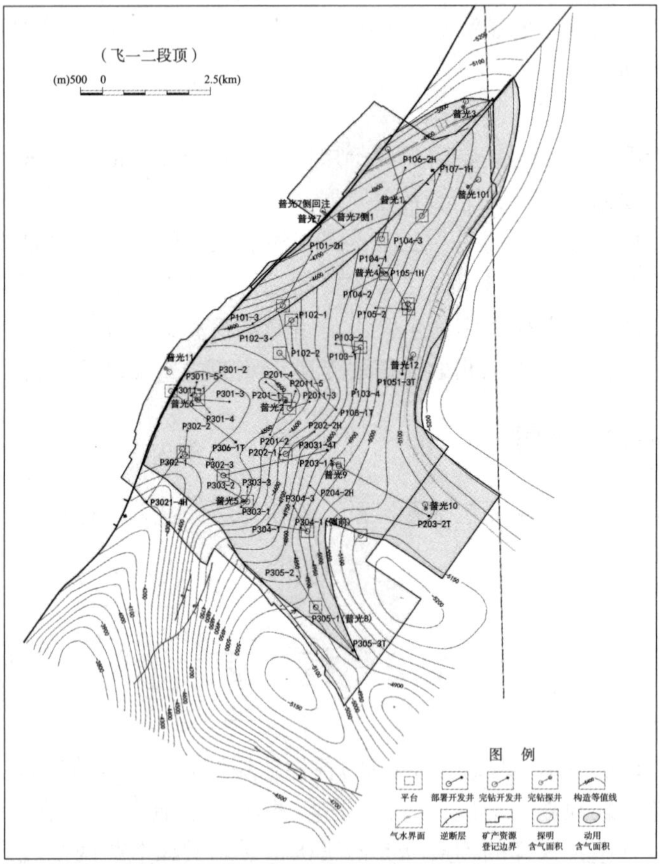

图 1－1 普光气田主体飞一段顶面构造图

普光 2 块西北与普光 3 断层和普光 7 断层相邻，断层封闭；西南至相变带和普光南断层，东南与老君构造相邻，受储层边界控制，为一典型的构造－岩性圈闭。

普光3块西侧与普光7断层相邻，东侧为普光3断层，向东北逐渐倾伏。东北受储层边界线控制，其他各方向则受断层遮挡，也是一个构造－岩性圈闭。

2）大湾构造

大湾构造为铁山坡构造向区内延伸的南翼，整体构造格局由南向北逐渐抬升，东西通过大湾东、西两条断层分别与毛坝构造和普光西构造相连接，为一轴向北北东向的背斜构造。大湾构造北部飞仙关组沉积环境与普光主体相似，南部储层边界线明显。大湾构造整体是以毛坝东断层与大湾东断层作为东西边界，南部边界线与北部的大湾2北断层共同形成的构造－岩性圈闭。毛坝－大湾区块飞一段顶面构造见图1－2。

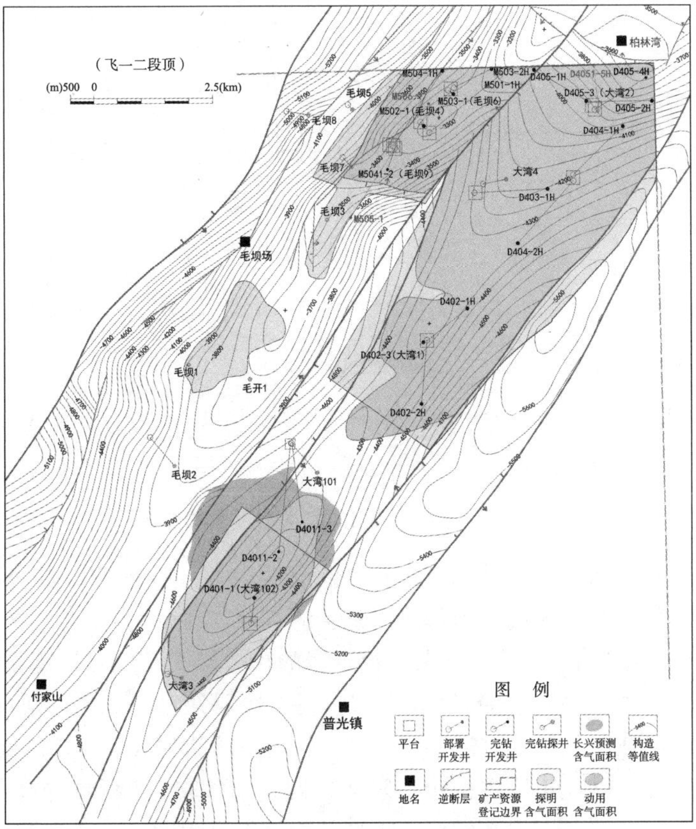

图1－2　毛坝－大湾区块飞一段顶面构造图

3）毛坝构造

毛坝构造位于毛坝场－双庙场构造带北端，是受毛坝东断层、毛坝西断层以及多条次级断层控制的长轴背斜构造，背斜长轴走向北东。构造西翼陡东翼相对较缓，构造主体高部位位于毛坝3井－毛坝4井－坡5井区一线。由于毛坝3北断层的分隔作用，毛坝场构造可以分为毛坝3和毛坝4两个次级构造－岩性圈闭构造，见图1－2。

1.2.2　通南巴气田

通南巴区块须家河组受三期构造运动影响，形成“两凹一隆一推覆带”构造格局。主要发育北西－北北西走向逆断层，平面多呈雁列式。发育二级断层1组，三级断层12条，四级断层85条，通南巴气田须家河组顶面构造见图1－3。

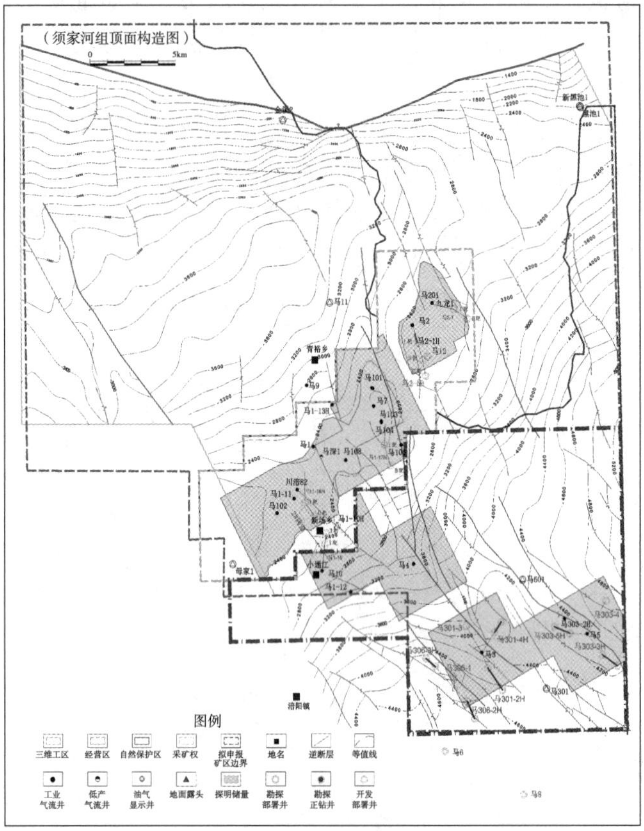

图 1－3　通南巴气田须家河组顶面构造图

马路背背斜－通江向斜转折带断层扭转，北北西向－北西向两组断裂呈 30°斜交，发育多期、多方向断层。断层末端应力释放，是裂缝有利发育带。

通南巴气田主要发育 4 种有利于有效圈闭形成的构造样式。依据断裂发育规模，平面上划分为 11 个断裂带。马 2 块划分为 2 个断裂带；马 1 块划分为 3 个断裂带；马 3 块划分为 5 个断裂带；母家梁北构造分为 1 个断裂带。须家河组有效圈闭主要为构造－岩性圈闭。

通南巴气田更接近盆地边缘造山带，陆相地层构造改造强度和规模均大于普光气田。通南巴气田须家河组地层断裂构造发育，特别是裂缝发育程度远高于普光气田须家河组地层。裂缝是通南巴须家河组气藏高产井主控因素。

1.3　储　层

储层是具有连通空隙、允许油气在其中储存和渗流的岩层。储层必须具备储存油气的空间和油气流动的条件。并非所有的储层都已经储集了油气，储集了油气的储层才称含油气层或油层、气层，含油气层是勘探开发的目的层。储层是构成油气藏的基本要素之一，是控制油气分布、储量及产能的主要因素。

川东北地区发现的储层主要有三类，分别是碎屑岩储层，如砂岩、粉砂岩储层等；碳酸盐岩储层，如白云岩、生物灰岩、鲕状灰岩储层等；特殊岩性储层，如页岩储层等。

普光气田投入开发的储层主要为白云岩、生物灰岩类储层；通南巴气田投入开发的储层主要为砂岩、粉砂岩类储层。这里重点介绍已投入开发的储层特征。

1.3.1　普光气田

普光气田投入开发主要含气层段为长兴组和飞仙关组。长兴组和飞仙关组由海相碳酸盐台地边缘沉积形成。飞仙关组主要发育有台地边缘暴露浅滩相；长兴组主要发育有台地边缘生物礁相及台地边缘浅滩相等。

飞仙关组储层岩石类型复杂，以白云岩为主，主要发育6种岩石类型，即鲕粒白云岩、残余鲕粒白云岩、糖粒状残余鲕粒白云岩、含砾屑鲕粒白云岩、含砂屑泥晶白云岩和结晶白云岩等，其中鲕粒白云岩和残余鲕粒白云岩是最重要的两种类型。长兴组储层主要为一套礁滩－白云岩组合，岩性以结晶白云岩、生屑白云岩、砂屑白云岩、砾屑白云岩、海绵礁白云岩、海绵礁灰岩为主，其中结晶白云岩、砾屑白云岩和海绵礁白云岩为重要的岩石类型。

储层储集空间主要为孔隙和裂缝两种类型，以孔隙为主，裂缝发育较少，储层物性整体较好。飞仙关组以中孔中渗、高孔高渗储层为主，孔隙度在0.94%～25.22%，平均为8.11%；长兴组以高、中孔，中低渗储层为主，孔隙度在1.11%～23.05%，平均孔隙度为7.08%。纵向上，飞三段储层物性相对较差，飞一二段储层物性最好；长兴组储层物性中等至较好，上部局部发育高孔中渗带，下部储层物性较差。

普光气田以飞仙关组储层为主。普光主体储层整体呈块状，纵向上各类储层交错分布，储层非均质性非常强。飞仙关组储层在普光2井、普光6井附近厚度最大，向四周变薄；长兴组储层受生物礁控制呈点状分布，普光6井、普光8井区储层最厚。

大湾气藏飞仙关组储层主要发育在大湾1、大湾2井区和大湾102井区，大湾1、大湾2井区储层总厚度在148.5～157.4m，由大湾1井往大湾2井飞仙关组储层呈变厚趋势，且Ⅰ类、Ⅱ类储层明显增厚；大湾102井区储层发育局限，最厚120m左右。

毛坝气藏飞仙关组储层主要发育在北部毛坝4、毛坝6井区，厚度中心在毛坝4井附近，厚250m左右，往四周减薄，至毛坝3井相变为非储层。

1.3.2　通南巴气田

通南巴气田投入开发主要含气层段为须家河组须二段和须四段。须家河组为陆相辫状河三角洲－滨浅湖沉积体系。须二段沉积物来自北部古秦岭造山带，须四段沉积物来自东北部古大巴山－米仓山。

须二段发育细粒岩屑石英砂岩，石英含量整体较高，成分成熟度较须四段高，胶结物以泥质为主。须四段发育中－粗粒岩屑砂岩、长石岩屑砂岩，岩屑含量30%左右，胶结物以泥质和灰质为主，须四段近物源区发育砾岩。孔隙类型主要为粒间溶孔、长石溶孔和杂基微孔，局部发育裂缝。岩心实测储层孔隙度平均值3.9%，渗透率平均值0.11mD。须二段、须四段储层为裂缝－孔隙型致密砂岩储层。

整体上优质储层分布主要受构造裂缝和主河道砂体分布等因素控制，连片性差，比较零散。须二段储层主要发育在母家梁断裂带北部、马9－马103井区、马4井区东，厚度

10～32m。须四1砂组储层在马6背斜零散分布，马3块东南部及马6井区西部，厚度10～25m；须四3砂组储层主要发育在马2块东北部、马101－108井区、马102井区以及马3块马5、马3西井区，厚度10～25m。

1.4　气藏类型

气藏是天然气在地下储层中聚集形成的。气藏的分类可以根据天然气的组分和性质划分，如根据天然气中H_2S的含量，气藏可以分为低含硫气藏、高含硫气藏、特高含硫气藏等，含H_2S气藏分类标准见表1－1；也可以根据气藏的地质特征划分，如根据储层类型，气藏可以分为砂岩气藏、碳酸盐岩气藏、页岩气藏等。气藏一般根据其主要特征要素和开发生产需要进行划分类型。

表1－1　含H_2S气藏分类标准

H_2S体积含量/%	<0.0013	0.0013～0.3	0.3～2.0	2.0～10	10～50	>50
气藏分类	微含	低含	中含	高含	特高含	纯H_2S气藏

1.4.1　普光气田

（1）普光主体飞仙关组和长兴组气藏地层温度118～130℃，地层静温梯度为1.98～2.21℃/100m，为低温系统。原始地层压力55.24～56.84MPa，地层压力系数1.00～1.18，均为常压系统。

普光主体天然气中CH_4含量70.53%～88.5%，H_2S含量3.38%～17.05%，CO_2含量4.2%～14.25%，为特高含H_2S、中含CO_2气藏。

（2）大湾气藏地层温度109℃，地温梯度为1.9℃/100m，为低温系统；原始地层压力为51.85～61.43MPa，地层压力系数1.08～1.25，为正常压力系统。

大湾气藏CH_4含量70.05%～78.20%，H_2S含量11.11%～12.84%，CO_2含量8.65%～11.78%，为特高含H_2S、中含CO_2气藏。

（3）毛坝气藏（毛坝4、毛坝6井区）地层温度90℃左右，地温梯度2.0～3.6℃/100m，属常温系统；原始地层压力为49.28～49.96MPa，压力系数1.27～1.30，为正常压力系统。

毛坝气藏CH_4含量71.87%～81.47%，C_2H_6含量0.02%～0.21%，H_2S含量11.75%～16.87%，CO_2含量为4.18%～10.05%，为特高含H_2S、中含CO_2气藏。

根据地层压力、流体组分和储层岩性等主要特点，普光气田投入开发的普光主体、大湾气藏和毛坝气藏都属于常压、特高含H_2S、中含CO_2、碳酸盐岩气藏。

1.4.2　通南巴气田

马1、马2块须家河组气藏原始地层压力39.1～55.3MPa，压力系数1.5～1.76；马3块须家河组气藏原始地层压力为85.84～107.6MPa，压力系数达到1.79～1.97，均属于高压系统。马1、马2和马3块的地温梯度相近，梯度变化范围1.84～2.12℃/100m，为低温系统。

须家河组气藏 CH_4 含量 98.54% ~98.98%，平均含量 98.75%，属于干气藏。

根据地层压力、流体组分和储层岩性等主要特点，通南巴气田投入开发的须家河组气藏属于异常高压、致密砂岩、干气藏。

思考与练习

1. 什么是陆相地层？它与海相地层的区别是什么？
2. 普光气田的构造特点是什么？
3. 普光气田和通南巴气田储层物性最大的不同是什么？
4. 普光气田属于哪种气藏类型，它的划分标准是什么？
5. 通南巴气田属于哪种气藏类型？

第 2 章　采气工程基础

采气工程基础包括采气工艺基本原理、工艺技术和设计计算方法，旨在实现天然气的高效开采和利用。本章主要介绍与普光气田采气工程技术相关的采气工程基础知识，包括采气常用术语、气井完井方式、井口装置及生产管柱、气井开采工艺、气井增产工艺等。

2.1　采气常用术语

1）压力

采气工程常用的压力单位有 MPa、kPa、Pa、bar 和 psi 等。几种压力单位换算关系：1MPa = 1000kPa = 10bar = 145.04psi。

（1）原始地层压力。气藏在原始静止状态下的压力，也就是气藏刚被打开时的压力，称为原始地层压力。原始地层压力是从气藏上第一口获得气流的探井（或称发现井）中取得的。

（2）目前地层压力。气藏开发一段时间后，在静止状态下的压力，称为目前地层压力。目前地层压力是气藏开发中通过生产井关井取得的。

（3）井底流动压力。气井开井生产时，气层中部深度的压力称为井底流动压力。

（4）井口压力。气井的井口压力是采气井井口内流体的压力。井口压力分油管压力和套管压力。

（5）外输压力。天然气经过集气站采气地面流程设备预处理后，进入外输管道时的压力称为外输压力。

（6）采气压差。气井开井生产时地层压力与井底流动压力的差值为采气压差。

（7）井筒压力损失。气井生产时井底流动压力与井口压力的差值为井筒压力损失。

（8）地面压力损失。气井生产时井口压力与外输压力的差值为地面压力损失。

2）温度

采气工程常用的温度单位有摄氏温度和开尔文温度。摄氏温度用℃表示，开尔文温度用 K 表示，两种温度换算关系：开尔文温度 = 摄氏温度 + 273.15。

（1）地层温度。在气层中部的温度称为地层温度。地层温度是气井关井后由井底温度计至气层中部测得，地层温度在气藏开发过程中可以近似认为不变。

（2）关井井口温度。关井井口温度指气井关井后的天然气温度。关井井口温度是个变数，初期关井时温度高，随关井时间延长温度降低，最后等于大气温度，并随大气温度的变化而变化。

（3）井口流动温度。井口流动温度指气井采气时井口天然气的温度。

(4)井筒平均温度。井筒平均温度指气井井筒中部的温度。井筒平均温度 =(井口温度 + 地层温度)/2。

(5)地热增温率。地表以下某个深度的温度常年基本不变，该深度的地层称恒温层，该地层的温度称为恒温温度。由于地热作用，从恒温层向下温度逐渐升高，温度每增加1℃时地层增加的深度称为地热增温率。地热增温率的倒数称为地温梯度。

3)流量

单位时间内从气井产出的气态或液态物质的数量称为流量。天然气流量常用 Nm^3/d，地层水常用 m^3/d，凝析油、原油常用 t/d 或 m^3/d。

(1)绝对无阻流量。为了比较气井和气井之间或气井在不同阶段生产能力的大小，常用绝对无阻流量的概念，绝对无阻流量是在气井井底流动压力等于 0.101MPa 时的气井产量，它是气井的最大理论产量。

(2)无阻流量。无阻流量是在气井井口流动压力等于 0.101MPa 时的气井产量。

(3)产液量。产液量指在一定时间内，气井所生产的液体的总量。

(4)产气量。产气量指在一定时间内，气井所生产的气体的总量。

(5)气液比和气油比。气液比和气油比表示气井产气量和产液量(或产油量)的比例，气液比 = 产气量/产液量，气油比 = 产气量/产油量。

4)采气速度

一年采出的气量与可采储量之比称为采气速度，以% 表示，一般为 3% ~10%。采气速度反映采出量的快慢，具体由下游对天然气量的需求及气藏特性来决定。

5)采出程度

气藏到某个时刻采出的气量总和与可采储量之比称为采出程度，以% 表示。它反映气田地质储量的采出状况，是衡量开发效果的一个重要指标。

6)采收率

气藏采气结束时采出的气量总和与可采储量之比称为采收率，以% 表示，它是气藏开发最终的采出程度。采收率的高低可反映采气工艺技术水平的高低，也与气藏地质特性有关。

2.2　气井完井方式

按照现代完井工程的概念，气井完井是指从钻开目的层(生产层)开始，到气井投入生产的全过程，它既是钻井工程的最后一道工序，又是采气工程的开始，是衔接钻井和采气工程而又相对独立的工程，是从钻开气层开始，到下套管、注水泥固井、射孔、下生产管柱、排液，直至投产的系统工程，对钻井工程和采气工程起着承前启后的重要作用。气井常用的完井方式主要有射孔完井和裸眼完井。

2.2.1　射孔完井

射孔完井是国内外使用最为广泛和最主要的一种完井方式。射孔完井主要用于易坍塌的砂岩油气层、要进行选择性增产措施的油气层、多产层的油气藏、有底水的油气藏和油、气、水关系复杂的油气层，为防止水对开采的干扰，多采用射孔完井。射孔完井有套管射孔完井、尾管射孔完井等方式。

1)套管射孔完井

套管射孔完井是首先钻穿油层直至设计井深，然后下油层套管至油层底部注水泥固井，最后射孔，射孔弹射穿油层套管、水泥环并穿透油层某一深度，建立起油气流的通道。套管射孔完井既可选择性地射开不同压力、不同物性的油层，以避免层间干扰，还可避开夹层水、底水和气顶，避开夹层的坍塌，也可为实施分层注、采和选择性压裂或酸化等分层作业创造井筒条件。

2)尾管射孔完井

尾管射孔完井是在钻头钻至油气层顶界后，下技术套管注水泥固井，然后用小一级的钻头，穿油气层至设计井深，用钻具将尾管送下并悬挂在技术套管上。尾管和技术套管的重合段一般不小于50m，再对尾管注水泥固井，然后射孔。

3)射孔工艺

气层下入套管固井后，需要采用射孔的方法沟通产层与井筒，目前气田开发中常用的射孔工艺有电缆输送射孔和油管输送射孔等方式，即分别采用电缆和油管输送射孔器至目的层，进行定位射孔。

射孔器由射孔弹、射孔枪、弹架、起爆传爆部件(或装置)等构成，射孔弹装配在射孔枪(密封的钢管)内。按穿孔性能分深穿透射孔器、大孔径射孔器；按射孔孔密分常规孔密射孔器；高孔密射孔器；按耐温级别分常温射孔器、高温射孔器、超高温射孔器。射孔弹是在射孔过程中用于穿透套管、水泥环和地层的火工品，它由弹壳、炸药和药型罩三个部分组成。炸药是射孔弹穿孔的动力源，其技术参数直接影响到射孔弹的穿孔性能。药型罩一般为锥型或抛物线型，它是由铜、铅、钨等金属粉末压制而成。射孔参数主要有穿深、孔密、孔径、相位角等。穿深即射孔穿透深度，是指射孔孔道的长度；射孔孔密是指每米长度内所射孔眼的数量；孔径也叫孔眼直径，是表示射孔孔道大小的重要参数；相邻两个射孔弹之间的夹角叫作相位角。

2.2.2 裸眼完井

生产层段裸露的完井方式称为裸眼完井，该完井方式多用于碳酸盐岩、硬砂岩和胶结比较好、层位比较简单的油(气)层。优点是生产层裸露面积大，油、气流入井内的阻力小，但不适用于不同性质、不同压力的多油(气)层。裸眼完井主要包括以下几种形式。

1)先期裸眼完井和后期裸眼完井

根据钻开生产层和下入套管的时间先后，裸眼完井方式又分为先期裸眼完井和后期裸眼完井。先期裸眼完井是钻头钻至油层顶界附近后，下技术套管注水泥固井，水泥浆上返至预定的设计高度后，再从技术套管中下入直径较小的钻头，钻穿水泥塞，钻开油层至设计井深完井。后期裸眼完井是不更换钻头，直接钻穿油层至设计井深，然后下技术套管至油层顶界附近，注水泥固井。

2)割缝衬管完井

为防止裸眼井段地层坍塌，在裸眼井段下入割缝衬管，并悬挂在技术套管上的完井方式称为割缝衬管完井(图2－1)，此完井方式简单，既可防止井塌，还可将投产井段分成若干段进行小型措施，操作简单成本低。

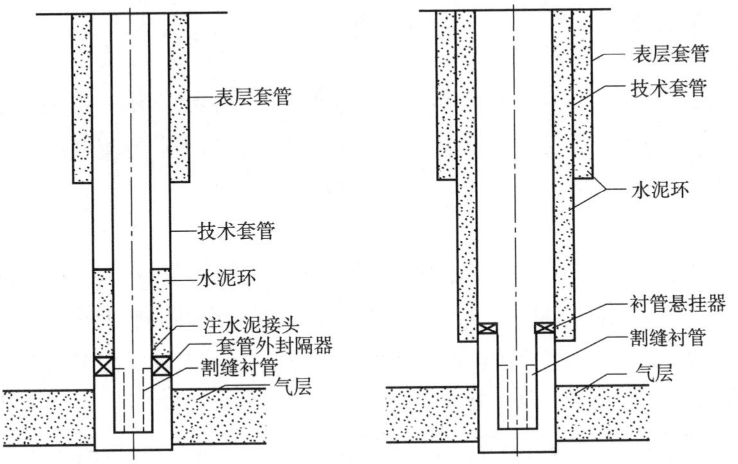

图2-1 割缝衬管完井示意图

3)裸眼预充填砾石筛管完井

为阻止生产过程中的出砂情况，在衬管和井壁之间充填一定尺寸和数量的砾石的完井方法称为砾石充填完井。裸眼水平井砾石未完全充填时，井眼可能发生坍塌，因此裸眼水平井多采用预充填砾石筛管完井(图2-2)。

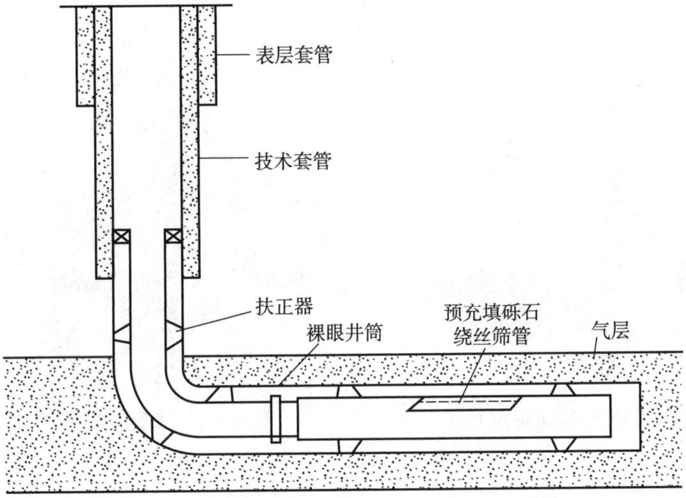

图2-2 裸眼预充填砾石筛管完井示意图

2.3 井口装置及生产管柱

井口装置及生产管柱是气井生产的重要组成部分，为气井提供了流动通道，两者的选择必须考虑到油气的性质、压力、温度等因素，以确保气井长期安全稳定生产。井口装置与生产管柱相连，主要用于控制油气的流动、保证生产安全，以及进行必要的测量和监控。生产管柱则是连接井口装置和井底的管道系统，主要作用是引导油气从井底流向井口。

2.3.1 井口装置

气井井口装置由套管头、油管头和采气树组成。其主要作用一是悬挂油管、密封油管和套管之间的环形空间；二是通过油管或套管环形空间进行采气、压井、洗井、酸化、加注防腐剂等作业；三是控制气井的开关，调节压力、流量。

1)套管头

套管头是钻井过程中安装、使用，用来悬挂和密封各层套管。套管头的层(级)数由井下套管结构决定，有单层、双层、三层或四层之分。套管头侧翼由压力表、平板阀、丝扣法兰、截止阀、堵头(表补芯)等组成。套管头压力级别 14MPa、21MPa、35MPa、70MPa、105MPa、140MPa，材料级别 AA、BB、CC、DD、EE、FF、HH 级。

套管头根据套管悬挂器的形式不同，可以分为芯轴式和卡瓦式结构的悬挂器(图 2-3、图 2-4)，还有焊接式，多用于表层。芯轴式悬挂器在下完套管以后通常要用双公短节来调节套管的长度，要求下套管的时候计算相对比较精确，芯轴式套管头水泥通常返至地面，坐挂时不需要悬重，直接坐挂即可。芯轴式悬挂器适宜在井口深、腐蚀性强、高压气井的环境中使用。卡瓦式悬挂器可以直接根据套管下入的深度按照要求直接割断即可，不需要调整其高度，安装比较方便快捷，水泥不能返至地面，坐挂时需要吨位坐入悬挂器，激发卡瓦牙抱紧套管，同时激发密封圈膨胀密封。

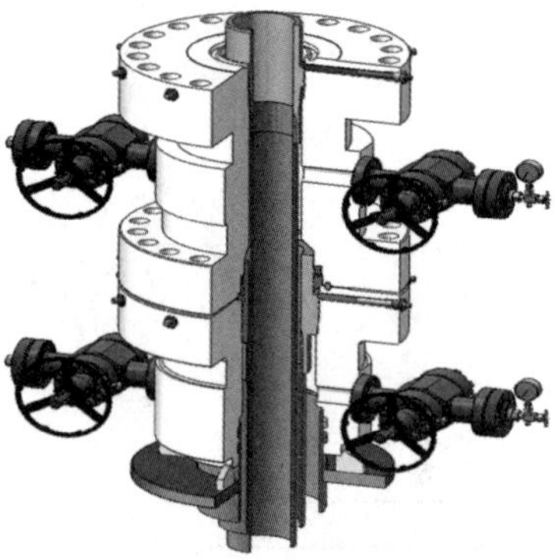

图 2-3　芯轴式套管头示意图

图 2-4　卡瓦式套管头示意图

2)油管头四通

油管头四通是由油管头、油管悬挂器、锁紧螺钉、附件、阀等组成的组合装置，通常是一个两端带法兰的大四通，安装在套管头的上法兰上层、采气树的下层，有容纳密封套管柱的封隔机构、悬挂和密封油管柱、控制环空压力和承接其上部设备全部载荷的作用。其中，油管悬挂器是悬挂油管柱并密封油管和套管之间环形空间的一种装置，密封方式是油管悬挂器与油管连接利用油管重力坐入油管挂大四通锥体内，便于操作，换井口速度快、安全。

3)采气树

采气树和油管头四通一般统称为完井井口或采气井口。采气树安装于油管四通上部，用于引导井中采出油气通向地面的输油气管线，控制和调节气井流量和压力，为实施酸化压裂、生产测试、井口取样、热洗等生产作业提供条件。

(1)采气树结构形式。

井口采气树按结构形式分为整体式和分体式两类，按外观分为Y形采气树和十字形采气树，其示意图分别见图2－5、图2－6。整体式采气树是指几个阀门连接在一个锻件上的采气树，各阀门之间不连接。整体式采气树体积相对较小，多用于海上平台的油气井。与分体式采气树相比，整体式采气树潜在的漏点少、安全性好。分体式采气树由几组阀门、四通等独立部件组装而成，优点是各个闸阀及其他部件独立，组装、维修和更换方便。

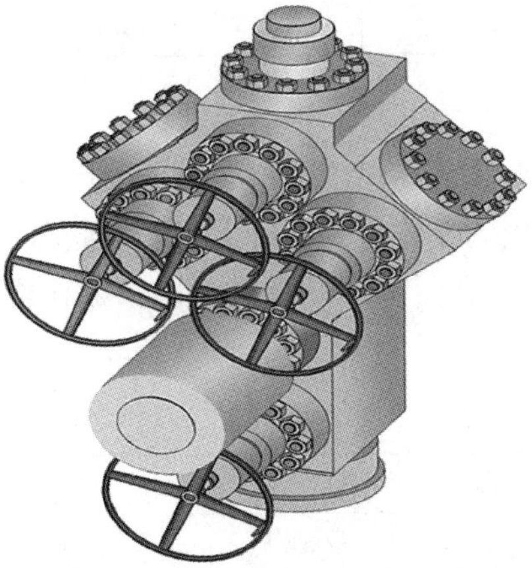

图2－5　Y形整体式井口示意图

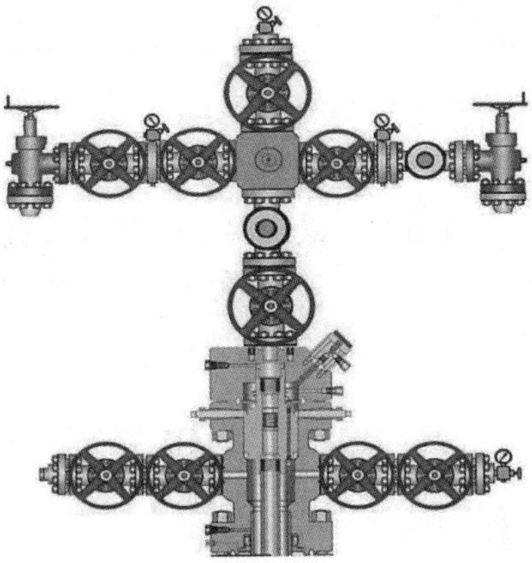

图2－6　十字形分体式井口示意图

(2)采气树规格型号。

采气树规格型号的主要技术表征参数由代号、主通径、侧通径、压力级别等组成。常用代号为采油井口装置(KY)、采气井口装置(KQ)、注水井口装置(KZ)、热采井口装置(KR)、试油井口装置(KS)、压裂酸化井口装置(KL)等六类。额定工作压力是井口装置能承受和(或)控制的最大工作压力。

例如，KQ78×65－105井口装置表示为主通径78mm、侧通径65mm、压力105MPa的采气井口。国内井口装置常见型号有KQ65－70(KQ $2\frac{9}{16}$in×$2\frac{9}{16}$in－10000psi)、KQ65－105(KQ $2\frac{9}{16}$in×$2\frac{9}{16}$in－15000psi)、KQ78×65－70(KQ $3\frac{3}{16}$in×$2\frac{9}{16}$in－10000psi)、KQ78×65－105(KQ $3\frac{1}{16}$in×$2\frac{9}{16}$in－15000psi)等。

(3)材料类别。

井口装置根据不同组件的材质类别分为AA、BB、CC、DD、EE、FF和HH级七种(表2－1)。根据不同的工况条件选用对应材质的井口。

表2－1　井口装置材料

材料类别		材料	
		本体、阀盖、端部和出口连接	芯轴式悬挂器、阀孔密封机构、节流阀调节件和阀杆
AA	一般使用	碳钢或低合金钢或不锈钢或CRA	碳钢或低合金钢或不锈钢或CRA
BB	一般使用	碳钢或低合金钢或不锈钢或CRA	不锈钢或CRA
CC	一般使用	不锈钢或CRA	不锈钢或CRA
DD	酸性环境	碳钢或低合金钢或CRA	碳钢或低合金钢或不锈钢或CRA

续表

材料类别		材料	
		本体、阀盖、端部和出口连接	芯轴式悬挂器、阀孔密封机构、节流阀调节件和阀杆
EE	酸性环境	碳钢或低合金钢或 CRA	不锈钢或 CRA
FF	酸性环境	不锈钢或 CRA	不锈钢或 CRA
HH	酸性环境	CRA	CRA

(4)额定温度等级。

额定温度是指井口装置在使用中可承受的最低和最高温度范围。最低温度是装置可承受的最低环境温度，最高温度是装置可直接接触到的流体最高温度。根据最低和最高温度范围的不同，井口装置分为 K、L、N、P、S、T、U、V 八个级别，详细额定温度值见表 2-2。

表 2-2 额定温度

温度级别	温度范围			
	最低/℃	最高/℃	最低/℉	最高/℉
K	-60	82	-75	180
L	-46	82	-50	180
N	-46	60	-50	140
P	-29	82	-20	180
S	-18	60	0	140
T	-18	82	0	180
U	-18	121	0	250
V	2	121	35	250

(5)产品规范级别。

产品规范级别是指产品的不同技术质量要求。装置材料、焊接、质量控制、检测要求等应满足某一产品规范级别。表示方法为 PSL1、PSL2、PSL3、PSL3G、PSL4。产品规范级别越高，耐压级别越高，密封性能越好。

(6)产品性能级别。

产品性能级别是 API 6A 规定的对井口装置开展的性能检验试验的强制要求，试验内容主要有高低温循环、压力、冲击、硬度等多方面试验。产品性能级别表示在额定的压力、温度和材料等条件下，其性能符合相关要求的级别，表示方法为 PR1、PR2，其中 PR2 对不同工况下各种工作性能的要求更为严格。

2.3.2 油管和气密封扣

油管是采气工程的重要物资，主要用于石油和天然气的开采与输送，按照制造标准规范分为常用 API 油管和特殊气密封油管。

1）常用API油管

API油管主要指的是按照美国石油学会（American Petroleum Institute，简称API）的标准生产和使用的油管。API油管的标准和规范确保了油管的质量与性能，从而保障了石油和天然气开采的安全和效率。常用的API油管尺寸规格有Φ60.3mm、Φ73mm、Φ88.9mm、Φ114.3mm，常用规格尺寸油管见表2－3。

表2－3　常用规格尺寸油管

外径/mm	重量/(N/m)	壁厚/mm	内径/mm	容量/(L/m)	钢级	接头最小连接强度/kN		最小抗内压强度/MPa	适用套管尺寸/mm(in)
						平式	加厚		
60.3	58	4.24	51.8	2.106	J55	184		47.59	114.3～127(4～5)
					N80	267.8		69.18	
	67	4.83	50.7	2.106	J55	219	318	54.13	
					N80	319	463	78.74	
	85	6.45	47.4	1.77	J55	315	414	71	
					N80	458	602	103.2	
73	93～95	5.5	62	3.02	J55	323	443	50.1	127～159(5～6)
					N80	470	645	72.9	
	112～115	7	59	2.73	J55	430	551	63.7	
					N80	626	802	92.7	
	126～127	7.8	57.4	2.59	J55	488	608	71.1	
					N80	709	884	103.4	
	139	8.6	55.8	2.44	J55		662	78.5	
					N80		964	114.2	
	143～152	9.2	54.6	2.34	J55		699	83.6	
					N80		1017	121.5	
88.9	112	5.5	77.9	4.77	J55	398	545	41	159～177.8(6～7)
					N80	579	793	59.6	
	134～136	6.5	76	4.54	J55	487	634	48.2	
					N80	708	922	70.1	
	149～150	7.3	74.2	4.33	J55	566	713	54.8	
					N80	823	1037	79.7	
	185～189	9.5	69.9	3.83	J55	754	901	71.1	
					N80	1096	1310	103.4	
	200	40.5	67.9	3.62	J55		980	78.3	
					N80		1425	113.9	
	215	11.4	66	3.42	J55		1055	85.3	
					N80		1534	124.1	

续表

外径/mm	重量/(N/m)	壁厚/mm	内径/mm	容量/(L/m)	钢级	接头最小连接强度/kN		最小抗内压强度/MPa	适用套管尺寸/mm(in)
						平式	加厚		
114.3	183	6.88	100.5	8.107	J55	637	870	40.77	219.1 ~ 244.5(8 ~9)
					N80	927	1280	59.26	

油管钢级是表征油管强度的重要指标，常用 API 油管钢级有 H40、J55、N80、L80、C90、T95、P110、Q125，钢级越高强度越大，不同钢级油管力学性能见表 2－4。

表 2－4　不同钢级油管力学性能

钢级	屈服强度/MPa	抗拉强度/MPa	洛氏硬度/HRC	布氏硬度/HB
H40	276 ~552	≥414		
J55	379 ~552	≥517		
N80	552 ~758	≥689		
L80	552 ~655	≥655	≤23	≤241
C90	621 ~724	≥689	≤25.4	≤255
T95	655 ~758	≥724	≤25.4	≤255
P110	758 ~965	≥862		
Q125	862 ~1034	≥931		

油管连接方式分为平式油管(NU)、加厚油管(EU)和整体接头油管。平式油管是指管端不经过加厚而直接加工螺纹并带上接箍。加厚油管是指两管端经过加厚以后，再加工螺纹并带上接箍。整体接头油管是指一端经过内加厚加工外螺纹，另一端经过外加厚加工内螺纹，直接连接不带接箍。因制造工艺的限制，整体接头油管只有 Φ50.4mm 以下尺寸。相同规格下加厚油管接头连接强度比平式油管接头连接强度高 20% ~30%。

API 标准螺纹有短圆螺纹(STC)、长圆螺纹(LTC)、偏梯螺纹(BTC)和直连型螺纹(XL)四种。API 螺纹加工容易，成本低、现场易修扣；在密封脂配合下满足 69MPa、149℃的流体密封；可多次重复上卸扣；螺纹为 1∶16 的锥度，在上紧过程中实现公母螺纹保持完全紧密结合。

2)特殊气密封油管

随着油、气井钻井条件的日益苛刻和油气开采技术的发展，API 螺纹已无法满足高温高压井、大斜度井、深井、超深井的工程技术要求，气密封扣已大量应用于高含硫气井、高温高压井、大斜度井、深井、超深井等气井。气密封扣在结构上采用了专门的密封结构和扭矩台肩，在确保气密封性能的同时，其连接强度、抗粘扣、耐应力腐蚀等性能优于常规 API 螺纹。

特殊气密封油管采用金属对金属的密封结构，其原理是依靠光滑的金属表面弹性过盈配合实现密封，是螺纹密封的技术关键。由于特殊气密封油管增加了密封结构，螺纹不再起主要的密封作用，普遍采用连接效率高的偏梯形螺纹。不同厂商在偏梯形螺纹的承载面角度和导向面角度作了适当的改变，其主要目的是提高接头抗复合载荷的能力。同时采用了不同的金属对金属密封结构形式，如锥面对锥面(如 VAM TOP、NSCC)、球面对锥面(如 NK3SB)、球面对柱面(如 FOX)等几种类型。锥面对锥面形式接触面积较大，在同样的接触压力下可获得较好的密封效果；球面对锥面和球面对柱面要获得同样的密封效果，则需要较高的接触压力。扭矩台肩可以有效保证接头的气密封性能、连接强度、抗粘扣、耐应力腐蚀等性能，还可以提高接头抗压缩及弯曲变形能力。通常选用的台肩有直角台肩和反向台肩，与直角台肩相比，反向台肩在拉伸载荷下仍能保持较高的接触压力，具有更好的密封效果。

常用气密封扣主要有 VAM 系列、TP、BG、3SB、NSCC 和 FOX 等几种。

(1)法国 VAM 系列气密封扣。VAM 气密封扣已经形成了 VAM ACE、VAMS、VAMHW、NEW VAM、VAM TOP 系列，可适应不同服役条件的要求，其中 VAM TOP 气密封扣应用较广泛。VAM TOP 扣沿用偏梯形螺纹牙型，螺纹连接强度高。VAM TOP 采用钩状螺纹(承载面角度 -3°，导向面角度 +10°，见图 2-7)、锥面对锥面、反向 15°锐角扭矩台肩、双重金属接触形式提高了连接的密封性能。带有 20°锥度金属与金属密封系统，在复杂的井况条件下也能保持完整性。钩状螺纹增大了对滑扣的阻力，减小了在更高弯曲和拉伸/压缩之下对接箍上的周向应力，适合在长斜井和水平井上应用。在复合载荷条件之下，反向角度扭矩台肩表现出良好的密封性能和结构阻力。

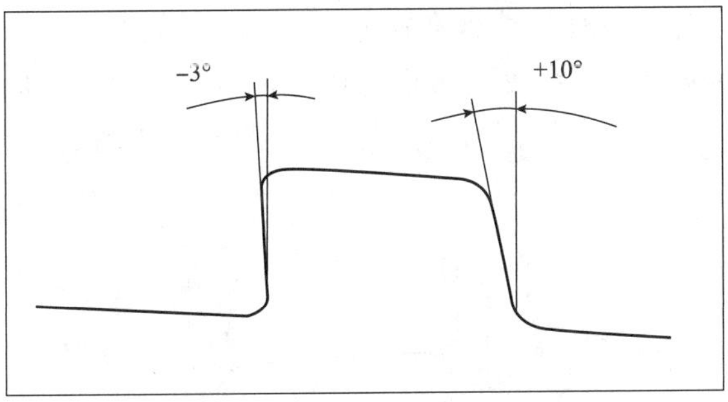

图 2-7　VAM TOP 扣牙型

(2)天钢 TP 系列气密封扣。TP 气密封扣已形成 TP-CQ、TP-G2、TP-G2 HP、TP-G4、TP-TW 等系列，可适应不同服役条件的要求，其中 TP-G2 气密封扣应用较广泛。TP-G2 气密封扣采用钩形螺纹，锥度 1 : 16，金属密封面为大角度金属和带锥度的公、母端密封面，同时还有负角度的扭矩台肩，内壁齐平。其具有复合载荷下优异的气密封性能，特别是抗弯曲、抗压缩性能良好；优异的抗粘扣性能和良好的可修复特性，适用于大位移井和长水平井。

(3)宝钢 BG 系列气密封扣。BG 气密封扣已经形成了 BGT1、BGT2、BGT3、BG-UT、BG-PT、BG-FJ 等系列，可适应不同服役条件的要求，其中 BGT3 气密封扣应用较广泛。BGT3 气密封扣带接箍螺纹接头，采用金属与金属过盈配合的锥面密封结构形式，扭矩台肩有位置控制和辅助密封性能，为逆向角度，且内平光滑结构，螺纹承载面 -4°，密封面锥度 14°，台肩 -15°。BGT3 气密封螺纹具有长密封面，增强了密封性能。

(4)日本3SB气密封扣。3SB气密封扣采用凹凸不平改进形梯形螺纹，连接强度高，不易滑脱。该螺纹0°承载角、45°导向角(图2－8)，锥度1∶16，每英寸8牙和5牙，接箍表面镀铜或镀锌，球面对锥面线接触、直角扭矩台肩密封，抗过扭能力强，密封部位采用移动接触点产生的金属对金属密封。3SB气密封扣可承受周向压缩和弯曲载荷。

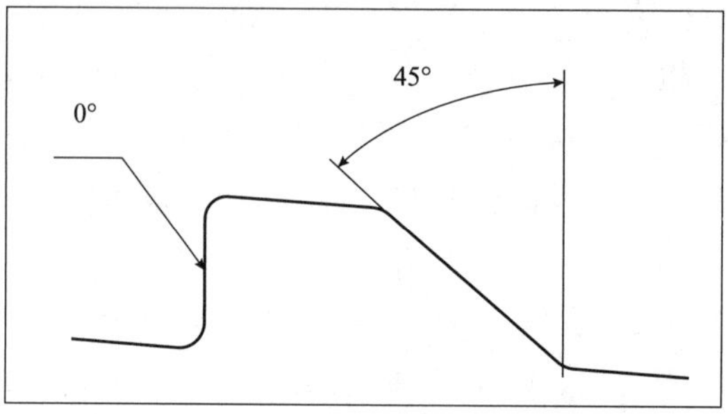

图2－8　3SB螺纹牙形

(5)日本NSCC气密封扣。NSCC气密封扣采用API偏梯形螺纹牙形(图2－9)，接头的抗拉强度高。螺纹部倾斜度1∶16，接箍表面镀铜或镀锌，锥面对锥面接触、90°双内扭矩台肩，三重金属密封，使接头具有良好的气密封性能。阶梯式双直台肩结构使接头具有良好的抗过扭能力和抗弯能力，并且有利于保护主密封。接头上的圆周应力较低，有利于防止应力腐蚀开裂。NSCC气密封扣一般适用于气井和热采井。

(6)日本FOX气密封扣。FOX气密封扣同样采用API偏梯形螺纹牙形(图2－9)，内螺纹采用变螺距结构，有效地改善了螺纹的应力分布，负载主要由中间部分螺纹承受，两端螺纹应力较低，连接强度高。弧面对弧面金属主密封和内台肩弧面副密封结构，使之具有良好的气密封性能。－25°圆弧内台肩有利于在弯曲载荷作用下保持接头的完整性。

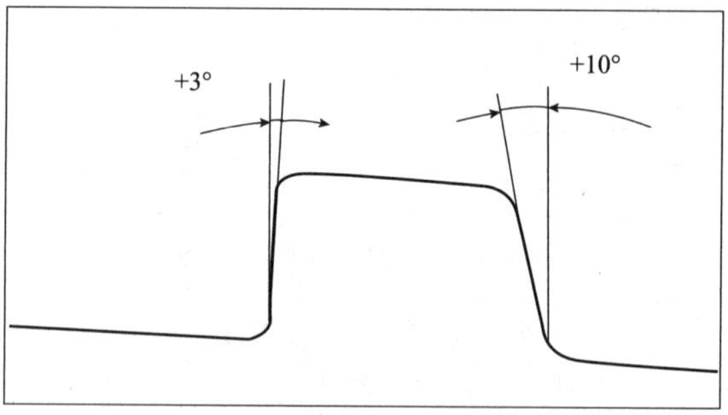

图2－9　NSCC、FOX螺纹牙形

2.3.3　完井工具

完井工具是连接在油管上用于实现封隔环空、连通环空、关闭井筒、分层分段改造的井下工具，与油管一起建立油气从井底到井口通道。常用的完井工具有封隔器、循环阀、投球滑套、井下安全阀、剪切球座等。

1)封隔器

封隔器是具有弹性密封元件，并借此封隔环空、隔绝产层，以达到控制和保护目的的井下工具。封隔器按照密封方式可分为自封式、压缩式、扩张式和组合式，气井中常用的封隔器类型为压缩式与扩张式。

封隔器型号由分类、固定、坐封、解封、技术特征及工作参数代号组成(图 2－10、表 2－5～表 2－9)，例如 Y453QS－105×35－150×70 封隔器含义：压缩式、双向卡瓦固定，通过下入工具实现坐封、钻铣解封，最大外径 105mm、最小内通径 35mm，额定工作温度 150℃、额定工作压差 70MPa。

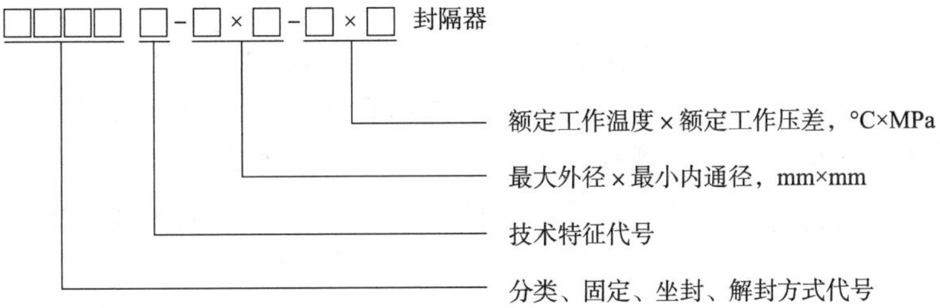

图 2－10　封隔器命名规则

表 2－5　分类代号

分类名称	扩张式	压缩式	自封式	楔入式	自膨胀式	组合式
分类代号	K	Y	Z	X	P	分类代号的组合

表 2－6　固定方式代号

固定方式名称	尾管支撑	单向卡瓦	悬挂	双向卡瓦	锚瓦	组合式
固定方式代号	1	2	3	4	5	固定代号组合

表 2－7　坐封方式代号

坐封方式名称	提放管柱	转动管柱	自封	液压	下工具	热力	膨胀	电力
坐封方式代号	1	2	3	4	5	7	8	9

表 2－8　解封方式代号

解封方式名称	提放管柱	转动管柱	钻铣	液压	下工具	热力	溶解/降解	不解封
解封方式代号	1	2	3	4	5	7	8	9

表 2－9　技术特征代号

技术特征	桥塞	过电缆	悬挂	遇油	遇水	遇油水	管外
技术特征代号	QS	GL	XG	YP	SP	YS	GW

RTTS(Y521)封隔器是油气田最常用的一种封隔器，是一种自带水力锚的机械坐封式卡瓦封隔器，主要用于分层压裂、酸化，也可用于试油、注水、挤水泥等井下作业。RTTS 封隔器主要由 J 形槽换位机构、机械卡瓦、封隔胶筒和液压锚定机构组成。当井下地层压力大于液柱压力时，封隔器液压锚伸出卡在套管壁上，可防止封隔器下部压力过大时推动封隔器使工具推出井眼或失封。J 形槽换位机构使坐封更容易。解封前，先使封隔器上下压力平衡，然后上提直接解封。

2)循环阀

循环阀一般安装于封隔器之上，当需要连通油管与套管时，通过环空加压、井口投棒、电缆或钢丝下入专用工具等方式将循环阀打开或关闭，实现循环压井、替环空保护液等功能。

3)投球滑套

投球滑套是一种用于分段压裂的关键工具，主要作用是在压裂施工中建立油管环空和地层之间的液流通道，常与封隔器配合使用。其工作原理是低密度球被压裂液推至投球滑套球座，通过达到一定压力后剪断销钉，推动滑动套移动，从而让出压裂通道。同时，锁紧机构锁住滑动套，防止其回退挡住压裂通道。投球滑套可采用可分解材料如镁合金，能够在完成压裂作业后自行分解，避免了因返排压裂球产生的作业风险，节省了作业成本和时间。

4)井下安全阀

井下安全阀(SCSSV)是一种装在油气井内，在生产设施发生火警、管线破裂、不可抗拒的自然灾害(如地震)等非正常情况时，能紧急关闭，防止井喷、保证油气井安全的井下工具。其工作原理是通过一根位于油套环空的液压管线加压，高压液体经控制管线进入活塞腔，推动活塞下行，压缩弹簧，并顶开阀板，实现打开，保持地面控制压力，即保持阀门处于开启状态；泄掉地面控制压力，阀板在弹簧作用下复位，实现关闭。

5)剪切球座

剪切球座是一种用于液压坐封式封隔器之下的尾管装置，它可以在各种油管接头配套下使用。当完井管柱坐到井口后，投坐封球到油管中，球到达球座后，通过向油管加压来坐封封隔器。继续加压，剪切球座会被剪断，剪切球座底部设置倒角，剪切后具有钢丝电缆引鞋的功能。

2.3.4 生产管柱设计与计算

生产管柱设计与计算主要内容包括生产管柱结构、生产管柱尺寸、气体冲蚀临界流速计算、气井携液临界流速计算及管柱强度校核等内容。

1)生产管柱结构

生产管柱结构指用于气井生产的井内油管及井下工具的组合，需综合考虑气藏特点、产量、井身结构、流体性质、储层改造、排液采气、分层开采、安全、经济及后期生产测试等众多因素，主要结构包括光油管、酸压-生产一体化管柱、卡封分段管柱、气举生产一体化管柱等类型。

2)生产管柱尺寸

气井生产管柱尺寸，需综合考虑在地质配产条件下不同尺寸油管的井筒压力损失、不同尺寸油管对冲蚀流量、不同尺寸油管对临界携液流量三方面的影响，确定油管尺寸。油管的选择主要从以下两个方面考虑：一是从气井生产优化出发，利用节点系统分析方法，确定最优的油管尺寸；二是考虑管柱在生产过程中的安全性。油管尺寸选择原则是以在给定采气井口条件下，获得最大产量的油管尺寸为最佳尺寸，在不出现冲蚀现象的规定产量下，气体膨胀能利用效率最大，保持稳产时间最长的油管尺寸为最佳尺寸；同时还要考虑后期携液生产的要求。

(1)井筒压力损失分析。

综合考虑气井产能、井身结构、压力温度及流体性质等因素，建立以井底为协调点的生产系统节点分析方法，绘制气井流入曲线和不同油管尺寸对应的流出曲线，得出不同油管尺寸在协调点的产量，最接近地质配产的协调点产量所对应的油管尺寸为最优尺寸。

为提高节点分析的准确性，利用气井实测数据优选井筒流动关系式。利用优选出的流动关系式，进行生产系统节点分析。选取井底为节点，分别计算出地层流入曲线和在定井口压力时不同尺寸油管的流出动态曲线，得到不同尺寸油管的协调产量(图2－11)。

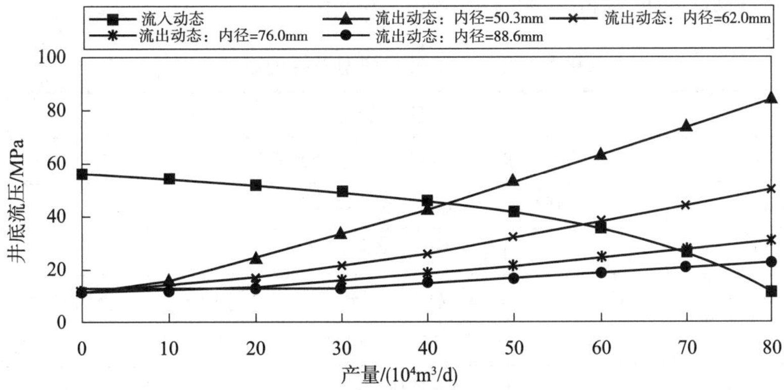

图2－11　油管尺寸敏感性特性

由图2－11可知，随着油管内径的增加，井底流压降低，产量增大。根据气井配产可选择合适尺寸的油管满足生产需要。

(2)冲蚀流量分析。

气体冲蚀临界流速为气井生产过程中发生冲蚀的最低流速。当单井配产较高时，气体冲蚀对管柱的影响问题在油管尺寸优化中不可忽视。若管内流速过高，气体冲蚀可能造成油管漏失或断裂。因此需选择合理的油管直径，防止或减轻油管冲蚀损坏。

根据API RP 14E标准，气体冲蚀临界流速计算公式如下：

$$v=\frac{c}{\sqrt{\rho}} \tag{2-1}$$

式中　v——冲蚀流速，ft/s；

ρ——混合物密度，lb/ft^3；

c——经验常数，无因次。

根据经验，对于无固体颗粒的流体工况，连续生产 $c=100$，间歇生产 $c=125$。采用了缓蚀剂或者防腐蚀的合金材料，连续生产 c 取值可到150～200，间歇生产 c 取值可到250。对于有固体颗粒产生的工况，临界冲蚀流速将明显减小，应根据不同的工况选择合适的 c 值。

公制单位临界冲蚀流量的计算公式：

$$Q=5.164\times10^{4}A\left(\frac{P}{ZT\gamma_{g}}\right)^{0.5} \tag{2-2}$$

式中　A——油管截面积，m^2；

γ_g——气体相对密度；

P——油管流动压力，MPa；

Z——气体压缩系数；

T——气体温度，K；

Q——临界冲蚀流量，$10^4 m^3/d$。

(3)携液临界流量分析。

气井携液临界流速为气井生产过程中能够携带液体、避免井筒积液的最低流速。目前行业内已研究形成众多气井携液临界流速计算模型，如 Turner 模型、Coleman 模型、李闽模型等，不同模型的原理特点及考虑因素见表 2－10。

表 2－10　不同携液模型考虑因素汇总

井型	模型	模型原理及特点	模型考虑参数
直井	Turner	圆形球体、曳力系数 0.44、经典模型	σ、ρ_g、ρ_l
	Coleman	圆形球体，曳力系数 0.44，井口	σ、ρ_g、ρ_l
	李闽	椭球体，曳力系数 1，井口	σ、ρ_g、ρ_l
	杨川东	圆形球体，曳力系数 0.44，井底，安全系数 1	σ、ρ_g、ρ_l、μ_l
	王毅忠	球帽状，曳力系数 1.17	σ、ρ_g、ρ_l
	王志彬	椭球体	σ、ρ_g、ρ_l、C_d、K、We
	潘杰	椭球体，考虑液滴形变和界面自由能	σ、ρ_g、ρ_l、C_d、K
	熊钰	椭球形，C_d采用G_p模型	σ、ρ_g、ρ_l、C_d、K、We
	周德胜	多液滴模型	σ、ρ_g、ρ_l、H_l
	Wallis	液膜模型	σ、ρ_g、ρ_l
水平井	Belfroid	在液滴模型基础上进行了修正，提出了液膜反转思想	σ、ρ_g、ρ_l、θ
	Barnea	提出液膜均匀分布的环状流转换边界，机理模型	
	Shi	球帽形	g、ρ_g、ρ_l、θ、f_i
	李丽	考虑了雷诺数的影响	σ、ρ_g、ρ_l、C_d、Re

常用计算模型主要为 Turner 模型和李闽模型。Turner 模型导出的气井携液临界流速和临界流量公式分别见式(2－3)、式(2－4)。

携液流速：

$$v_g = 5.48\left[\frac{\sigma(\rho_l - \rho_g)}{\rho_g^2}\right]^{0.25} \tag{2-3}$$

携液流量：

$$Q_{sc} = 2.5 \times 10^4 \frac{pAv_g}{ZT} \tag{2-4}$$

式中　v_g——气井排液最小流速，m/s；

Q_{sc}——气井排液最小流量，$10^4 m^3/d$；

ρ_l——液体的密度，kg/m^3；

ρ_g——气体的密度，kg/m^3，$\rho_g = 3484.4\frac{\gamma_g p}{ZT}$；

σ——气液表面张力，N/m；

A——油管截面积，m^2；

p——压力，MPa；

T——温度，K；

g——重力加速度，$g=9.8m/s^2$。

李闽模型导出的气井携液临界流速和临界流量公式分别见式(2-5)、式(2-6)。

携液流速：

$$v_g = 1.2373\frac{(1074-7.64p)^{0.25}}{(7.64p)^{0.5}} \tag{2-5}$$

携液流量：

$$Q_{sc} = 113\times10^4\frac{Ap(1074-7.64p)^{0.25}}{(7.64p)^{0.5}} \tag{2-6}$$

式中 v_g——气井排液最小流速，m/s；

Q_{sc}——气井排液最小流量，$10^4m^3/d$；

A——油管截面积，m^2；

p——压力，MPa。

不同管径油管在不同压力下的携液临界流量计算结果见表2-11。压力越高，携液临界流量越高；油管管径变大，气井携液临界流量增大。

表2-11 不同油管携液临界流量 $10^4m^3/d$

温度/℃	压力/MPa	油管内径/mm			
		62	76	88.3	97.2
65	20	7.11	10.68	14.42	17.47
	25	7.74	11.63	15.69	19.02
	30	8.22	12.35	16.67	20.20
	35	8.56	12.87	17.37	21.05
	40	8.88	13.35	18.02	21.83
	45	9.10	13.68	18.46	22.37
	50	9.28	13.94	18.82	22.80
	55	9.44	14.19	19.15	23.21
130	20	5.89	8.85	11.95	14.48
	25	6.45	9.69	13.07	15.84
	30	6.91	10.38	14.01	16.98
	35	7.28	10.93	14.76	17.88
	40	7.61	11.44	15.44	18.71
	45	7.86	11.82	15.95	19.33
	50	8.07	12.13	16.38	19.85
	55	8.27	12.43	16.78	20.33

3）管柱强度校核

管柱强度校核是对作业管柱或生产管柱开展力学分析计算和安全性能评价的过程。通过建立井下管柱的力学模型，综合考虑不同作业过程中影响管柱变形、受力因素的施工参数，计算管柱的抗拉安全系数、抗内压安全系数、抗外挤安全系数，确保管柱安全。

（1）抗拉安全系数。

抗拉安全系数计算方法如下：

$$S_t = \frac{T_a}{T_e} \tag{2-7}$$

$$T_a = 10^{-3}\pi(p_{ie}r_i^2 - p_{oe}r_i^2) + \sqrt{T_o^2 + 3\times10^{-6}\pi^2(p_{ie}^2 - p_{oe}^2)r_o^2} \tag{2-8}$$

式中 S_t——抗拉安全系数；

T_a——三轴抗拉强度，kN；

T_e——有效轴向力，kN；

T_o——抗拉强度，kN；

p_{ie}——有效内压力，MPa；

p_{oe}——有效外挤力，MPa；

r_o——油管外半径，m；

r_i——油管内半径，m。

完井管柱在起下过程中主要承受轴向应力，包括管柱重量、管柱与井筒摩擦力、液体浮力、在起管柱过程中包含井下工具解封拉力等。管柱轴向负荷通过式（2－9）～式（2－13）计算。

$$T_e = F_g \pm f - F_b + F_d \tag{2-9}$$

$$F_g = \rho_s g L \tag{2-10}$$

$$F_b = \rho_l g L A \tag{2-11}$$

$$A = \pi(r_o^2 - r_i^2) \tag{2-12}$$

$$f = (0.2 \sim 0.3)F_g \tag{2-13}$$

式中 F_g——管柱重量，kN；

f——管柱与井筒摩擦力，kN；

F_b——液体浮力，kN；

F_d——起管柱过程中包含井下工具解封拉力，根据工具规格参数确定，kN；

ρ_s——管柱线密度，即单位长度下油管质量，kg/m；

g——重力加速度，取9.8m/s^2；

L——油管下入深度，m；

ρ_l——井筒中液体密度，kg/m^3；

A——油管环形截面积，m^2；

f——摩擦阻力，管柱下放时取“－”，上提过程中取“＋”，其数值与井斜和方位角的大小及变化、井稳、井内液体性能、管柱与井壁间间隙的大小等多种因素有关，一般取管柱重量的0.2～0.3倍。

（2）抗内压安全系数计算。

抗内压安全系数计算方法如下：

$$S_i = \frac{p_{ia}}{p_{ie}} \tag{2-14}$$

$$p_{ia} = p_i\left[\frac{r_i^2}{\sqrt{3r_o^4 + r_i^4}}\left(\frac{\sigma_a + p_{oe}}{\gamma_p}\right) + \sqrt{1 - \frac{3r_o^4}{3r_o^4 + r_i^4}\left(\frac{\sigma_a + p_{oe}}{\gamma_p}\right)^2}\right] \tag{2-15}$$

式中　S_i——抗内压安全系数；

p_{ia}——三轴抗内压强度，MPa；

p_{ie}——有效内压力，MPa；

p_i——抗内压强度，MPa；

r_o——油管外半径，m；

r_i——油管内半径，m；

σ_a——轴向应力，MPa；

p_{oe}——有效外挤力，MPa；

γ_p——最小屈服强度，MPa。

(3)抗外挤安全系数计算。

抗外挤安全系数计算方法如下：

$$S_o = \frac{p_{oa}}{p_{oe}} \tag{2-16}$$

$$p_{oa} = p_o\left[\sqrt{1 - \frac{3}{4}\left(\frac{\sigma_a + p_{oe}}{\gamma_p}\right)^2} - \frac{1}{2}\left(\frac{\sigma_a + p_{oe}}{\gamma_p}\right)\right] \tag{2-17}$$

式中　S_o——抗外挤安全系数；

p_{oa}——三轴抗外挤强度，MPa；

p_{oe}——有效外挤力，MPa；

p_o——抗拉强度，MPa；

σ_a——轴向应力，MPa；

γ_p——最小屈服强度，MPa。

2.4　气井开采工艺

气井开采工艺是指在气田的开发过程中，采取一系列方法将气藏中的天然气采出至地面的工艺技术。本节介绍气田常用的井筒多相管流基础、节点分析方法、气井工作制度以及排水采气工艺。

2.4.1　气井多相管流

流体在生产管柱流动过程中，各部分均匀的气体或液体的流动称为单相流体的流动或简称为单相流。当流体各部分之间存在差别时，称为多相流体。固体不能与气体或液体均匀混合为单相流。因此，固体颗粒和气体或液体的混合流动一般为多相流。不同液体的混合流动可能是单相流，也可能是多相流。如水与酒精的混合物是单相流体，而水与水银的混合物则为两相流体。不同气体混合时总是成为一种新的单相流体。

1)多相流的分类

根据参与流动的相的数量可将多相流分为两相流、三相流和四相流等，油气田开发中两相流最为常见，包括气体和液体一起流动的气液两相流，气体和固体颗粒一起流动的气固两相流，液体和固体颗粒一起流动的液固两相流，两种不能均匀混合的液体一起流动的液液两相流。

2)井筒流型判别

在气液两相流中，不同的流量、压力、管路布置状况和管道几何形状会导致相界面的形状和分布不同，形成不同的流动结构模式，称为流型。井筒流型的判别对于井筒中气液两相管流计算至关重要。现有多相管流理论将垂直上升管中的气液两相流流动结构划分为泡状流、段塞流、过渡流、环雾流四种流型(图2-12)。将水平井筒中气液两相流流型划分为细泡状流动结构、柱塞状流动结构、分层流动结构、波状流动结构、弹状流动结构和环状流动结构六种流型(图2-13)。

(1)垂直井气液两相井筒流型。

①泡状流。当气液两相混合物中的含气率较低时，气相以分散的小气泡分布于液相中，在管道中央的气泡较多，靠近管壁的气泡较少，小的气泡都近似球形。气泡的上升速度大于液体流速，而混合物的平均流速较低。泡状流的特点是气体为分散相，液体是连续相；气体主要影响混合物密度，对摩阻的影响不大，滑脱现象比较严重。

②段塞流。当混合物继续向上流动时，压力逐渐降低，气体不断膨胀，含气率增大，小的气泡相互碰撞聚合形成大的气泡，其直径接近于管径。气泡占据了大部分管柱截面，形成一段液一段气的结构。气体段塞形似炮弹，其中也携带有液体微粒。在两个气段之间是夹杂小气泡向上流动的液体段塞。这种弹状气泡举升液体的作用很像一个破漏的活塞向上推进。在段塞向上运动的同时，弹状气泡与管壁之间的液体层也存在相对流动，称液体回落。段塞流中液、气间的相对运动较泡状流小，滑脱也小。段塞流是两相流中举升效率最高的流型。

③过渡流(搅动流)。液相从连续相过渡到分散相，气相从分散相过渡到连续相，气体连续向上流动并举升液体到一定高度，然后液体下落、聚集，而后又被气体举升。混杂、振荡式的液体运动是过渡流的特征，故也称为搅动流。

④环雾流。当含气率更大时，气弹汇合成气柱在管中流动，液体则沿着管壁成为一个流动的液环，这时管壁上有一层液膜。通常有一些液体被夹带，以小液滴形式分布在气柱核心中。

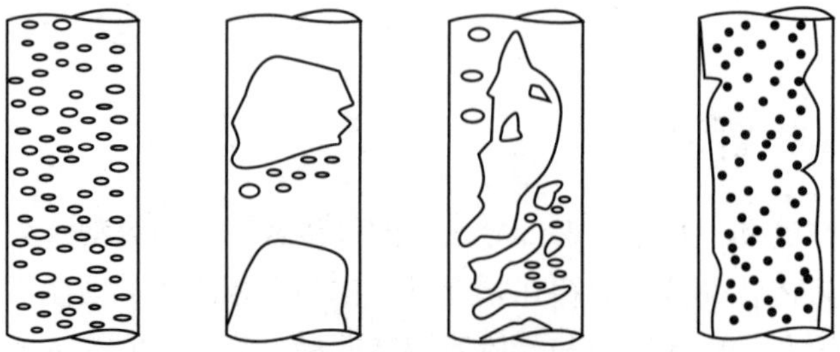

图2-12　垂直井筒中气液两相流流型示意图

(2)水平井气液两相井筒流型。

①细泡状流动结构。水平管中的细泡状流动结构和垂直管中的不同，由于重力的影响，细泡大都位于管子上部。

②柱塞状流动结构。当气相流量增加时，小气泡合并成气塞，形成柱塞状流动结构。柱塞倾向于沿管子上部流动。

③分层流动结构。当气液两相流量均较小时，会发生分层流动结构。此时气液两相之间存在一平滑分界面，气液两相分开流动。

④波状流动结构。当气相流量较大时，气液两相分界面上会出现流动波，形成波状流动结构。

⑤弹状流动结构。当气相流量再增大时，气液两相流的流动结构可以从波状流动结构转变为弹状流动结构。此时，气液分界面由于剧烈波动而在某些部位直接和管子上部接触，将位于管子上部的气相分隔为气弹形成弹状流动结构。在水平流动时，气液两相流的气弹都沿管子上部流动。

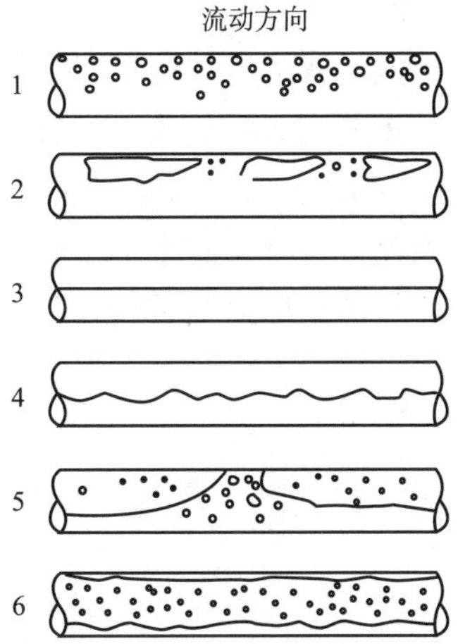

图2-13 水平井筒中气液两相流流型示意图

1—细泡状流动结构；2—柱塞状流动结构；3—分层流动结构；4—波状流动结构；5—弹状流动结构；6—环状流动结构

⑥环状流动结构。在水平流动时，气液两相流的环状流动结构出现了气相流量较高的工况。水平流动时的环状流动结构和垂直上升时的环状流动结构相近。管壁上有液膜，管子中心部分为带液滴的气核，但受水平流动时重力的影响，下部管壁的液膜要比上部管壁厚。

3)工程常用气液多相管流模型

气田开发过程中常采用多相管流计算方式模拟计算生产管柱的井底压力、摩阻损失、流体分布等参数，其结果可用于优选管径尺寸、优化气井配产、判断井筒积液状态、开展节点分析，对于提高气田开发效果举足轻重。气液多相管流模型是用于模拟和计算气体及液体在管道中的流动行为的重要工具，目前国内外已成功开发了多种气液多相管流模型，其选择合理性直接影响计算结果的准确度。

(1)Hasan－Kabir模型。

Hasan和Kabir(1988年)利用水动力学原理，通过对气液两相流动形态转变的机理性分析，得出了每一种流动形态的判别依据，提出了确定每一流动形态的判别依据和方法，进而给出了相应的压力梯度计算方法。该方法的流动形态分为泡流、段塞流、搅动流和环状流四种。其压降基本模型为：

$$\frac{\mathrm{d}p}{\mathrm{d}z}=\rho_{\mathrm{m}}g\sin\theta+\frac{f_{\mathrm{m}}\rho_{\mathrm{m}}v_{\mathrm{m}}^{2}}{2D}-\rho_{\mathrm{m}}v_{\mathrm{m}}\frac{\mathrm{d}v_{\mathrm{m}}}{\mathrm{d}z} \tag{2-18}$$

式中 ρ_{m}——混合物平均密度，$\mathrm{kg/m^3}$；

v_{m}——混合物流速，m/s；

f_{m}——两相流摩擦因数。

Hasan和Kabir指出对于垂直气液两相管流来说，除了环状流以外，重力压力梯度在总压力梯度中始终是主要的，而加速压力梯度一般很小，可以忽略不计。在计算重力压力梯度、摩阻压力梯度和加速压力梯度时，需要确定混合物的密度，而空隙率则是计算混合物密度的重要参数。管流计算流程分流动型态判别、压力梯度计算、摩阻系数计算三步。

第一步：流动型态判别。

①泡状流。

小气泡在液体中上升时，产生碰撞，随之发生聚集，形成大气泡。这一聚集过程随着气体流量的增大而加快。当气泡的碰撞与聚集达到某一程度时，泡状流将转变为段塞流。许多学者证实，这一转变发生于空隙率为0.25～0.30时。

因此，可取空隙率$H_G=0.25$作为由泡状流转变为段塞流的准则。在泡状流的空隙率与气体折算速度之间采用如下关系式：

$$v_G=\frac{v_{SG}}{H_G}=C_G v_m+v_{0\infty} \tag{2-19}$$

或

$$v_{SG}=\frac{C_G v_{SL} H_G+v_{0\infty} H_G}{1-C_G H_G} \tag{2-20}$$

式中 v_G——气相的真实速度，m/s；

v_{SG}——气相的表观速度，m/s；

v_{SL}——液相的表观速度，m/s；

$v_{0\infty}$——单个气泡的极限上升速度(气体滑脱速度)，m/s；

C_G——气体速度分布系数。

据此得出了泡状流的判别准则为：

$$v_{SG}<0.429v_{SL}+0.357v_{0\infty} \tag{2-21}$$

及

$$v_{0\infty}<v_T \tag{2-22}$$

式中 v_T——泰勒气泡的极限上升速度(气体漂移速度)，m/s。

Davies 和 Taylor 通过对泰勒气泡运移规律的研究，导出了段塞流情况下的气体漂移速度计算式：

$$v_T=0.35\sqrt{\frac{gD(\rho_L-\rho_G)}{\rho_L}} \tag{2-23}$$

式(2-23)只能适用于较小的或中等的流量下泡状流与段塞流之间的转变。在大流量下，紊流对已聚集的气泡具有破碎作用，因此抑制了向段塞流的转变。在这样的情况下，甚至当空隙率超过0.25时，仍然保持泡状流。这种泡状流是液体中大气泡的破裂和分散而形成的，所以叫作分散泡状流。这时的判别准则为：

$$H_G<0.52 \tag{2-24}$$

及泰特尔公式

$$v_m^{1.12}>4.68\,D^{0.48}\left[\frac{g(\rho_L-\rho_G)}{\sigma}\right]^{0.5}\left(\frac{\sigma}{\rho_L}\right)^{0.6}\left(\frac{\rho_m}{\mu_L}\right)^{0.08} \tag{2-25}$$

式中 μ_L——液相的黏度，Pa·s；

σ——表面张力，N/m。

②段塞流。

在段塞流中，由小气泡聚集成的泰勒气泡几乎占据了管子的整个过流断面，液体段塞被泰勒气泡所分割，并且在管壁处围绕泰勒气泡形成下落的液膜。随着流量的增加，下落的液膜与上升的泰勒气泡之间的相互作用也会增加，当其相互作用大到足以破坏泰勒气泡时，将会出现段塞流的上限及向搅动流的转变。

根据式(2－25)和休伊特－罗伯茨(Hewitt－Roberts)流动型态分布图中段塞流向搅动流转变的界限，得出段塞流的判别准则为：

$$v_{SG} > 0.429 v_{SL} + 0.357 v_{0\infty} \tag{2-26}$$

及

$$\rho_G v_{SG}^2 < 25.4 \lg(\rho_L v_{SL}^2) - 38.9 \quad (\rho_L v_{SL}^2 > 74.4) \tag{2-27}$$

或

$$\rho_G v_{SG}^2 < 0.0051 (\rho_L v_{SL}^2)^{1.7} \quad (\rho_L v_{SL}^2 < 74.4) \tag{2-28}$$

③搅动流。

当气体的流量足够大时，搅动流或段塞流将转换为环状流。环状流时，有液体沿管壁流动，形成液膜，同时气体在管子中央核心部分向上流动。液膜具有波形的表面，并且有时会破裂而以液滴的形式进入中央气流。因此，在环状流的气流中携带有保持悬浮状态的液滴。如果气体的速度不足以保持液滴处于悬浮状态，则液滴将下落、聚集，形成液桥，最终成为搅动流或段塞流。保持液滴处于悬浮状态所需要的气体最低速度可以作为判别搅动流(或段塞流)与环状流之间转变的依据。该最低速度可以由作用在液滴上的拖曳力与重力之间的平衡来确定。这一最低速度为：

$$v_{SG} = 3.1 \left[\frac{g\sigma(\rho_L - \rho_G)}{\rho_G^2}\right]^{0.25} \tag{2-29}$$

据此得出搅动流的判别准则为：

$$v_{SG} < 3.1 \left[\frac{g\sigma(\rho_L - \rho_G)}{\rho_G^2}\right]^{0.25} \tag{2-30}$$

及

$$\rho_G v_{SG}^2 > 25.4 \lg(\rho_L v_{SL}^2) - 38.9 \quad (\rho_L v_{SL}^2 > 74.4) \tag{2-31}$$

或

$$\rho_G v_{SG}^2 > 0.0051 (\rho_L v_{SL}^2)^{1.7} \quad (\rho_L v_{SL}^2 < 74.4) \tag{2-32}$$

④环状流。

根据以上的分析和式(2－30)，得出环状流的判别准则为：

$$v_{SG} > 3.1 \left[\frac{g\sigma(\rho_L - \rho_G)}{\rho_G^2}\right]^{0.25} \tag{2-33}$$

第二步：压力梯度计算。

①泡状流。

根据式(2－30)，空隙率为：

$$H_G = \frac{v_{SG}}{C_G v_m + v_{0\infty}} \tag{2-34}$$

此时，将两相流动视为均相流动，于是根据范宁公式，其摩阻压力梯度为：

$$\left(\frac{dp}{dz}\right)_{fr} = \frac{f_m v_m^2 \rho_m}{2D} \tag{2-35}$$

其中，f_m是根据$\frac{D v_m \rho_m}{\mu_L}$按照标准的范宁曲线求得的。在泡状流中，摩阻压力梯度在总压力梯度中所占的份额一般小于5%。

②段塞流。

对于段塞流的分析类似于对泡状流的分析。其空隙率为：

$$H_G = \frac{v_{SG}}{1.2 v_m + v_T} \tag{2-36}$$

在段塞流中，大部分液体在液体段塞中向上流动，但也有小部分液体沿着液膜向下流动，所以液体实际流动的距离为$z(1-H_G)$。根据这样的认识，参照式(2－18)，摩阻压力梯度为：

$$\left(\frac{dp}{dz}\right)_{fr}=\frac{f_m v_m^2 \rho_m}{2D}(1-H_G) \tag{2-37}$$

其中，f_m和ρ_m与泡状流相同。

③搅动流。

对于搅动流，人们研究甚少。暂时仍仿照段塞流按式(2－36)计算空隙率。不过在搅动流中，流体流动的混掺作用使混合物的速度分布和气体的浓度分布越趋于平坦，所以空隙率为：

$$H_G=\frac{v_{SG}}{v_m+v_T} \tag{2-38}$$

暂时仍仿照段塞流按式(2－37)计算摩阻压力梯度。

④环状流。

在环状流中，液体的大部分通常以液滴的形式被携带于中央气流之中，因之管子中央核心部分的流体密度不同于单相气体的密度；同时，管壁附近的液膜表面是一个不稳定的“粗糙”面。这时，如果假定液滴的速度与核心部分的气体速度相等，则总压力梯度的表达式可以写成：

$$\frac{dp}{dz}=\rho_c g\sin\theta+\frac{f_c\rho_c v_G^2}{2D}-\rho_c v_G\frac{dv_G}{dz} \tag{2-39}$$

利用气体状态方程式，式(2－39)可以进一步写成：

$$\frac{dp}{dz}=\frac{\rho_c g\sin\theta+\dfrac{f_c\rho_c v_G^2}{2D}}{1-\dfrac{v_G^2\rho_c}{p}} \tag{2-40}$$

式中 ρ_c——管子中央核心部分的流体密度，kg/m³；

f_c——气体沿液膜“粗糙”面流过时的摩阻系数；

p——压力(绝对)，Pa。

于是，问题被简化为如何计算f_c和ρ_c。

为了计算核心部分的流体密度，需要知道被携入气体核心的液体量占总液体量的份数FE。在液膜呈现完全紊流的情况下，即液相雷诺数大于3000时，FE是$(v_{SG})_c$的函数。$(v_{SG})_c$的定义如下：

$$(v_{SG})_c=\frac{v_{SG}\mu_G\left(\dfrac{\rho_G}{\rho_L}\right)^{0.5}}{\sigma}=\frac{G_m x\mu_G}{\sigma\sqrt{\rho_L\rho_G}} \tag{2-41}$$

式中 μ_G——气相的黏度，Pa·s。

当$(v_{SG})_c\times10^4<4$时： $FE=0.0055\left[(v_{SG})_c\times10^4\right]^{2.86}$ (2－42a)

当$(v_{SG})_c\times10^4>4$时： $FE=0.857\lg\left[(v_{SG})_c\times10^4\right]-0.20$ (2－42b)

进而可以得出：

$$\rho_c=\frac{v_{SG}\rho_G+FEv_{SL}\rho_L}{v_{SG}+FEv_{SL}} \tag{2-43}$$

第三步：摩阻系数计算，采用沃利斯提出的相关式。

$$f_c=f_g[1+75(1-H_G)]=\frac{0.079[1+75(1-H_G)]}{{Re_g}^{0.25}} \tag{2-44}$$

式中　f_g——气相的摩阻系数；

Re_g——气相的雷诺数。

H_G可以按照洛克哈特－马蒂内利(Lockhart－Martinelli)相关规律计算：

$$H_G=(1+X^{0.8})^{-0.378} \tag{2-45}$$

式中　X——洛克哈特－马蒂内利参数。

当气液两相都呈现紊流时，X可以通过质量含气率和流体性质计算如下：

$$X=\left(\frac{1-x}{x}\right)^{0.9}\left(\frac{\rho_G}{\rho_L}\right)^{0.5}\left(\frac{\mu_L}{\mu_G}\right)^{0.1} \tag{2-46}$$

在计算质量含气率时，应该计入被携入中央核心部分的液滴的质量。

对于泡状流、段塞流和搅动流，当忽略加速梯度时，将混合物密度ρ_m代入式(2－18)中，并用所求得的摩阻压力梯度$\left(\frac{dp}{dz}\right)_{fr}$代替式(2－37)中等号右侧的第二项，即可求得其总压力梯度。对于环状流，由式(2－39)所求得的即为总压力梯度。

对于气体，摩阻系数采用Jain公式计算：

$$\frac{1}{\sqrt{f}}=1.14-2\lg\left(\frac{e}{d}+\frac{21.25}{N_{Re}^{0.9}}\right) \tag{2-47}$$

式中　e——绝对粗糙度，m；

N_{Re}——雷诺数，无因次，$N_{Re}=Dv\rho/\mu$。

对于液体，根据雷诺数和流态采用相应的经验式计算摩阻系数(表2－12)。

表2－12　常用计算水力摩阻的经验公式

流态类型		N_{Re}范围	经验公式
层流		$N_{Re}\leqslant 2000$	$f=64/N_{Re}$
紊流	水力光滑	$2000<N_{Re}<\frac{59.7}{e^{8/7}}$	$f=\frac{0.3164}{\sqrt[4]{N_{Re}}}$
	混合摩擦	$\frac{59.7}{e^{8/7}}<N_{Re}<\frac{665-765\lg e}{e}$	$\frac{1}{\sqrt{f}}=-1.8\lg\left[\frac{6.8}{N_{Re}}+\left(\frac{e}{7.4}\right)^{1.11}\right]$
	水力粗糙	$N_{Re}>\frac{665-765\lg e}{e}$	$f=\left(2\lg\frac{7.4}{e}\right)^{-2}$

对于气液混合物，摩阻系数采用Chen公式计算，即：

$$\frac{1}{\sqrt{f}}=-2\lg\left(\frac{e/D}{3.7065}-\frac{5.0452}{N_{Re}}\lg A\right) \tag{2-48}$$

其中，$A=\frac{(e/D)^{1.1098}}{2.8257}+\left(\frac{7.149}{N_{Re}}\right)^{0.8981}$。

(2) Orkiszewski 模型。

Orkiszewski(1967)采用148口油井实测数据，对比分析了多个气液两相流模型。然后分不同流型择其优者，综合他的研究成果得出四种流型的压降计算方法。

压力梯度公式：

$$\frac{\Delta p}{\Delta h}=\frac{g\rho_m+\tau_f}{1-\rho_n v_m v_{sg}/p} \tag{2-49}$$

计算方法：

第一步：判断流型(表2-13)。

表2-13 流型判断准则

流动型态	界限
泡状流	$q_{sg}/q_m<L_1$ ①
段塞流	$q_{sg}/q_m>L_1$，$N_{vg}<L_2$ ②
过渡流	$L_2<N_{vg}<L_3$ ③
雾状流	$N_{vg}>L_3$

注：① $L_1=1.071-0.7277\,v_m^2/d\geqslant 0.13$。

② $L_2=50+36\,N_{vg}q_{sl}/q_{sg}$。

③ $L_3=75+84\,(N_{vg}q_{sl}/q_{sg})^{0.75}$。

第二步：根据流动方式，确定具体的平均密度ρ_m和摩阻损耗梯度τ_f。

①气泡流。

气体所占的空间分数H_g：

$$H_g=0.5\{1+q_m/v_sA-[(1+q_m/v_sA)^2-4\,q_m/v_sA]^{0.5}\} \tag{2-50}$$

式中，$v_s=0.244\text{m/s}$。

计算平均密度ρ_m：

$$\rho_m=H_g\rho_g+(1-H_g)\rho_l \tag{2-51}$$

摩阻梯度τ_f：

$$\tau_f=f\rho_l v_{sl}^2/[2d(1-H_g)] \tag{2-52}$$

式中，f根据ε/d和N_{Re}确定，且$N_{Re}=1000\dfrac{\rho_l d v_{sl}}{\mu_l(1-H_g)}$。

②段塞流。

计算平均密度ρ_m：

$$\rho_m=\frac{w_m+\rho_l v_s A}{q_m+v_s A}+\delta\rho_l \tag{2-53}$$

段塞流中滑脱速度用Griffith和Wallis公式计算

$$v_s=C_1C_2\sqrt{gd} \tag{2-54}$$

式(2-54)中，系数C_1根据滑脱速度雷诺数N_b确定。

$$N_b=\frac{\rho_l v_s d}{\mu_l} \tag{2-55}$$

系数C_2根据雷诺数N_b和总流速雷诺数N'_{Re}确定。

$$N'_{Re}=\frac{\rho_1 v_m d}{\mu_1} \tag{2-56}$$

因为确定系数C_1和系数C_2时要用到雷诺数N_b，而N_b又与未知v_s有关。所以必须先假设一v_s值，求得C_1和C_2后，再用公式(2－54)计算v_s值，采取迭代法重复计算直到假设值与计算值接近。v_s值也可以根据下式计算。

当$N_b \leqslant 3000$时：$v_s=(0.546+8.74\times10^{-6}N'_{Re})\sqrt{gd}$；

当$N_b>3000$时：$v_s=(0.251+8.74\times10^{-6}N'_{Re})\sqrt{gd}$。

式(2－53)中液相分布系数δ由连续液相的类型及混合物速度v_m，根据表2－14中的四种情况选用相应的公式。

表2－14　液相分布系数的选择

连续相	v_m/(m/s)	δ的计算公式
水	3.048	2－57a
水	3.048	2－57b
油	3.048	2－57c
油	3.048	2－57d

$$\delta=\frac{0.00252\lg(\mu_1\times10^3)}{d^{1.38}}-0.782+0.232\lg v_m-0.428\lg d \tag{2-57a}$$

$$\delta=\frac{0.0174\lg(\mu_1\times10^3)}{d^{0.799}}-1.352+0.162\lg v_m-0.888\lg d \tag{2-57b}$$

$$\delta=\frac{0.00236\lg(\mu_1\times10^3+1)}{d^{1.451}}-0.140+0.167\lg v_m-0.113\lg d \tag{2-57c}$$

$$\delta=\frac{0.00527\lg(\mu_1\times10^3+1)}{d^{1.371}}-0.455+0.569\lg d-$$

$$(\lg v_m+0.516)\left[\frac{0.0016\lg(\mu_1\times10^3+1)}{d^{1.571}}+0.722+0.63\lg d\right] \tag{2-57d}$$

为了保证各流型之间变化的连续性，对液相分布系数δ有以下要求：

当$v_m<3.048$m/s时：

$$\delta\geqslant-0.2132v_m \tag{2-58}$$

当$v_m>3.048$m/s时：

$$\delta\geqslant-\frac{-v_sA}{q_m+v_sA}\left(1-\frac{\rho_m}{\rho_1}\right) \tag{2-59}$$

段塞流摩阻压力梯度：

$$\tau_f=\frac{f\rho_1 v_m^2}{2d}\left(\frac{q_1+v_sA}{q_m+v_sA}+\delta\right) \tag{2-60}$$

式中　f——单相流体摩阻系数，根据管壁相对粗糙度ε/d和雷诺数确定。

③过渡流。

先按段塞流和雾状流分别计算，然后用以下公式按线性内插法确定过渡流相应ρ_m和τ_f。

$$\rho_m = \frac{L_M - N_{vg}}{L_M - L_S}(\rho_m)_S + \frac{N_{vg} - L_S}{L_M - L_S}(\rho_m)_M \tag{2-61}$$

$$\tau_f = \frac{L_M - N_{vg}}{L_M - L_S}(\tau_f)_S + \frac{N_{vg} - L_S}{L_M - L_S}(\tau_f)_M \tag{2-62}$$

式中 $(\rho_m)_S$、$(\rho_m)_M$——段塞流、雾状流时的ρ_m值；

$(\tau_f)_S$、$(\tau_f)_M$——段塞流、雾状流时的τ_f值。

④雾状流。

混合物平均密度：

$$\rho_m = (1 - H_g)\rho_l + H_g\rho_g \tag{2-63}$$

式中，$H_g = \frac{q_{sg}}{q_m}$。

雾状流一般发生在高气液比、高流速条件下，液相以小液滴形式分散在气柱中呈雾状，这种高速气流携液能力强，其滑脱速度小，一般可忽略不计。

雾状流的摩阻压力梯度则按连续气相计算：

$$\tau_f = f\frac{\rho_g v_{sg}^2}{2D} \tag{2-64}$$

式中 v_{sg}——气相表观流速，m/s。

摩阻系数可根据气相雷诺数N_{Reg}和液膜的相对粗糙度确定。

$$N_{Reg} = \frac{\rho_g v_{sg} d}{\mu_g} \tag{2-65}$$

雾状流时液膜的相对粗糙度一般在0.001～0.5，需根据N_w值按式(2-66)计算。

$$N_w = \left(\frac{v_{sg}\mu_l}{\sigma}\right)\frac{\rho_g}{\rho_l} \tag{2-66}$$

当$N_w \leqslant 0.005$：$\frac{\varepsilon}{d} = \frac{34\sigma}{\rho_g v_{sg}^2 d}$；

当$N_w > 0.005$：$\frac{\varepsilon}{d} = \frac{174.8\sigma N_w^{0.302}}{\rho_g v_{sg}^2 d}$。

2.4.2 气井节点分析

气井节点分析是运用系统工程理论，以气井生产系统为对象把气藏到地面分离器所构成的整个气井生产系统按不同的流动规律分为若干个流动子系统，在每个流动子系统起始和衔接处设置节点。在分析研究各子系统流动规律的基础上，分析各子系统的相互关系及各自对整个系统工作的影响，为优化系统运行参数和进行系统调控提供依据，使整个气井生产系统不仅在局部上合理，在整体上也处于最优状态。

1)气井生产系统

气井生产系统由储集层、举升油管、针形阀、地面集气管线、分离器等多个部分组成。

天然气从储集层流到地面分离器一般要经历多个流动过程。不同的流动过程遵循不同的流动规律，它们互相联系、互为因果，处于同一生产系统。气体的流动包括气藏中气体向气井的渗流、气体通过完井段的流动、气体沿垂直或倾斜油管举升的流动、气体通过井口节流装置的流动、气体在地面水平管中的流动五个子系统。由于流动规律不同，各个子系统的压力损失也不一样，而且与内部参数有关。

(1)气藏中气体向气井的渗流。

气井一旦投入生产，气体就将在气藏中通过孔隙或裂缝向井底流动。由于孔隙介质、流体介质(单相气流、气水两相流、气油两相流)、驱动类型和驱动机理、开采方式的不同，渗流阻力差异大，压力损失也就不同。影响这一阻力的因素相当多，同时还要考虑气体的非达西渗流，因此描述这一渗流过程相当复杂。

这一渗流过程的特性称为气井流入动态，它描述了气层产量与井底流压的基本关系，反映了气层向井供气的能力，对气井生产系统分析至关重要。这个基本问题搞不清楚，很难对开采工艺措施作出选择，更不可能使系统达到最优化。

(2)气体通过完井段的流动。

完井段的流动阻力损失与完井方式密切相关。通过分析各种完井方式下的表皮系数(表皮系数为表征气井井筒与地层联通的完善程度，通常用 S 表示，S 越小越完善)，可以确定流体通过完井段的阻力损失。

射孔完井是目前应用最普遍的完井方式。影响射孔完井流入特性的主要参数有射孔密度、孔径、孔深、孔眼分布相位及压实损害的程度。

(3)气体沿垂直或倾斜油管举升的流动。

油管的压力损失是整个生产系统总压降的主要部分，包括举升压力损失和摩阻压力损失。流体在油管中向上举升过程中流动状态是相当复杂的。人们研究了许多多相管流模型(见本章2.4.1)来描述这一特性，但到目前为止，没有一种模型相关式适合各类气井，因此需根据实际井身结构、生产数据，结合井筒压力实测资料拟合优选合适的模型，提高计算准确性。

(4)气体通过井口节流装置的流动。

气体通过井口针形阀或气嘴的流动遵循嘴流规律，天然气经过气嘴时流速较高，可能达到临界流速(流速 > 声速)，此时可以把气体在气嘴中的流动看成热力学中气体在临界条件下的喷管流动。通过采用喷管流动相关理论计算节流前后压力变化关系，优选针型阀或气嘴尺寸大小。

(5)气体在地面水平管中的流动。

气体通过针形阀节流后，由地面水平集气管线流向集气站，压力损失主要是管内流动摩阻，这部分损失一般不大。

由此可见，气井的开采是一个整体、连续的流动过程，对于这样一个系统进行分析是气井生产节点分析的任务。对实际的气井生产系统进行分析时，需要将实际系统加以抽象，以便能进行数学表述，这时的气井生产系统称为生产井模型。

2)气井生产系统分析

气井生产系统分析是把气流从地层到用户的流动作为一个研究对象，对全系统的压力损耗进行综合分析。这一方法的基本思想是在系统中某部位(如井底)设置求解点，将系统各部分的压力损失相互关联起来，对每一部分的压力损失进行定量评估，对影响流入和流出求解点能量的各种因素进行逐一评价与优选，从而实现全系统的优化生产，发挥气井的最大潜能。系统分析的基本出发点可以概括为：一是系统中任何一点的压力都是唯一的；二是在稳定的生产条件下，整个生产系统各个环节流入和流出流体的质量守恒。

(1)节点(Nodal)的设置。

生产系统中的节点是一位置的概念。为了进行系统分析，必须在系统内设置节点，将系统划分为若干个相对独立又相互联系的子系统。通常划分为地层流入段、完井段、油管流动段、节流段、地面管流段五个子系统。一般气井生产系统可以分为 8 个节点，如图 2－14 所示。

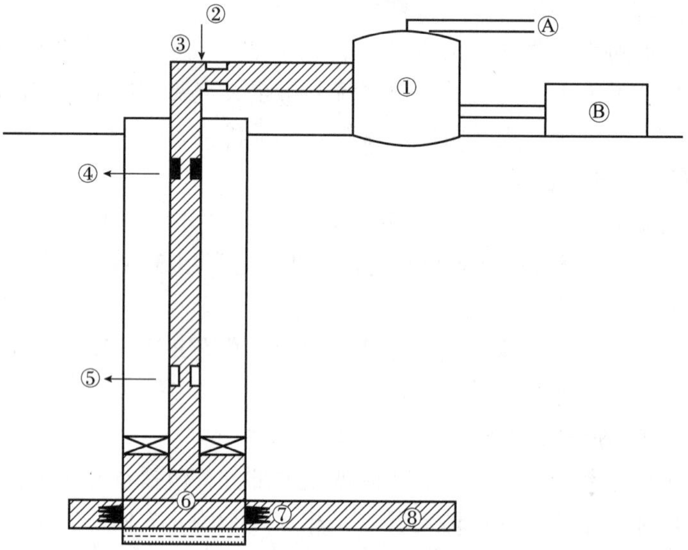

图 2－14　各节点的位置示意图

①—分离器；②—地面气嘴；③—井口；④—安全阀；⑤—限流装置；⑥—井底流压；⑦—井底气层流压；⑧—平均井底静压(平均地层压力)；Ⓐ—气体外销；Ⓑ—油罐

节点又可分为普通节点和函数节点两类。普通节点定义为气体通过这类节点时，节点本身不产生与流量有关的压降，图 2－14 中节点①、③、⑥、⑦、⑧均属普通节点。函数节点定义为气体通过这类节点时，要产生与流量相关的压降，生产系统中的井底气嘴、井下安全阀和地面气嘴等部件处的节点就是函数节点，图 2－14 中节点②、④、⑤均属函数节点。

(2)求解点的选择。

在运用节点分析方法解决具体问题时，通常在分析系统中选择某一节点，此节点一般称为求解点。通过求解点的选择，气井生产系统被分为两大部分，即流入部分和流出部分，分别表示始节点到求解点和求解点到末节点所包括的部分。

求解点的选择与系统分析的最终结果无关。换言之，求解点的位置可以在生产系统内任意选择，但原则上要依照所要求的目的而定，所选求解点应尽可能靠近分析的对象。例如，在分析地面生产设施的影响时(地面管线长度、管径及分离器压力等)，求解点可以选择在井口处。但在大多数气井生产系统分析问题中，求解点一般选择在井底处。

在气井节点分析过程中，只有在流入和流出两部分中每个参数都选择合适的情况下，求解点的压力和流量才能表明气井的最佳生产状态。求解点处既反映了气井的流入能力，也表明了气井的流出能力。在这一点，系统内的两部分被统一起来，形成一个整体。

(3)流入和流出动态特性。

气井节点系统分析就是将流入和流出动态特性综合在一起进行系统分析的一种方法。由于系统内每个参数的变化都会引起求解点压力和流量的变化，在进行气井节点分析时，通常将节点压力和流量作成图，观察节点压力随流量和系统参数的变化，分析压力损失的大小。在进行气井节点系统分析时，应首先完成流入和流出曲线的拟合计算，求得气井在当前生产状态下真实的流入和流出能力；而后将流入与流出曲线综合到一个图解上，如图2－15所示；再分析比较流入和流出特征，便可求得气井生产动态。

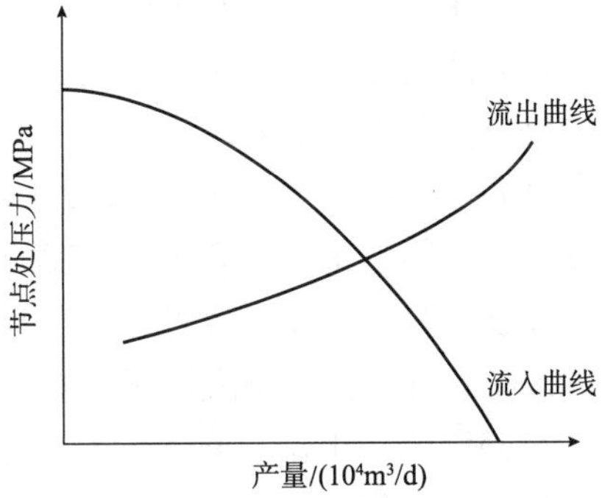

图2－15　流入和流出曲线

(4)协调点。

在进行系统分析时，若所有的计算结果正确的话，则求解点处的压力与产量的关系必须同时满足流入和流出两条动态曲线关系。如前所述，求解点处的压力和产量都是唯一的，故只有两条曲线的交点才能满足上述条件。因此，把该交点称为协调点。协调点只反映气井在某一条件下的生产状态，并不是气井的最佳生产状态。气井节点分析过程就是协调流入与流出的流动状态，使之达到最佳协调点的过程。

(5)敏感性优化分析。

敏感性优化分析是为了找出气井生产系统的合理参数，确定气井最佳生产状态的过程。其方法是通过改变系统参数，分析这些系统参数对系统流动特性的影响，从而确定气井最佳生产状态。由于气井节点分析方法的公式繁多、计算过程复杂，只有使用计算机，才能快速进行敏感性优化分析。

2.4.3　气井工作制度

气井的工作制度是指采气时气井的压力和产量所遵循的关系。气井所选择的工作制度应保证在开采过程中，能从气井中得到最大的允许产量，并使天然气在整个采气生产流程中的压力损失分配合理。

1)气井工作制度的种类

综合考虑气藏的地质特点和采气条件，并进行产气量、产水量数据分析，通过每口井投产之后产量变化，结合无阻流量、压力等参数，总结出不同变量条件下产气量、产水量变化，按不同生产阶段，制定合理生产制度。常见的工作制度有以下五种。

(1)定产量制度。

适应于地层岩石胶结紧密的无水气井的早期生产，是气井稳产阶段最常用的制度。气井生产早期，地层压力高，井口剩余压力大，采用气井允许的合理产量生产。地层压力下降后，可以采取降低井口压力的方法来保持产量不降，直到井口剩余压力很小时结束。

(2)定生产压差制度。

天然气从地层内部流到井底，是因为地层压力比井底压力大，即存在压差。对一口气井来说，压差越大，产量越大。定压差制度就是在一定时间内保持生产压差不变。

(3)定井底渗流速度制度。

井底渗流速度是指天然气从地层内流到井底，通过井底时的流动速度。定井底渗流速度制度就是在一定时间内保持渗流速度不变，该制度适用于地层疏松、容易垮塌和出砂的砂岩层的气井。

(4)定井底压力制度。

地层压力一定时，井底压力高，产量小；井底压力低，产量大。定井底压力制度就是在一定时间内保持井底压力不变。

(5)定井口压力制度。

气井生产到一定时间，井口压力降低到输气管压力时，应转入定井口压力制度生产。定井口压力制度是定井底压力制度的变形，可以近似按定井底压力预测产量变化。定井口压力制度一般应用在气藏附近没有低压管网，天然气需要继续输到高压管网的气井；或者需要维持井底压力高于凝析压力的凝析气井。

2)确定气井工作制度时应考虑的因素

气井选择哪种工作制度，要视气井的具体情况确定。同时，所选定的工作制度也不是一成不变的，要结合生产实际不断检验和作必要的调整。气井工作制度受多种因素制约，主要有地质因素、采气工艺因素、井身技术因素及其他因素等。

(1)地质因素。

①地层岩石胶结程度。岩石胶结不紧，地层疏松，则在气流流速过高时砂粒脱落，容易堵塞气流通道，严重时可导致地层坍塌，甚至堵死气层而停产。

②地层水的活跃程度。在地层水活跃的气藏上采气时，如果控制不当，容易引起底水锥进或者边水舌进，使部分地层孔隙和裂缝中的含水饱和度增加，含气饱和度降低，增加了天然气的流动阻力，使气井在同一压差下的产量减少。

(2)采气工艺因素。

①天然气在油管中的流速。气井生产时必须保证天然气在油管中有足够的流速，以带出井底积液，防止液体在井筒中聚积。

②气体水合物的形成。气体水合物的生成，对采气极为不利；防止井内气体水合物的生成可根据天然气的组分确定出水合物形成的最高温度，并控制气井在高于水合物形成温度的条件下生产。

③凝析压力。凝析油在地层内凝析后便无法采出，为此，在采气过程中要防止凝析油在地层内凝析，因而生产时的井底压力要高于露点压力。

(3)井身技术因素。

①套管压力的控制。生产时的最低套压，不能低于套管被挤毁时允许的压力，以防套管挤坏，这对高压深井尤为重要。

②油管直径对产量的限制。在实际生产过程中，各种原因常常不能按产量选择合适直径的油管，造成油管不合适影响气井的正常生产。

(4)其他因素。

如用户用气负荷的变化、气藏采气速度的影响、输气管压力等都会影响到气井的工作制度。

总之，影响气井工作制度的因素很多，制定气井工作制度时，应从影响气井工作制度的诸因素中找出对采气起决定性作用的因素为依据。气井工作制度确定后，在生产中还应不断检验该制度是否合理，根据生产实际对工作制度不断优化，使气井生产更趋于合理。

2.4.4 不同类型气井的开采

1）无水气井（纯气井）

无水气井指在产气过程中只产凝析水，或兼产少量凝析油（或原油），生产基本不受水或油干扰的气井。气驱气藏或弹性水驱很弱的气藏上的气井是无水气井。无水气井常用的工作制度是定产量制度、定渗流速度制度和定井口压力制度。

2）气水同产井

在生产过程中除产凝析水，还产地层水，而且水对气井生产有明显干扰的气井叫气水同产井。除少数气井投产时就产地层水外，多数气井是在气藏开发的中后期，由于气水界面上升，或采气压差过大而引起水锥后才产地层水。气水同产井的开采比较复杂，除了选择合理的工作制度控制生产，还要根据气井的产水情况采用多种方法进行排水采气。常用的采气方法有：控制临界流量采气、利用气井本身能量带水采气、泡沫排水采气、抽油机抽水采气、气举排水采气等。

（1）控制合理压差。

对无水气井，减小压差可以防止水锥型出水，延长无水采气期。但对带水气井压差控制过小或过大都不行。压差过小，井底回压大产气量小，达不到带水采气的最低流量；压差过大，产水量增加产气量却不一定相应增加，有时随着压差增大，产气量还要减少，这样都不利于带水采气。所以，对带水采气井，也要选择合理压差，使其在该压差下采气时，达到三稳定（压力、产气量、气水比相对稳定）。选择合理压差的方法，也是分析单井采气资料中“水影响程度”的变化。但这里的“水影响程度”不是要等于零时才算合理，而是要求“水影响程度”稳定。也就是“水影响程度”相对稳定或下降时的压差就是合理压差，相应合理压差下的产量就是合理产量。

（2）生产制度控制。

带水采气井生产稳定时，不要随便改变产量。因为稳定生产制度的建立，需要一个较长的过程，如果改变产量，气水在地层中的渗流关系和在油管中的流态都要改变，容易形成积液影响正常采气。如果需要改变产量，操作时必须注意以下几点。

①操作要少、稳、慢，避免过多过猛的激动气井。

②一般不宜关井，要连续生产。因为关井时，井筒的积液不易压回地层，同时关井初期的井底压差仍然存在，地层水继续流入井底地带形成死水区，堵塞地层孔隙或裂缝，开井时远处的气流很难突破这种水堵，结果导致气井水淹。

③关井前宜进行降压放喷，尽量排除井筒的积液。

④关井后井口必须严密不漏。因为井口如果漏气相当于小产量生产，地层水又带不出来，时间长了液柱升高，容易压死气层。

⑤关井后压力必须恢复到较高时才能开井。开井有困难时，应先放喷排液，待积液喷净或产水稳定时，再逐渐提高井口压力，转入生产管线输气。

⑥生产中如果出现油压下降、产水量减少、流量表指针波动频率下降、波动幅度加大等现象说明带水不好，井筒液柱上升，生产恶化。这时应降低井口压力，增大压差强化带

水。如果无效，应采取放喷措施排水，待积液排出，井口压力回升，气水比较稳定后再转入正常生产。

2.4.5 排液采气工艺

部分油气田的开采过程中存在产出地层水的情况，如果不能及时进行排水采气，就会导致产出水在气井底部集聚，进而造成井底回压增大，影响开采效率，甚至会出现气井停躺的情况。

治水措施归纳起来有三大类：控气控水、排水采气和气井堵水。控气控水是通过控制气井产量，即抬高井底回压来减小水侵压差而减缓水侵。其实质是控气控水，现场有时也称为控水采气。排水采气则是主动采水来消耗水体能量，通过减小气和水的压差控制水侵，从而保护气井稳定生产。气井堵水则是通过注水泥桥塞或高分子堵水剂堵塞水侵通道，以达到控制水侵的目的。

三种措施虽方式不同，但基本原理都是尽可能降低或消除水侵压差、释放水体能量或增加水相流动阻力。控气控水主要是以气井为实施对象，着眼点是气；排水采气则以水为实施对象，着眼点是水；气井堵水以体现气水压差的介质条件为实施对象，着眼点是渗滤通道。控气控水是一种现场常用的方法，在出水初期水侵原因不明时常常采用控制排水便于操作，但不利于提高气藏采速和开采规模；排水采气的实施对象已转至水，工艺要求相对较高具有更积极、更主动的意义；气井堵水常常受技术条件限制，实际应用很少。不论哪种措施，都是为了提高采收率，都应针对不同的水侵机理、方式，依据经济效益来选择和确定。

我国的气藏大多属于封闭性的弹性水驱气藏，在开发中都不同程度地产地层水。受地层水的干扰，气田在采出程度还不高的情况下就提前进入递减阶段，甚至造成气井水淹停产，影响气田最终采收率。我国通过多年的实践和发展，已形成了比较成熟的排水采气工艺技术。

1)泡沫排水采气技术

泡沫排水采气是将表面活性剂注入井底，借助于天然气流的搅拌，与井底积液充分接触，产生大量较稳定的低密度含水泡沫，将井底积液携带到地面，从而达到排水采气目的的一种工艺技术。该工艺技术使用的设备、工具较简单，易于操作管理，矿场推广实施快，气水同产井自喷生产后可普遍采用，提高日产气量和延长自喷期。泡沫排水采气工艺见图 2 - 16。

液体的表面层中存在一种使液面尽可能收缩成最小的宏观张力，即表面张力。加入表面活性剂后，表面活性剂通过在液体表面形成一层薄膜，改变液体表面的分子排列方式，从而降低表面张力。表面活性剂是一种特殊的化学物质，其分子结构具有两亲性，即一端为亲水基团(通常为极性基团，如羧酸、磺酸、氨基等)，另一端为疏水基团(通常为非极性烃链)。这种特殊的分子结构使表面活性剂能够在两种不相溶的液体之间形成一个边界面，并通过定向排列来降低边界面的张力。

泡沫的产生需要两个必备条件。一是较低的液体表面张力。当液体表面张力降低后，气体更容易分散到液相中，气泡更容易，这是表面活性剂的部分作用。通常将改变溶剂表面张力的表面活性剂称为起泡剂。起泡剂分子一端是亲水基，另一端是亲油基，在两相或

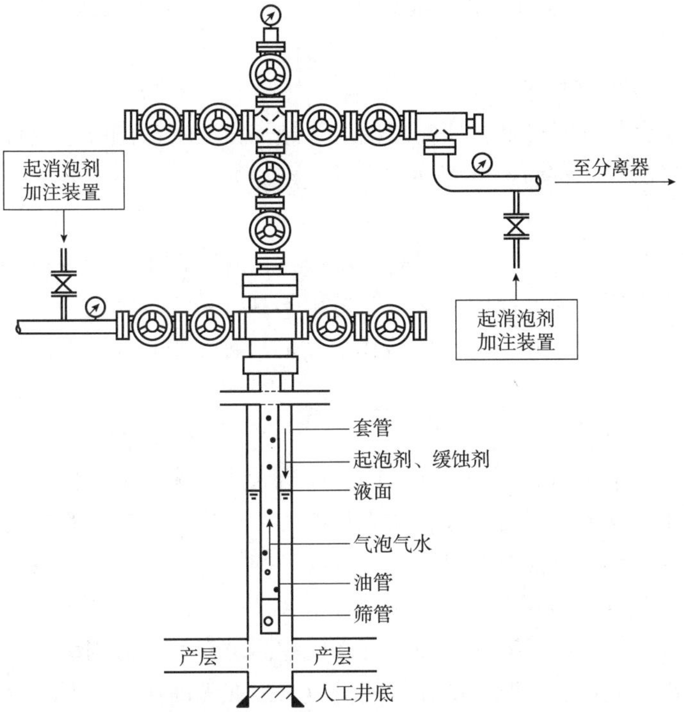

图2-16 泡沫排水采气工艺示意图

多相体系中存在时，表面活性剂一般在相界处聚集。当界面处起泡剂达到饱和时，对应的起泡剂最低浓度称为临界胶束浓度。继续增加的起泡剂将进入液相内部。二是气体对液体的扰动。通常起泡剂溶解于静止的液体中是不会起泡的，只有在气体的扰动下，气体分散到液相中才起泡；同时气体对液体的扰动强度对起泡的能力和泡沫举液能力有显著影响。

泡沫排水采气的机理包括泡沫效应、分散效应、减阻效应和洗涤效应等。注入起泡剂后，液柱将变为泡沫柱，形成稳定的充气泡沫，鼓泡高度增加，水的滑脱减少，使流动更平稳、更均匀，从而降低井底回压。泡沫使气水两相结合得更加紧密，具有乳状液性质。泡沫效应主要在泡流和段塞流等低流速下出现。段塞流时，加入一定浓度的表面活性剂，可促使气相和液相相互混合，减弱振荡效应，且浓度越大，混合越好，振荡越弱，能量损失越小。分散效应一般出现在环雾流的高流速状态。由于表面张力降低，水滴在相同动能条件下更易分散为质点，质点越小越易被气流带走，而且管壁形成的平滑液膜减少了对气流的阻力。分散效应可降低携液临界流速。

泡沫排液技术主要适用于具有一定自喷能力的井：

(1)自喷井中因气水比低，井底压力低，垂管流动带水不好，井筒存在积液的井。表现为产气量下降、油压下降(油管生产)、套油压差值上升、产出水不均匀或呈股状、出水间歇周期延长、井口压力波动等。

(2)因积液而停喷和间喷的井。经过关井放喷、气举或其他措施可排出井内积液，在注入了起泡剂的作用下，改善垂管流动状态可延长气井的自喷周期；这类井在开井排积液前可注入起泡剂，开井时即可起助排作用。

泡沫排水只是一种人工助排工艺，当井的产水量上升，气层压力下降和气水比下降到一定程度时，仅靠注入起泡剂，不可能再维持自喷生产，需代之以其他人工举升的排水工艺。

2)速度管柱排水采气技术

油管内径越小，气井举升液体所需要的气量越小，对于已濒临水淹停产的气井，采用较小管径油管排液的方法称为速度管柱排水采气。

速度管柱排水采气的特点有：该工艺属于自力式气举，不需人为施加外部能源助喷，能够将间歇生产气井转为连续生产，提高经济效益，同时该工艺较为成熟、可靠，设备配套简单，施工管理方便，易于推广。该工艺适用于具有一定自喷能力的气井，排液量一般不大于120m^3/d左右，由于管径越小，流体流动的沿程摩阻越大，要求气井深度一般不大于2600m。

3)气举排水采气技术

气举排水采气技术类似于气举采油，即将高压天然气注入气井内，以改善产层的两相渗流状态，减小垂直管流的压力损失，建立足够的生产压差将井底的积液排出。

气举排水采气的特点主要有：可适应的排液量和举升高度变化范围大，为各项人工举升排水技术之首。对特殊和复杂条件适应力强，对井下的高温、腐蚀环境、出砂、井斜、井弯曲、小井眼和含气量高等适应力强，气水比越高越有利；对间歇生产井、产水量变化的井，或交替产出大股水、大股气的井均能适应。但在无高压气井时，气举排水采气技术需用天然气压缩机提供高压气，增加了施工及管理工作量及费用。

气举工艺按下入井中的管柱数分为单管柱气举和多管柱气举。多管柱气举可同时进行多层开采，但其结构复杂，井下作业难度大，施工费用高。简单而又常用的单管柱气举管柱有开式、半闭式和闭式三种。气举井管柱结构见图2-17。

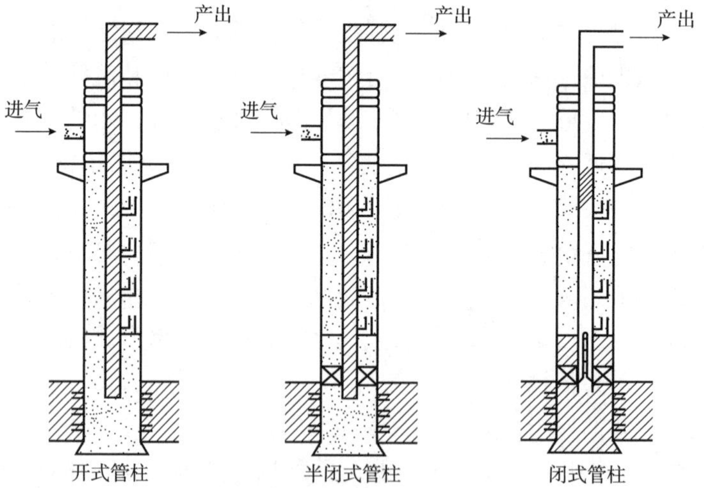

图2-17　气举井管柱结构示意图

4)柱塞气举排水采气技术

柱塞气举排水采气技术是利用气井自身能量推动油管内的柱塞举水，由于柱塞在举升气体与采出液之间形成了一个固体界面，因而有效地防止了气体上窜和液体回落，从而减少滑脱损失、增加举升效率。柱塞气举工艺见图2-18。

柱塞气举排水采气的特点有：设备简单，一次性购置和安装费用低；薄膜阀由 N_2驱动，除消耗 N_2外无其他消耗；由电子控制器程序控制薄膜阀的开关和柱塞的上升下落，日常管理工作很少。由于柱塞气举靠气井自身能量进行举升，因此该技术适用于产水量不大、气水比较高的气井，气井的产液量一般不超过 $40m^3/d$；若地层能量不足，可以向井内注入一定的高压气，将柱塞及其上部的液体从井底推向井口。

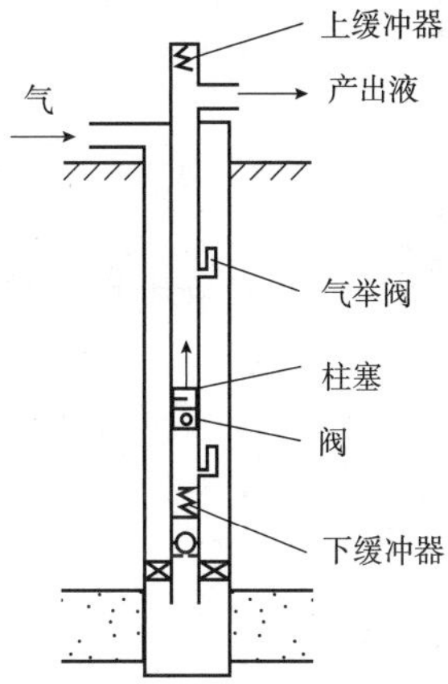

图2－18　柱塞气举工艺示意图

5)机抽排水采气技术

机抽排水采气是将有杆深井泵下入井筒动液面以下适当深度，泵筒中的柱塞在抽油机带动下作上下往复运动抽吸排水，进入泵筒内的地层水从油管中排出，而天然气则从油套环形空间产出。

机抽排水采气的特点有：该工艺直接将泵置于井下，只要有足够的泵挂深度，就可以在很低的回压下排水采气；投资少，装置简单，工作可靠，可用天然气和电作动力，易于实现自动控制，其安装使用和维护技术易于为矿场掌握；不受采出程度影响，并能把气井采至枯竭。该工艺适用于气藏中、后期低压间歇井或水淹气井排水采气，且天然气不含或低含硫，排水量不超过 $80m^3/d$，泵挂深度小于2500m，产层深度小于3000m。

6)电潜泵排水采气技术

电潜泵排水采气是将油井采液用的电潜泵下入气水井井底，启泵后将井底积液迅速排出井口，使水淹井的井底回压得以降低，气水井能恢复稳定生产。

电潜泵排水采气的特点有：排量范围大，对井的产液量变化有一定的适应能力，扬程范围广，能大幅降低井底流压而扩大生产压差，自动化程度较高，安装、操作、管理方便。该工艺适用于复活各类水淹气井，特别适用于产水量大($100 \sim 500m^3/d$)、压力低、单井控制剩余储量大的水淹井。但该工艺需安装高压电源，装备的一次性投资较大，且高温下电缆易损坏，井深受限制。

7)水力射流泵排水采气技术

水力射流泵是将射流泵下至井下，地面提供高压动力流体，流体经过喷嘴获得高速流动的动能，同时将其周围的地层水汇集、混合并带出地面的排水采气工艺。

水力射流泵排水采气的特点有：无运动部件，结构紧凑，安装和检泵方便，维护费用低，产量范围大，控制灵活方便。主要适用于高气水比、高温、高含水、高含砂、高腐蚀流体的气井，但该工艺初期投资较高，射流泵泵效低，所需要的输入功率高，耗电量大，同时腐蚀和磨损会使喷嘴损坏。

8)喷射气举排水采气技术

喷射式气举工艺是将气体射流装置放于油管底部，注入的高压气经过喷射装置射流，形成较低的吸入压力，将井产出的气、水吸入，然后进入油管进行气举垂管举升。

喷射气举排水采气的特点有：射流装置结构简单，无动力运动部件，在井下复杂恶劣的条件下工作可靠，检修周期长；可得到比气举更低的回压，又同时具有气举工艺相同的优点，但该工艺要求注入的高压气要有足够的压力。

2.5 气井增产工艺

钻井过程中钻井液的侵入、射孔压实、储层物性差等因素，导致近井地带渗透率降低、生产压差增大，严重影响气井产能；老井在长期生产过程中，各种因素导致近井地带渗透率降低，也会影响气井产能。上述情况都需要通过储层改造，提高近井地带渗透率，以实现气井产能最大化。气井最主要的储层改造增产措施是压裂、酸化和酸压，本章结合普光气田生产实际，介绍低渗致密砂岩和碳酸盐岩气藏以及非常规页岩气藏开发中常用储层改造技术。

2.5.1 储层改造增产机理

1)水力压裂机理

水力压裂是利用地面高压泵组，以超过地层吸液能力的排量将高黏压裂液泵入井内，压裂液在井底形成高压，当井底压力和原始地层压力之间的压差在井底地层产生的应力超过岩石破裂所需的应力时，就会在地层产生裂缝。继续注入带有支撑剂的混砂液，使裂缝继续延伸并在其中充填支撑剂。停泵后，由于支撑剂对裂缝的支撑作用，在地层中形成足够长的、有一定导流能力的填砂裂缝，从而实现气井增产的一种工艺方法。

水力压裂的增产机理主要体现在：沟通非均质天然气储集区，扩大供气面积；将原来的径向流改变为线性流和拟径向流，从而改善近井地带的渗流条件；消除钻井及完井伤害对气井产能的影响。常规砂岩储层中，天然气储存在岩石基质孔隙空间和(或)自然形成的裂缝网络以及次生孔隙中，通过孔隙空间和现有天然裂缝网络的有效连接而产出，其增产措施就可用水力压裂。致密砂岩气藏储层不同于常规气藏储层，其具有低孔、低渗、水敏、水锁等特征，压裂改造通常要求以长裂缝为主，从而提供更大的渗流面积。致密砂岩气藏以衰竭式开采为主，地层能量得不到补充，致密砂岩气藏的储层特性决定了其低伤害、低砂比、造长缝的性质，沟通更大面积的储气区域是储层改造的目标。

2)酸化机理

酸化是在低于储层岩石破裂压力下，将酸液注入地层孔隙和天然裂隙中，通过酸与地层岩石、胶结物以及外来污染物发生化学反应，溶蚀外来污染物和储层矿物，改善储层渗透率或者在裂缝壁面上形成沟槽，以实现改造储层、提高气井生产能力的工艺技术。酸化又分为基质酸化或孔隙酸化。

酸化的增产作用主要表现在：酸液挤入孔隙或天然裂缝与其发生反应，溶蚀孔壁或裂缝壁面，增大孔径或扩大裂缝，提高储层的渗流能力；溶蚀孔道或天然裂缝中的堵塞物质，破坏钻井液、水泥及岩石碎屑等堵塞物的结构，疏通流动通道，解除堵塞物的影响，恢复储层原有的渗流能力。

基质酸化也是常规砂岩储层改造的常用手段。土酸酸岩反应复杂，盐酸体系又不能够对砂岩储层进行有效溶蚀，因此砂岩储层一般不进行酸压，解堵时采用基质酸化。

3)酸压机理

酸压是酸化压裂的简称，是在压开储层形成裂缝或撑开地层原有裂缝条件下，将酸液挤入储层，依靠酸液对岩石的化学溶蚀作用，沿压开、撑开的裂缝面溶蚀碳酸盐岩，由于储层非均质性和可溶蚀岩矿的非均匀分布，在裂缝面将形成凹凸不平的酸蚀沟槽，施工结束后裂缝面不能全部闭合，从而成为具有良好导流能力的酸蚀裂缝，减少天然气流向井筒的流动阻力，大幅提高气井产能。

酸压裂缝内部没有依靠支撑剂，而是由酸液刻蚀后形成的凹凸裂缝表面在裂缝闭合时获得一定的导流能力。因此，酸蚀裂缝的有效长度仅仅取决于酸液能够到达并对岩石进行有效溶蚀的距离，而在酸压工艺结束后裂缝会在地层压力的作用下闭合，酸蚀支撑点必须承受地层最小主应力以对酸蚀裂缝进行有效支撑，这种支撑的有效性会直接影响酸蚀裂缝的导流能力。

碳酸盐岩储层通常层段厚，天然裂缝发育，储层介质中天然裂缝分布随机性大，一般应用酸化解堵和酸压进行储层改造。孔隙型储层以基质孔隙作为主要的储集空间和渗流通道，天然裂缝欠发育，通过造复杂裂缝或多条裂缝达到储层充分动用的目的。裂缝孔隙型储层则通过改造形成带分支裂缝的高导流能力主缝来尽可能地动用远井储层。缝洞型储层基质基本没有储渗能力，可以通过营造一条或多条具有高导流能力的“高速公路”(人工裂缝)来将储层中零散分布的缝洞体进行沟通，从而实现高效动用。

2.5.2 水力压裂增产工艺技术

1)常用低伤害压裂液体系

压裂液在压裂施工过程中具有传递压力、携带支撑剂、储层降温等作用，低渗致密砂岩气藏储层物性差、孔喉小、渗透率低，液相圈闭、流体敏感性、固相入侵会严重地损害储层导致压后产能增幅有限，因此选择低伤害压裂液体系对于提高低渗致密储层的改造效果具有重要意义。

目前常用低伤害压裂液体系主要有清洁压裂液、低浓度聚合物压裂液、泡沫压裂液体系、纤维压裂液、疏水缔合聚合物压裂液及低分子量压裂液等。

2)支撑剂

支撑剂是水力压裂时地层压开裂缝后，用来支撑裂缝的一种固体颗粒。它的作用是在裂缝中铺置排列后形成支撑裂缝，从而在储集层中形成远远高于储集层渗透率的支撑裂缝带。使流体在支撑裂缝中有较高的流通性，减少流体的流动阻力，达到增产、增注的目的。天然支撑剂以石英砂为代表，人造支撑剂以陶粒为代表。在低应力下，陶粒的性能与石英砂相近，但在高应力下，陶粒的性能则远远优于石英砂。

3)气井水力压裂技术

(1)大型压裂技术。

对于致密气藏而言，考虑到储层基质的低渗特性，支撑裂缝对整个气藏内部的渗流机理起着决定性的改变作用。足够长的裂缝可形成较大的泄气面积，渗流由径向流变为线性流，且压裂规模越大，裂缝越长，稳产期越长。所以大型压裂可延长气井的稳产年限，从而显著地提高气藏单井产能和采收率，同时可以减少钻井数，提高经济效益。因此，对于块状储层气藏，大型压裂是致密气藏投入工业化开采及提高最终采收率的关键措施之一。大型压裂的关键技术包括大型压裂选井选层技术、压裂液技术、压裂液快速破胶技术，以及现场实施的施工组织和质量控制等。

(2)体积压裂技术。

体积压裂技术是指通过水力压裂，使天然裂缝扩张和脆性岩石产生剪切滑移，从而形成天然裂缝与人工裂缝相互交错的裂缝网络，实现对储层在“长宽高”三维方向的全面改造，增加了裂缝体积、渗流面积、油气渗流通道，大幅提高了油气藏的初始产量和最终采收率。其技术主要特点为采用一体化变黏滑溜水、多粒径组合支撑剂，大排量、大规模注入。体积压裂技术主要用于低渗油藏、页岩气等非常规油气开发，使采用常规压裂改造工艺无法有效动用的致密储层实现效益开发。为提高水平井压裂效果，一般都将水平井分段压裂以形成多条裂缝，随着井下工具、施工设备及工艺的发展，国内外形成了多种分段压裂技术。

①限流分段压裂技术。限流分段压裂技术原理是通过严格限制炮眼的数量和直径，并以尽可能大的注入排量施工，利用压裂液流经孔眼时产生的炮眼摩阻，大幅提高井底压力，并迫使压裂液分流，使破裂压力接近的地层相继被压开，达到一次加砂能够同时处理几个层段的目的，主要适用于套管完井的水平井，对于衬管完井、裸眼完井或老井水平井则不适用。对于水平井限流法分段压裂，由于施工井段长，使孔眼限流摩阻值的计算不能仅考虑压裂层段间的破裂压力差值。同时由携砂液引起的炮眼侵蚀直接影响压裂过程中流体的分布形态，对流量分配及裂缝形态影响很大。另外水平井限流压裂过程中由于存在水平段的径向流区，增加了近井裂缝的复杂程度，并产生一定的附加摩阻，使高砂比压裂液在其中的流动风险很大。

②机械桥塞分段压裂技术。机械桥塞分段压裂技术的原理是当下部气层改造施工，下桥塞封堵下部产层；接着施工第二层，之后再下桥塞封堵，依次上返；所有层段施工完毕后下入连续油管将桥塞钻磨掉。该技术为目前致密气/页岩气非常规油气井分段压裂主要采用的压裂技术，分段桥塞已优化为全可溶桥塞，此外随着技术的进步以及装备性能的提升，目前可实现水平井、高压井的带压钻塞和下完井管柱，可最大限度地保护油气层。

③封隔器＋滑套分段压裂技术。封隔器＋滑套分段压裂技术是利用投球方式打开(关闭)多级注入工具，可以在实现一次作业不动管柱情况下，进行多级压裂施工。该技术具有分段隔离针对性好，可根据需要开关滑套实现选层开采的优点；但没有验证封隔器封隔有效性的方法，也存在滑套打不开或投球不能有效封隔下部层段等风险。

④水力喷射分段压裂技术。水力喷射分段压裂技术利用水力动态封隔的原理在不采用封隔器的情况下实现分段压裂。该技术结合了四大关键技术，即水力喷射、水力压裂、喷射泵注、双通道流体注入，可以用于水平井分段压裂，也可用于垂直井分层压裂，既满足了连续油管作业的需求，也满足了普通油管作业的需求。该技术运用高压水射流技术，先完成水力喷砂射孔，之后通过两套泵注系统分别向油管和油套环空中泵入流体共同完成压裂；若需要进行分段压裂，则依次对其他目的层重复进行水力喷砂射孔和压裂，整个工艺过程不需要机械封隔装置。该技术的优点是：精确布缝、作业快速、效果好，不须采用常规封隔器，且适用于多种完井方式。

(3)压裂液返排技术。

压裂过程中压裂液侵入储层可能产生水锁伤害、黏土膨胀与运移伤害、沉淀堵塞伤害、乳化伤害、冷却伤害、吸附滞留伤害、润湿反转伤害以及压裂液残渣伤害等。压裂液返排技术是通过缩短压裂液压后破胶水化时间，同时优化常规作业程序及管理手段，增加压裂液返排率。这一技术的目的是减少压裂液对地层的伤害，并缩短压后投产时间。该技术主要包括改进压裂液配方(特别是适应低温地层的压裂液配方)以适应压后快速破胶返排的需要，依据裂缝闭合时间确定压后放喷时间，以及采用科学的排液手段使压裂液能够在少吐砂的前提下在最短的时间内尽可能多地返排出来。目前非常规多段压裂改造后多采用压裂液控压返排技术，裂缝闭合前采用小油嘴控制缓慢返排避免支撑剂回流、降低裂缝导流能力；裂缝闭合后逐步增大油嘴，提高压裂液返排效率。

2.5.3　酸化及酸压增产工艺技术

1)改造工作液体系

(1)基本酸液体系。

基本酸液体系包括常规土酸体系和常规盐酸体系。

砂岩酸化常用的土酸处理液体系由适当比例的盐酸和氢氟酸配制而成。土酸一般组成是盐酸浓度8% ~12%，氢氟酸浓度3% ~5%，再加上配伍的添加剂。典型泵注程序依次为前置酸、土酸处理液、后置酸、顶替液。

常规盐酸一般指普通盐酸。盐酸是指无机强酸，它是HCl水溶液，绝大多数碳酸盐岩储层酸处理都采用盐酸，酸化常用工业盐酸，质量分数为30% ~32%。盐酸对施工管柱的腐蚀性强，在酸液配方中通常增加缓蚀剂。由于储层温度高、酸岩反应速度更快，碳酸盐岩储层目前采用具有缓蚀性能的清洁转向酸。

(2)酸液添加剂。

①缓蚀剂。目前国内外常用的缓蚀剂包括氯化合物、醛类、炔醛类及复合缓蚀剂。

②防腐剂。盐酸和氢氟酸对油管套管和施工设备有强烈的腐蚀作用，使管线和设备寿命降低，甚至造成事故。因此，酸液中要加入缓蚀剂以抑制腐蚀。常用的缓蚀剂有甲醛(福尔马林)、乌洛托品、烷基酚聚乙烯醚(OP)、丁炔二醇和碘化钠等。

③表面活性剂。酸液的表面张力较高，进入气层后，容易积存在地层孔隙和喉道中难于排出，使天然气流动困难。表面活性剂的作用是降低酸液表面张力，以利于反应完后残酸的返排。表面活性剂有三大类：阳离子型、阴离子型和非离子型，可供选择的品种也很多，对具体气层应从使用性能、与酸液中其他化学剂的配伍性以及与气层岩石和流体的相容性等方面综合评价。

④铁离子稳定剂。铁离子稳定剂就是防止三价铁沉淀的一种添加剂。目前使用的铁离子稳定剂有两类：一类是螯原剂；另一类是螯合剂。最常选用的除只适用于低温井的冰醋酸，还有乙二胺四乙酸、氮川三乙酸、柠檬酸等。

⑤助排剂。助排剂为帮助残酸排出地层的一种添加剂，常用的助排剂有CO_2和N_2。施工中把助排剂混入酸液一起注入地层，排残酸时，由于井底压力降低以及助排剂在地层温度下汽化，可携带残酸排出地层。

(3)其他酸液体系。

基本酸液体系的主要缺点是与岩石反应速度太快以及对施工管柱的强腐蚀性，特别是高温深井这些缺点更加明显，为此采用了具有不同特殊功能的酸液体系。

①特殊土酸体系。特殊土酸体系包括自生土酸缓速酸体系、含醇土酸体系、有机土酸体系等。自生土酸缓速酸体系原理是使有机酯水解成为相应的羧酸，然后这种羧酸与氟化铝反应生成氢氟酸，它对管材的腐蚀速度低，逐渐生成的氢氟酸的反应延迟。含醇土酸体

系是土酸与醇类(醇类浓度大于50%)混合而成的酸液体系，主要用于低渗透干气层。用乙醇稀释可降低酸与矿物的反应速度，起一种缓速效应。有机土酸体系改用有机酸(如甲酸)代替土酸中的盐酸，可减缓酸岩反应速度，同时可减轻对管柱的腐蚀速度并减小形成酸渣的风险，一般用于高温井。

②降阻酸体系。在常规酸中加入一定比例的降阻剂，可以大大降低酸液在油管中流动时的摩擦阻力损失，增加地面泵注水功率的利用效率。

③氟硼酸缓速体系。采用氟硼酸进行酸化作业，主要是由于氟硼酸水解可以产生氢氟酸，从而维持较低的氢氟酸浓度，可实现深部穿透。

④磷酸缓速酸体系(PPAS)。磷酸缓速酸体系主要是利用磷酸(H_2PO_4)进行酸化，特别适用于处理钙质含量高的砂岩或石灰岩储层。

⑤胶束酸体系(micella acid)。胶束酸体系是在酸中加入胶束溶液配制而成的，同时具有酸的特性和胶束液的特性，具有反应速度慢、有效作用时间长、有效作用距离长、表界面张力低、返排效果好等优点，还可以防止微粒运移、沉积造成地层损害。

⑥多氢酸体系(multi - hydrogen acid)。多氢酸体系的实质是复杂有机酸复合物与氟化物反应，生产氢氟酸及多种可以控制二次沉淀的复合物体系，具有很好的缓速性、极强的吸附能力、较好的分散性及防垢性能，并能保持或恢复储层的水湿性。

⑦泡沫酸体系。泡沫酸体系是以N_2或CO_2为内相、酸液为外相的泡沫体系，具有黏度高、滤失速度低、管内流动摩阻低、酸液用量小、残酸容易返排、对储层特别是含水敏矿物的储层损害小、缓速效果好、排液速度快等优点。但对酸压施工设备要求高，施工压力大，成本高。目前国外在碳酸盐岩储层的基质转向酸化中使用泡沫酸较多，同时在水平井酸化中也多有使用。

⑧胶凝酸体系。胶凝酸是一种缓速酸液，其作用机理是降滤失和缓速，一般适用于中高渗储层，由于其残渣较多，在低渗及返排困难的储层使用胶凝酸要慎重。

⑨变黏酸体系。变黏酸体系特点是在储层酸岩反应过程中能根据储层条件变化而自动改变酸液黏度，以达到深度酸压的目的。根据变黏机理不同，变黏酸可分为温控变黏酸和pH值调节变黏酸两种。

⑩黏弹性表面活性剂(VES)转向酸体系。VES转向酸又称清洁自转向酸，是一种无聚合物类新型酸液。可以实现酸液的暂堵转向作用，如遇到储层中的烃类物质(如原油、天然气)，将加速破胶。可进一步提高体系的转向效果以及返排速率。

2)酸化工艺技术

酸化工艺分为笼统酸化工艺、转向酸化工艺和连续油管拖动喷射酸化工艺。

(1)笼统酸化工艺直接对整个井筒进行酸化，施工简单。但该方法不能调整天然流动剖面，也不能有效分配处理液并解除所有伤害。

(2)转向酸化工艺可通过机械转向或化学转向方式实现。

机械转向是最常用的酸化转向方法，包括封隔器转向、暂堵球转向及桥塞和封隔器联合系统转向等，主要功能是把长的改造层段封隔成短的井段。

化学转向酸化工艺包括化学微粒暂堵分流酸化、泡沫酸转向酸化和变黏酸转向酸化。化学微粒暂堵分流酸化，是利用酸液优先进入阻力最小的高渗层原理，逐步改变进入井段各部位的酸量分布，最后达到井段各部位均匀进酸的目的。泡沫酸转向酸化，是在常规酸液体系中加入起泡剂和稳泡剂，通过泡沫发生器与气体(一般多为 N_2或 CO_2)混合，对原注酸层段换注泡沫酸进行迅速充填和快速暂堵，迫使酸液实现快速有效的转向分流。同时起到助排的作用。变黏酸转向酸化，利用前期酸液在高渗透层反应后酸液黏度的增加来增大酸液在高渗透层的流动阻力，从而使鲜酸继续向深部穿透或转向其他低渗、污染严重的储层，达到均匀改造的目的。

(3)连续油管拖动喷射酸化技术。施工方法是将连续油管下到改造段的趾部，通过控制连续油管的拖动速度和酸液的注入速度来控制储层的吸酸量，是长水平井段酸化处理施工优先选择的技术。其优点是能够提高均匀布酸的程度。

3)酸压工艺技术

(1)常规酸压工艺技术。常规酸压是在井底施工压力大于地层岩石破裂压力或天然裂缝闭合压力的条件下，在裂缝张开状态下将酸液注入裂缝，酸液溶蚀裂缝壁面，形成一条或多条不规则的酸蚀裂缝，常规酸压特点是酸液滤失严重，酸岩反应速度快，有效酸蚀作用距离较短，只能解决近井地带的污染，形成缝长小于30m 的小规模裂缝。

(2)前置液酸压工艺技术。基于水力压裂形成动态缝的思想，发展了前置液酸压工艺技术，是指首先采用高黏非反应性前置压裂液压开气层，形成人工裂缝，然后注入各种酸液溶蚀裂缝，以形成不均匀刻蚀的较高导流能力酸蚀裂缝的工艺技术。通常使用的是惰性前置液(多为植物胶水基压裂液)和普通酸液(浓度15% ~28%的盐酸体系)。

(3)多级注入深度酸压工艺技术。多级注入深度酸压作为对前置液酸压的补充，是指将数段前置液和酸液交替注入地层进行酸压施工。该项技术可以将非反应性高黏液体与各种不同特性的酸液组合，构成不同类型、不同规模的多级注入深度酸压技术。

(4)闭合酸压工艺技术。闭合酸压是将酸在低于裂缝闭合压力的条件下注入储层内“闭合”裂缝，低排量下被注入的酸液将沿着阻力最小的路径流动，产生不均匀刻蚀，加深之前形成的沟槽，在施工压力消除及裂缝闭合后，酸蚀裂缝具有更好的导流能力。

(5)水力喷射分段酸压工艺技术。水力喷射分段酸压是将水力喷射和酸压技术相结合的一种酸压工艺，能有效提高深部水平井多段酸压能力和效率。

(6)固体酸酸压工艺技术。首先将酸固化成颗粒，沉降或悬浮于裂缝中，待泵注完毕后，再注入释放液，固体酸与释放液接触后，溶解并电离出大量的 H^+ 与裂缝壁面反应，造成裂缝壁面的非均匀刻蚀。固体酸酸压工艺的酸蚀裂缝具有较高的导流能力，大大地增加了酸蚀裂缝长度。

(7)组合酸压工艺技术。对于主要表现为埋藏深、储层非均质性严重和基质含气性差的深层碳酸盐岩储层，把多种单一酸压技术集成为复合酸压工艺技术。

思考与练习

1. 气井的完井方式有哪些？它们各有什么特点？
2. 常见的井下工具有哪几种？它们的功能是什么？
3. 多相管流分为哪几种流态？
4. 气井常见的工作制度有哪几种？
5. 气井排液采气工艺有哪几种？它们分别适用于哪种气井？
6. 气井增产的机理是什么？

第3章　普光致密/页岩气采气技术

致密气和页岩气储层孔隙度、渗透率、含气饱和度低，一般无自然产能或自然产能低于工业油气流下限，需采取大规模压裂改造才可获得工业气流。近年来，随着国内外非常规油气资源开发技术快速发展，相关的采气工程技术取得突破性进展。普光气田开展了上部陆相地层(千佛崖、须家河组)、中部海相页岩气地层(大隆组)致密/页岩气的勘探开发，并初步形成了配套的采气工程技术，本章将重点介绍普光气田致密砂岩/页岩气井完井、投产作业工艺、采气地面工艺流程、气井生产及管理等技术内容。

3.1　致密砂岩/页岩气井完井

普光致密/页岩气藏储层致密，物性差、厚度薄，决定了气井产量较低，所有井都需要实施压裂等储层改造。如果采用裸眼完井和衬管完井，压裂施工过程中，容易造成井壁坍塌，压裂液流向不易控制，影响压裂效果，甚至影响气井的正常生产。为降低建井成本、提高单井控制储量，普光致密/页岩气采用水平井开发，套管射孔完井方式。

3.1.1　井身结构

结合地层特点、地层压力情况及目前钻井工艺技术状况和已钻井实钻情况，致密砂岩/页岩气井通常采用二开井身结构。

根据地质分层，侏罗系自上而下为蓬莱镇组-遂宁组、上沙溪庙组、下沙溪庙组、千佛崖组。普光致密/页岩气主要目的层为千佛崖组。通过普陆页1HF、普陆3、普陆4等陆相井的实钻情况分析，上部陆相地层下沙溪庙组及以上地层为一套压力体系，均为常压，主要复杂情况为渗透性漏失和长时间浸泡造成的坍塌掉块，一开采用表层套管封隔下沙溪庙及以浅易漏、易塌地层。针对千佛崖组储层，钻井过程中显示活跃，单独采用一个开次钻至设计井深，根据储层改造要求下入相应规格的生产套管。

(1)表层套管：表层套管封隔下沙溪庙及易漏、易塌地层。

(2)生产套管：千佛崖组为储层段，钻井过程中显示活跃，单独采用一个开次钻至设计井深，根据储层改造要求下入相应规格的套管。

普光致密砂岩/页岩气井通常采用二开井身结构(以普陆3-1井为例)，井身结构见图3-1、井身结构数据表见表3-1。一开采用 Φ311.2mm 钻头钻进至井深3060m，下入 Φ244.5mm 表层套管封至下沙溪庙组以下20m，即井深3058m；二开采用 Φ215.9mm 钻头钻至设计井深5057.42m，下入 Φ139.7mm 套管至井深5054m，水泥浆返至上层套管鞋以上500m，即井深2558m。

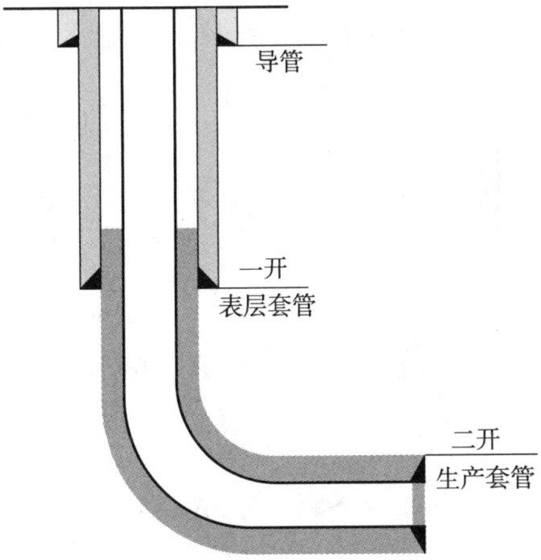

图3－1　普陆3－1井井身结构示意图

表3－1　普陆3－1井井身结构数据表

地层分层				开钻次数	钻头直径×钻深/(mm×m)	套管直径×下深/(mm×m)	井身结构
界	系	统	组				
中生界	侏罗系	中统	上沙溪庙组	导管	406.4×301	508×(5~10) 339.7×300	
			下沙溪庙组	一开	311.2×3060	244.5×3058	
			千佛崖组	二开	215.9×5057.42	139.7×5054	

3.1.2　生产完井管柱

生产管柱是产层流体从井底到地面的流动通道，合理的生产管柱需综合考虑气井产量、井深、携液、后期清防蜡、作业工艺等因素，以满足气田高效开采、长期稳产的要求。

1)管柱结构

根据致密砂岩/页岩气藏的特点，针对不同的井身结构、井况、产出流体性质和生产需要，综合考虑产能、携液、冲蚀、管柱强度等因素，普光致密砂岩/页岩气井完井生产管柱结构自上而下为油管悬挂器＋油管短节＋油管＋工作筒＋破裂盘＋喇叭口，见图3－2。

2)油管

通过产能分析、临界冲蚀流量计算、临界携液能力分析，普光致密砂岩/页岩气井采用Φ60.3mm、Φ73mm完井油管。

油管材质选择需综合考虑现场应用、长期开采情况、投入成本等因素，根据普陆页1HF、普陆4井实测资料，千佛崖组致密砂岩/页岩气井地层压力44.42~45.43MPa，温度82.63~84.75℃，产出流体不含H_2S、低含CO_2。基于前期普陆4井与普陆页1HF井试气试采经验，产量及压力下降速度较快，CO_2分压会逐渐降低，腐蚀风险相对较小，普光致密砂岩/页岩气井一般采用N80油管。

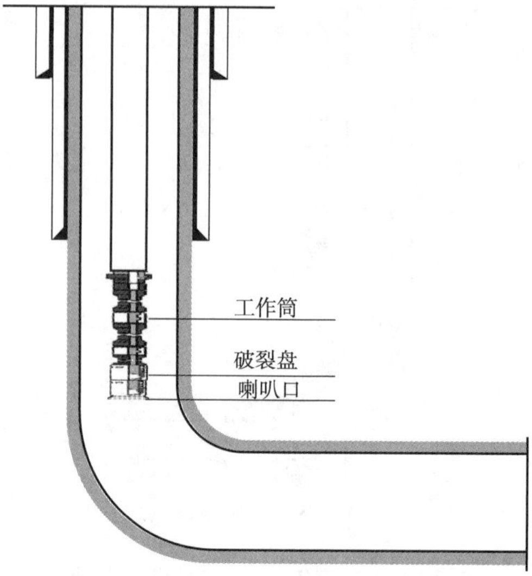

图3－2　致密砂岩/页岩气井完井管柱示意图

3）完井工具

普光致密砂岩/页岩气井目前常用完井工具主要有工作筒、破裂盘、喇叭口。

（1）工作筒。

工作筒安装在完井管柱上，用于下入配套堵塞装置实现协助封隔器坐封、封堵油管通道、测压等功能的完井工具。普光气田致密砂岩/页岩气井完井管柱设置两组工作筒，主要用于后期动管柱时实现不压井作业起油管，有效保护储层。

（2）破裂盘。

破裂盘（图3－3）作为一种内堵工具，能够在设备内部压力超过设定值时及时破裂，释放压力，有效防止因压力过高而引发的爆炸和损坏事故。破裂盘的工作原理基于其高效的压力释放能力和稳定可靠的性能。其作用主要在于保护完井管柱及工具免受压力过高而导致的损坏。在设备内部压力达到或超过预设的安全值时，破裂盘会迅速破裂，从而释放过高的压力，确保设备和系统的安全运行。这种及时的压力释放机制，大大降低了因压力失控而引发的安全事故的风险，破裂盘具有安全可靠且操作方便等优点。

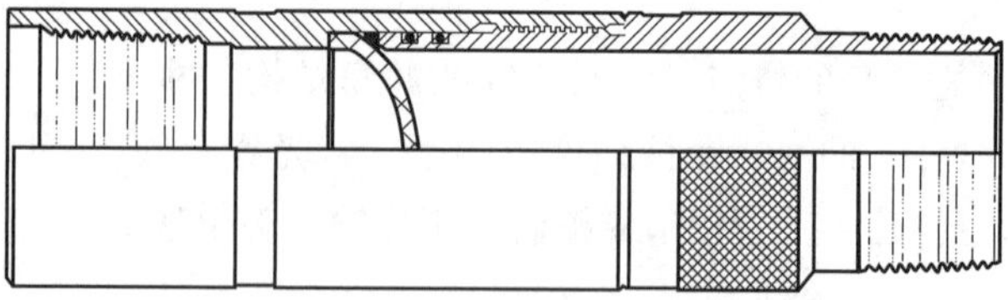

图3－3　破裂盘结构示意图

普光致密砂岩/页岩气井带压作业下完井管柱时，在管柱内安装破裂盘（正压7MPa，反向承压70MPa），用于封闭油管实现带压下管柱，下入完井管柱、安装井口后，油管正向打压，开启破裂盘建立油管生产通道。

（3）喇叭口。

喇叭口一般安装在管柱的最底部，内部结构下大上小，形似喇叭，故而得名。其作用是方便后期生产测井时仪器的起下，防止仪器挂卡；同时作为表征油管柱末端的标志。

3.1.3　井口及地面控制系统

1)采气井口

根据普光致密砂岩/页岩气藏地质特点及后期改造需求，从技术适应性、安装维护方便、安全可靠、成本费用低等方面综合考虑，普光致密砂岩/页岩气藏采用套管注入、体积压裂模式投产，为了兼顾压裂过程中压力高、生产时压力低，采气井口常采用组合压力级别，即油管四通及手动平板阀额定工作压力选用105MPa或140MPa、采气树额定工作压力选用70MPa或105MPa；因地层流体不含H_2S、低含CO_2，且井口压力下降速度较快，材料级别选DD级；规范级别PSL3，性能级别PR1，温度级别P-U(-29~121℃)，采气树主通径78mm、侧通径65mm，手动平板阀通径180mm。采用双翼单阀采气树结构，生产翼配液动安全阀，配套一柜控多井地面控制系统，油管四通及采气树生产翼均配仪表法兰，可安装压力、温度传感器，实现数据远传；70MPa及以上压力级别采气树配套液动安全阀和地面控制系统。

2)地面控制系统

致密砂岩/页岩气井口控制柜是一个简易控制系统，根据每个站场部署井数，采用一柜一井或一柜多井结构；控制柜与每口井采气树生产翼液动安全阀配套使用，实现全井场所有气井的安全控制。

控制柜采用电液式控制系统，控制油路循环封闭、无外泄，不会污染环境。控制系统箱体采用304SS制作，防雨、防尘、耐腐蚀。控制系统内主要元器选用油气行业成熟产品，性能先进可靠。

地面控制系统内部逻辑可保证地面安全阀的开启和关断，具有易熔塞防火关井、生产管线高/低压关井(当生产管线压力超压或欠压时，系统能够自动关闭地面安全阀)、远程关井、本地开关井等功能。具体功能如下：

(1)控制系统在下列情况下能快速关断液动安全阀。

①高、低压先导阀超压关断。

②ESD紧急关断(包括就地手动关断和远程电磁阀关断)。

③防火易熔塞融化关断。

(2)系统具备失压手动补压和超压自动泄压功能。

(3)系统压力(蓄能器压力)信号远传。

(4)安全阀阀位开关状态信号远传。

(5)单井油压、油温、套压、套温数据远传。

3.2　投产作业工艺

普光致密砂岩/页岩气井采用桥塞分段+套管大规模体积压裂工艺投产。该压裂投产作业工艺包含射孔-桥塞分段联作、套管注入压裂、扫塞通井、带压下完井管柱、放喷排液、开井生产等主要工序。普光采用丛式井布井方式和井工厂作业模式减小井台建设难度、降低投资费用。

3.2.1 套管分段大规模压裂工艺

套管分段大规模压裂工艺实施过程(图3－4)如下：首先，采用连续油管输送射孔或打开套管上预置的趾端滑套后泵送电缆射孔，首段射孔后套管注入实施首段压裂；其次，泵送电缆携带射孔枪＋可溶桥塞，电缆坐封桥塞封闭底部已压裂层段，之后上提电缆完成待压裂段射孔、套管注入压裂；最后，重复相同工艺完成整个井筒的分段压裂施工。该工艺具有施工排量大、效率高等优点。

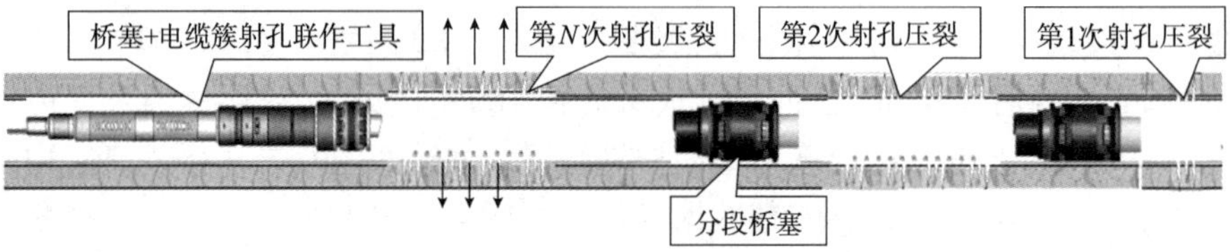

图3－4　泵送桥塞/射孔分段压裂工艺流程示意图

1)射孔工艺

第一段采用连续油管传输射孔或打开套管上预置的趾端滑套后泵送电缆射孔；其他段采用电缆泵送桥塞＋簇射孔联作方式射孔，组合工具串自上而下为CCL＋射孔枪＋可溶桥塞。先采用电缆输送依靠管柱自身重力自由下放，待工具串进入造斜段无法自由下落后，从井口往井筒内注入液体，推动工具串往下运行，工具串到达预定位置后，地面控制坐封桥塞并丢手，然后逐级上提射孔枪到目的层，选发引爆射孔枪，分簇射孔。

2)射孔参数

射孔参数主要包括射孔孔密、相位和射孔弹的孔径及穿深等。

(1)孔密及射孔相位。

由于破裂压力存在非均匀性，为提高压裂过程中缝内净压力，确保后期压裂各簇裂缝同时起裂，降低破裂压力，采用变孔密射孔，致密砂岩/页岩气井常用射孔参数为单段36～48孔、孔密为8～16孔/m、螺旋布孔、60°相位角。

(2)射孔枪、射孔弹。

普光致密砂岩/页岩气井采用Φ139.7mm生产套管，内径Φ114.3～118.6mm，相匹配的射孔枪有Φ89mm、Φ102mm。目前实际施工作业中选用Φ89mm枪、深穿透射孔弹。射孔枪、射孔弹性能指标见表3－2。

表3－2　射孔枪、射孔弹性能指标

参数	89枪	102枪
射孔枪外径/mm	89	102
弹型	89深穿透	102深穿透
适用套管外径/mm	139.7	
标准混凝土靶穿深/mm	900	1000
平均孔径/mm	9	10

(3)射孔作业装备。

电缆射孔作业装备包括射孔地面操作系统、井口电缆防喷系统及其他配套设备。

①射孔地面操作系统：地面操作系统主要包括液压射孔绞车、单芯电缆、电缆张力计和绞车控制面板。

②井口电缆防喷系统：井口电缆防喷系统主要由密封脂注入控制头、上工具捕集器、防喷管、下工具捕集器、泄压短节、电缆防喷器BOP、循环三通、注脂控制系统等组成。

3)体积压裂工艺

体积压裂技术是指大型大规模水力压裂过程中使脆性岩石发生破裂、滑移剪切现象，且沟通并扩张天然裂缝，形成一个由人工裂缝与天然裂缝共同交织成的巨大的裂缝网络系统，改造范围大、导流能力强，实现致密储层基质中的流体有效动用。

针对陆相页岩/砂岩凝析气藏不同的储层品质和压裂品质，基于“穿层、扩体、促复杂”的改造理念，经过摸索实践，整体形成了“长井段水平井完井＋多簇射孔＋变黏滑溜水携砂＋分段压裂＋高排量”的体积压裂技术。并且差异化形成了“长段多簇＋暂堵＋变黏滑溜水＋高排量大液量＋多粒径支撑”致密气压裂技术模式，完成普陆3、普陆4、普陆301H井压裂施工。差异化形成了“多段多簇密切割＋定向射孔＋多级暂堵＋大排量大液量”陆相页岩气压裂技术模式，成功完成了普陆页1HF、普陆页2HF、普陆页3HF井压裂试气，助推普光陆相实现勘探突破。

影响体积压裂效果的主要工程因素包括压裂排量、规模、压裂材料等，优选合适的压裂材料，可以提高压裂效果、降低成本，其中主要压裂材料包括支撑剂、压裂液、暂堵材料。

(1)支撑剂。

压裂支撑剂是一种颗粒状物质，通常由石英砂、陶粒等材料制成。支撑剂的核心功能是填充在岩石裂缝中，增加裂缝的稳定性，防止人工裂缝重新闭合，可提高裂缝导流能力，降低油气渗流阻力。

普光陆相页岩/致密气藏一般选用70/140目石英砂(耐压35MPa)在前置液阶段作段塞，充填天然裂缝，降低滤失，为了增加裂缝导流能力，中后期选用40/70目石英砂(耐压35MPa)、30/50目陶粒(耐压69MPa)。支撑剂性能指标见表3－3。

表3－3　支撑剂性能指标

指标项目	70/140目石英砂	40/70目石英砂	30/50目陶粒
酸溶解度/%	≤7.0	≤7.0	≤7.0
破碎率(35MPa)/%	≤9.0	≤9.0	
破碎率(69MPa)/%			≤9.0
体积密度/(g/cm³)	≤1.65	≤1.65	≤1.65
圆度	≥0.7	≥0.7	≥0.8
球度	≥0.7	≥0.7	≥0.8

(2)压裂液。

压裂液分为前置液、携砂液、顶替液。前置液起到劈开油气层的作用；携砂液兼有将支撑剂带入裂缝中并延伸裂缝的作用；顶替液则可将井筒中的携砂液顶替到裂缝中。为满足大排量、大规模施工，页岩气/致密气体积压裂采用一体化变黏滑溜水体系，可实现在线速溶、变黏。滑溜水性能指标见表3－4。

表3－4　滑溜水体系性能参数

降阻水类型	表观黏度/(mPa·s)	表/界面张力/(mN/m)	防膨率/%	降阻率/%	配伍性
低黏	4.5～7.5	表面≤32 界面≤3	≥80	>70	良好
中黏	9～12			>65	
高黏	15～18			>60	
超高黏	33～39			>60	

(3)暂堵材料。

受储层非均质性、缝间应力干扰和射孔孔眼磨蚀等因素影响，为提升多簇水力裂缝起裂和均衡扩展，采用暂堵压裂工艺。暂堵球主要用于缝口暂堵，其封堵对象是井筒的中射孔孔眼。暂堵剂可用于缝口暂堵和缝内暂堵，其封堵对象主要是人工裂缝。

普光陆相页岩气/致密气藏一般采用双暂堵工艺，选用18～24mm暂堵球进行缝间暂堵，同时选用可溶性暂堵剂提高缝内净压力，增加裂缝复杂度。暂堵球、暂堵剂见表3－5、表3－6。

表3－5　暂堵球性能指标表

类型	直径/mm	暂堵球密度/(g/cm^3)	耐压差能力/MPa	承压时间/h	4d溶解率/%
指标	18～24	1.0～1.7	40	≥3	≥95

注：暂堵球主要尺寸规格为$\Phi(9\pm0.1)$mm、$\Phi(10.5\pm0.1)$mm、$\Phi(12\pm0.1)$mm、$\Phi(13.5\pm0.1)$mm、$\Phi(15\pm0.1)$mm、$\Phi(18\pm0.1)$mm、$\Phi(20\pm0.1)$mm、$\Phi(22\pm0.1)$mm、$\Phi(25\pm0.1)$mm，具体尺寸以现场实际需要为准。

表3－6　暂堵剂性能指标

序号	项目		指标
1	外观		自由流动粉末或颗粒
2	筛余量(4～100目)/%		≥95
3	密度/(g/cm^3)		1.1～1.35
4	水溶性	30℃、30min水溶率/%	≤10
		48h水溶率①/%	≥90
5	酸溶性	30℃、30min酸溶率/%	≤10
		48h酸溶率①/%	≥90
6	暂堵能力①	暂堵净压力上涨/MPa	≥5
		暂堵承压能力/MPa	≥10
7	有机氯含量②/%		0

注：①暂堵剂"48h水溶率""48h酸溶率""暂堵能力"室内评价温度根据储层温度选择，包括：40℃、60℃、90℃、120℃、150℃。

②"有机氯含量"仅限于油井环境中使用时测定。

(4)分段桥塞。

分段桥塞是致密/页岩气藏水平井压裂改造的重要分段工具，桥塞选择主要考虑压裂套管尺寸、储层温度、地层液体矿化度等因素。桥塞要求满足耐高压、耐温、易钻铣、易返排。桥塞主要包括易钻桥塞和全金属可溶桥塞(图3－5)两类。

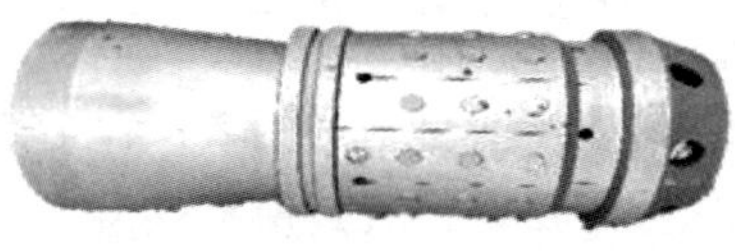

图3－5　全金属可溶桥塞

普光致密砂岩/页岩气井油层套管一般选用外径 Φ139.7mm 套管，内径 Φ(114.3～118.6)mm，为满足液体泵送、密封及压后初期放喷要求，选用 Φ(103～105)mm 投球式分段桥塞，该桥塞为全金属可溶材质，在液体矿化度24000～28000mg/L、氯离子浓度5000ppm环境下溶解3d残余物不超过本体重量的10%。桥塞性能指标见表3－7。

表3－7　桥塞性能指标表

类型	外径/mm	内径/mm	总长/mm	压裂球直径/mm	工作压力/MPa	温度级别/℃	坐封工具
指标	103～105	50	250～350	65	70	80～120	Baker 10#

3.2.2　连续油管钻塞工艺

水平井水力泵送桥塞分段压裂工艺技术是非常规油气藏大规模开发的主体技术，压后为恢复井筒畅通，方便后续作业，需要将井内桥塞依次钻磨掉。连续油管以其尺寸小、无节箍、起下速度快、管柱挠性大等特点，可实现边钻边冲连续作业，具有带压、快速、高效等优势。普光致密砂岩/页岩气井压后均采用连续油管钻塞工艺，为后续气井生产创造了畅通的井筒条件。

1)连续油管钻塞管柱

通常采用的井下动力钻具组合为(自上而下)：2in连续油管＋铆钉式连接器＋双瓣单流阀＋液压丢手＋螺杆马达＋平底磨鞋等。

2)连续油管钻磨桥塞工艺

连续油管作业机驱动连续油管及其前端的钻磨工具到达目标位置后，通过地面压裂泵车泵注工作液进入工具串驱动螺杆马达，带动磨鞋转动，再通过合理工作压差和钻压控制，对井内桥塞进行削磨，形成的碎屑在高压水射流冲击作用下迅速离开井底而流向环空，通过工作液循环带出井筒，从而达到保持井筒畅通、沟通产层的目的。

技术特点：其优点主要表现在管柱同径，可连续下入井筒内不需要接单根，很好地解决了水平井钻磨因接单根而引起的卡钻问题，也消除了接单根时可能引起的液体落地问题，且有利于储层保护，降低井控风险。

3)钻磨液体

钻磨液体使用中黏滑溜水循环冲洗钻塞，并段塞式顶替高黏滑溜水携带钻磨井内碎屑，将井内碎屑高效携带出井口，避免碎屑卡钻。为提高施工排量，钻磨液体一般选择降阻性能较好的压裂液(滑溜水)。降阻性能达到清水摩阻的30%～40%，性能指标见表3－4。

3.2.3 带压作业

带压作业是指利用带压作业装备与管柱堵塞工具的控制，实现油气水井井口带压状态下的施工作业，有效保护储层，常用于陆相气井下入完井管柱及措施施工。

1）带压作业下管柱工艺

带压作业技术工艺主要包括以下几个环节：

（1）准备工作。工作包括作业前的安全检查、设备准备、人员配备等工作。在进行带压作业之前，需要确保设备完好、工具齐全、人员熟悉作业程序，并对作业环境进行全面评估，确保作业安全。

（2）压力测试。在进行带压作业之前，需要对作业设备进行压力测试，以确保设备能够承受设计压力，避免发生意外事故。压力测试包括静态测试和动态测试，通过检测设备的稳定性和密封性，确保设备能够安全地承受压力。

（3）排空处理。在进行带压作业之前，需要对作业设备和管道进行排空处理，将其中的气体和液体排出，避免污染和安全隐患。

（4）带压下管柱。在完成上述准备工作后，可以进行带压作业操作。作业过程中需要严格按照操作规程进行，确保操作的安全性和正确性。

2）带压作业装置

带压作业装备是指在作业井口有压力情况下起下管柱的作业设备，靠作用在液缸上的举升力或下推力平衡井内管柱的重力或上顶力，安装在作业井口，用于油套环空的压力控制和井内等作业的装置。该设备由带压作业机、安全防喷器、井口稳定器、防喷器控制装置、动力源及其附件组成。可应用于带压起下油管、带压清洗管柱、带压修井、带压洗井、带压送入井下工具、带压冲砂、带压打捞、带压磨铣、欠平衡钻井和处理井喷等作业。

（1）带压作业机。主要包括卡瓦系统、液压举升系统、平衡泄压系统、绞车提升系统等（表3－8）。卡瓦系统由双向双作用液压缸、上游动卡瓦和下固定卡瓦等组成。用于当油管自身质量小于井内液体作用于油管的上顶力时，提放管柱，以保证安全起下。将连接两个双级双作用液压缸的下横梁牢固固定在套管短节上，上横梁固定上卡瓦，液压缸体中间同套管升高短节、井架分别相连，以保持液压缸的稳定性。当井内管柱可能上顶时，起下油管主要是靠双级双作用液压缸带动受液压控制的上卡瓦往复运动，同固定在套管上部的下卡瓦交换卡住油管来实现的。

表3－8 带压作业机（Hydra225K带压作业设备）

名称	主要项点	规格参数	备注
卡瓦系统	卡瓦数量	游动承重1组、游动防顶1组 固定承重1组、固定防顶2组	配备双固定防顶卡瓦和卡瓦联锁装置
	卡瓦类型	Hydra 550FO型锥形卡瓦	
	卡瓦载荷	225000lbs/102t	
	管柱范围	1.25～5.5in	

续表

名称	主要项点	规格参数	备注
液压举升系统	液缸数量	2缸/4缸	
	液缸行程	120in/3.05m	
	最大举升力	225000lbs/102t	
	最大下压力	115000lbs/52t	
平衡泄压系统	液动旋塞阀	2套/1in－105MPa	
	手动旋塞阀	7套/1in－105MPa	
	手动针型节流阀	2套/JLKZ 52/105MPa	
	短节三通	FS180－105/52－105	
绞车提升系统	桅杆	长度19.5m(伸开)，负载0.68t	
	液压平衡绞车	负载0.34t	

(2)井控设备。井控设备包括静密封防喷器组、动密封防喷器组、井控管汇、远程控制台等(表3－9)。动密封防喷器组是天然气井带压作业施工过程中实现动态密封井筒压力的防喷系统。环形防喷器用于起下油管运动过程中密封油管及套管环空，确保井内流体不喷出。静密封防喷器组是天然气井带压作业施工过程中保证井控安全的辅助防喷器组。防喷器从上至下为：环形防喷器1个、工作防喷器2个、安全防喷器2个、剪切闸板1个、全封闸板1个。

表3－9　井控设备

名称	型号	数量/套	通径/mm	压力级别/MPa	高/mm	质量/t
工作半封闸板	FZ18－105	2	180	105	810	1.9
上安全半封闸板	FZ18－105	1	180	105	810	1.9
下安全半封闸板	FZ18－105	1	180	105	810	1.9
全封闸板	FZ18－105	1	180	105	810	1.9
剪切闸板	FZ18－105	1	180	105	810	2.1
环形防喷器	FH18－35NL	1	180	35	910	1.5
平衡泄压流程部件		1	180	105	640	1.0

3.2.4　放喷试气求产工艺

放喷试气求产工艺是指压裂改造完成后，建立一套临时地面试气/放喷流程控制压裂液返排，并求取压裂后井口压力、温度和产量等参数的过程。通过测试可求取气井产能，评价压裂效果。

1)地面试气/放喷流程

地面试气流程(图3－6)所包括的节流控制管汇、捕屑器/除砂器、加热保温装置、分离器、流量计、试气管线等，满足循环加热、乙二醇注入、放喷求产、循环压井等要求。根据预测的最大关井压力选择放喷流程的节流级数、压力等级(表3－10)。

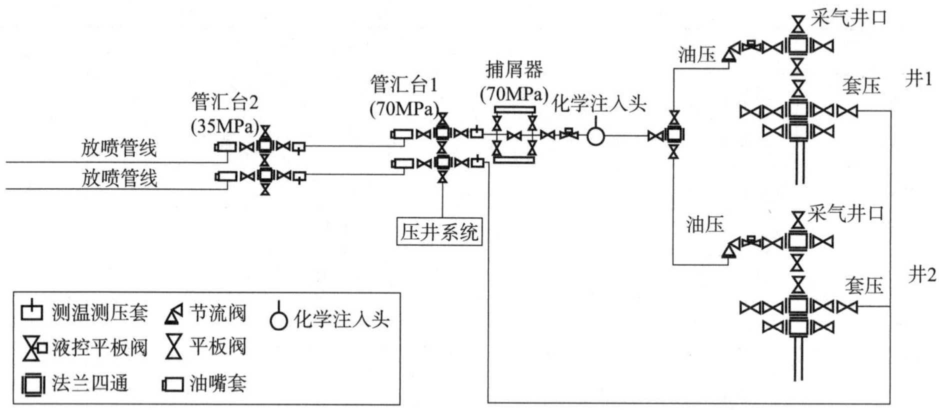

图3-6　普光陆相两级节流放喷流程示意图

表3-10　地面试气流程管汇压力级别选择表

预测地层压力/MPa	节流级数	一级管汇耐压级别/MPa	二级管汇耐压级别/MPa	三级管汇耐压级别/MPa
<35	一级节流	≥35		
35～70	二级或三级节流	≥70	35或70	
70～105	三级节流	≥105	105或70	70或35
≥105	三级节流	140	105	70

注：地层参数明确的开发井，预测地层压力70～105MPa，可减少一级节流流程。

流程要求：

(1)地面管线根据规范和现场情况安装、水泥基墩(带底脚螺杆)固定好后，应验收合格后才能投入使用，放喷池按规范要求建防火墙。

(2)放喷口应配备长明火等点火设施。

(3)压裂期间，油管四通两翼应分别连接放喷泄压管线至放喷流程，且两翼放喷泄压管线互不干扰，具备单独放喷泄压功能。

(4)配备数采系统，连续监测压裂及放喷过程中压力、温度等数据。

(5)压裂过程中井口压力连接至数采系统实时监测。

(6)地面试气流程应满足替喷、洗井、调节、分离、计量、保温、供浆、循环、压井、放喷等要求，所用的油管、弯头、短节、接头抗内压安全系数应大于1.25。

2)焖井及放喷制度

不同于常规的完井试气，致密砂岩/页岩气井压后需制定合理的焖井及放喷制度，提高压裂改造效果。普光陆相千佛崖组致密气/页岩气藏为凝析气藏，压后放喷需控制井底压力，避免地层出现反凝析，污染储层。此外，压裂液对于页岩储层具有渗析置换、增加裂缝复杂程度等作用，因此页岩气井压后需先关井焖井扩散，再开井放喷。普光陆相、通南巴须家河组为致密砂岩储层，压后需制定合理的放喷制度，防止裂缝支撑剂回流，影响压裂效果。

(1)焖井有利于页岩储层裂缝的继续扩展，形成更为复杂的裂缝，从而提高单井产量，但都局限于一些定性的研究和结论。根据气井岩心渗吸实验结果和油藏模拟结果，综合现场施工进度安排，普光页岩气井焖井时间5～12d。

(2)放喷原则：采用“控压、连续、平稳、精细”为原则进行放喷排液，避免储层出砂，提高液体返排效率。

(3)放喷制度：采用3～8mm气嘴控制放喷，以1mm逐渐增大，每个制度放喷不少于48h，控制液量不大于120～140m^3/d，压降速度小于0.1MPa/h后方可调整气嘴。

(4)放喷稳定后实施产量计量，落实气井产气能力。

(5)放喷操作要求：

①避免更换气嘴频率过快。

②及时检查出砂情况，发现大量出砂则停止增大气嘴，必要时减小气嘴放喷，降低放喷压差。

③连续不间断放喷，保证返排效果。

④现场及时外运返排液，确保放喷池满足井组同时稳定放喷排液需求。

3.2.5　井工厂作业模式

油气开发中的工厂化作业模式是在同一个井场，完成多口井的钻井、射孔、压裂、完井和生产，所有的井筒作业采用批量化的作业模式。井工厂压裂技术是实现页岩气高效开发运行模式核心技术之一，井工厂压裂是将压裂设备固定于某一场地，对气周边位置较为集中的多口井或丛式井组实施批量压裂作业的施工方式，通过一体化、批量化压裂施工，提高施工效率，降低平均单井施工成本，缩短油气井投产周期。

1)井工厂压裂优势

(1)提高初始产量和最终采收率。井工厂压裂可以促使水力裂缝在扩展过程中相互作用，产生更复杂的缝网，增加改造体积，可大幅提高初始产量和最终采收率。

(2)缩短施工周期。井工厂压裂模式可提高压裂施工速度、缩短投产周期、降低采气成本。实践表明，在同等压裂规模下，井工厂作业模式能节省大量施工等待时间，缩短压裂施工周期，最大限度地提高综合效益。

(3)提高压裂设备利用率。井工厂压裂为页岩气有效开发提供了高效运行模式，采用交叉或同步压裂方式不仅节省了机械设备搬迁时间，同时大幅缩短了设备摆放、连接管线、压裂液罐清洗等辅助作业时间，降低了工人劳动强度，施工效率可提高1倍以上。

(4)重复利用水资源。页岩气水平井主要采用大规模压裂改造，用水量极大。井工厂压裂可以重复利用水资源，大幅减少污水排放，既保护了环境，也节约了污水处理费用。

2)井工厂压裂作业模式

该模式既可对位于同一平台的水平井丛进行集中压裂，也可建立独立的压裂平台，利用长距离地面高压管线对一定距离范围内的平台井或单井进行远程压裂施工。由于避免了多次拆装和搬迁设备、材料等，同时实现了产出液集中处理与回收利用，极大地提高了施工效率、降低了成本。交替(拉链式)压裂是在一口水平井压裂作业的同时，另一口配对井进行射孔、下桥塞等作业，两口井交互施工、逐段压裂。

3)普光12井台井工厂压裂应用案例

(1)配套压裂工艺及参数。普光12井台实施交替压裂，压裂工艺选择多级可溶式桥塞分段、大规模减阻水体积压裂工艺。采用组合支撑剂、混合压裂液体系、段塞式加砂模式，提高裂缝导流能力和连通性。整体上优质砂岩储层段采用“段内多簇＋双暂堵＋大排量大液量+组合粒径高强度铺置”改造模式。试验井组压裂施工参数见表3-11。

表3-11 试验井组压裂施工参数表

井号	水平段长/m	段数	簇数	总液量/m^3	总砂量/m^3	施工排量/(m^3/min)	施工压力/MPa	综合砂液比/%	加砂强度/(t/m)	用液强度/(m^3/m)
普陆3-1	1472	17	95	36615.3	2286.93	9.5~20.5	79.5~119.1	6.25	2.33	24.87
普陆3-2	2289	27	168	55322.8	3620.39	7.5~20.5	95.4~119.6	6.54	2.37	24.17

(2)压裂方案(拉链式交替压裂)。普光12井台使用1套压裂车组，同时对1号井、2号井进行压裂施工、泵送桥塞作业，两口井间压裂施工与泵送桥塞同时作业、交替施工、逐段压裂。综合考虑区域天然裂缝、地应力展布，利用井间裂缝干扰机理，采用多井压裂参数设计方法，可沟通更大范围的储层，充分动用地质储量。“左→右”顺序拉链式压裂(图3-7)，提高压裂效率。

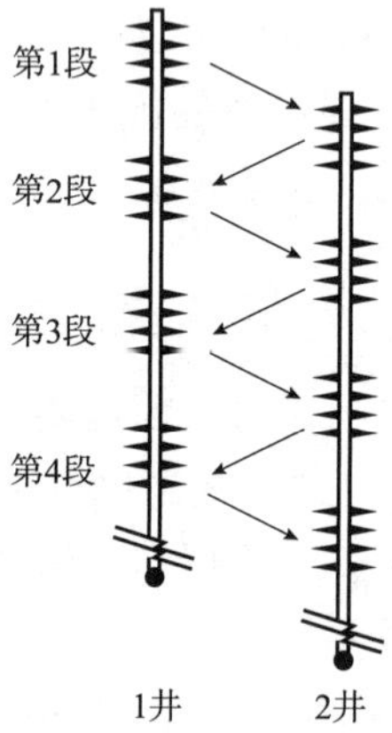

图3-7 井工厂交叉拉链式压裂示意图

3.3 气井生产及管理

3.3.1 致密砂岩/页岩气井排水措施

普光致密砂岩/页岩气井均采用大规模体积压裂改造，生产过程中持续产出压裂液，由于气井产能低，井筒易形成积液影响产能，为此需要配套排水措施。陆相气井完井管柱为光油管，油套连通，便于实施环空气举及环空加注泡排剂等排液措施。

1)泡沫排液工艺

泡排技术因其效果稳定、措施简单、占产时间短、成本低廉等特点，被广泛用作低产液气井的日常排采维护。技术核心在于泡排剂的选型，泡排剂加注量、加注周期以及停井时间的合理确定。普光千佛崖组致密砂岩/页岩气藏含凝析油，采用高抗油泡排剂体系。通南巴须家河组地层水钙镁离子含量高，采用耐温抗盐型泡排剂。常用的泡排剂按照物质形态不同分为固体泡排剂和液体泡排剂。

(1)固体泡排工艺。

固体泡排工艺是指通过采气树投送固体泡排剂的排液采气工艺技术，利用其自重落入井底开展泡沫排液。固体泡排剂具有缓释、泡排作用时间长特点，但因其体积大、重量轻，气井开井时投加难度大，需关井加注。在生产流程进行消泡处理，避免泡沫对地面集输流程产生影响。

泡排棒外观为白色或淡黄色棒状或球状固体，棒直径(40±5)mm、棒长度(400±5)mm，密度(20℃)为1.1~1.5g/cm^3，pH值6~8，罗氏泡高(80℃)起始≥120mm、3min后≥110mm，抗矿化度100g/L。

(2)液体泡排工艺。

液体泡排工艺是指向油套环空连续加注液体泡排剂的排液采气工艺技术，泡排剂用量及加注频率由井中积液和泡排剂的有效浓度确定，采用泡剂原液+清水配制加注药剂。

①加注方式：液体泡排剂通过放喷流程加注口，利用加注泵从气井油套环空注入。

②加注时机：开井12h前首次加注，开井生产后间隔2h加注。

③加注量及浓度：根据陆相气井井产液量计算泡排剂原液加注量，为积液量的1%浓度。

④药剂配制方法：加注泡排剂采用清水配制。

⑤加注排量：第1d开井12h前加注配制的泡排剂；第2~3d开井生产后，每日泵注泡排剂，泵注结束用清水顶替，泡排剂用量及加注频率由井中积液和泡排剂的有效浓度确定。

高性能抗凝析油泡沫剂外观为透明黏稠液体，密度(1.05±0.05)g/cm^3，pH值5.5~7.5，矿化度适用范围<16×10^{4}mg/L，耐温10~140℃，凝析油含量40%、泡沫剂浓度1%~1.5%(60℃)时携液率≥50%。

(3)普光陆相凝析气井消泡剂加注工艺。

为避免泡排剂进入三相分离器影响油水分离效果，在集气站加热炉三级节流阀取样口处加注消泡剂。采用消泡剂加药装置，包括加药罐(带搅拌装置)、加药泵(排量0~20L/h可调)。

①用量：目前普光常用的消泡剂为聚醚改性硅油类。消泡剂的用量根据泡排剂加注量调整，泡排剂与消泡剂质量比为5∶4，消泡时间≤15s。

②排量：为确保及时消泡，自开井生产后，开始连续加注消泡剂，加注排量13L/h，直至泡排剂停止加注6h后，停止加注消泡剂。

2)气举排液技术

普光陆相气井生产中后期表现为携液能力弱、油套压差大、井筒积液严重，不能连续稳定生产。单一的泡排剂加注无法实现气井连续携液生产，气举排液适用范围广、排液效果好。普光普陆3井台利用邻井普陆2井作为高压气源，定期向普陆3井注气气举排液，有效排出了井筒积液，提高了开井时率。

普陆2、普陆3井位于同一井台，利用普陆2井的井口高压气作为气举气源，通过在普陆2井的采气树侧翼出口安装管线连接至普陆3井的油管四通，建立工艺流程(图3-8)，将高压气注入普陆3井的油套环空，排出井筒积液。气举前，控制普陆2井的油压高于普陆3井的套压14~15MPa，开井气举；气举时间为20~60min，周期通常为5~7d。

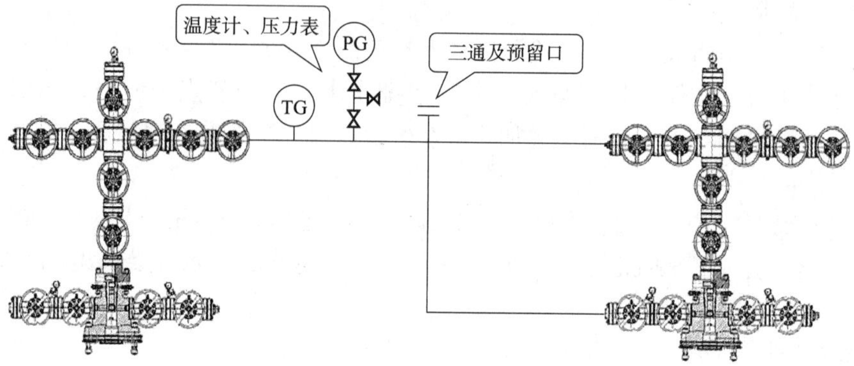

图3-8 气举排液工艺流程图

3.3.2 清防蜡工艺

凝析气井的清防蜡工艺是针对凝析气井在生产过程中可能出现的蜡沉积问题而采取的一系列预防和清除措施。凝析气井在开采过程中，随着压力和温度的降低，原本溶解在气相中的液态烃会冷凝析出，其中可能包含石蜡成分，这些石蜡在低温和压力下降的条件下容易析出并沉积在井筒内壁、套管、油管、阀门和地面管线等处，形成蜡垢，影响气井的正常生产和寿命。普光气田凝析气井析蜡温度一般在45℃左右，根据普陆4井流温测试结果，预测陆相井析蜡位置为1200m左右。普光常用的井筒清防蜡工艺有机械清蜡、气井化学清防蜡和气井热洗清蜡三种。

1)机械清蜡

机械清蜡是采用专门的清蜡工具，将附着于油管壁上的蜡刮掉，作业设备为由加重杆+刮蜡片组成的刮蜡工具串，工具串总长度2760mm，质量51kg，通过钢丝输送。普光陆相井油管内径Φ62mm，入井工具尺寸分别为Φ45mm通井规和Φ54mm刮蜡工具串。

2)气井化学清防蜡

气井化学清防蜡指通过向井筒内加入特定的化学药剂，以达到抑制蜡晶析出、溶解已形成的蜡垢或改善蜡在井筒内流动性的一种技术手段。这种方法在油气开采行业中应用广泛，尤其适用于那些温度较低、含蜡量较高的气井。

主要化学清防蜡技术如下：

(1)蜡抑制剂：蜡抑制剂能够在一定程度上改变蜡的结晶形态和晶粒大小，使蜡晶变得细小、松散，不易黏附在井筒壁面，从而降低蜡沉积的速度和程度。它们还可以降低蜡的熔点，使蜡在较低的温度下仍保持液态，不易沉积。

(2)蜡溶解剂：蜡溶解剂可直接与井筒内的蜡垢发生化学反应，将其溶解于流体之中，然后随着产出流体一起被带到地面。常用的蜡溶解剂有醇类、酮类、酯类以及其他有机溶剂。

(3)协同清防蜡体系：有时会将上述各类化学剂按照一定的配方配比混合使用，形成协同效应，既能抑制蜡的析出，又能溶解已沉积的蜡垢，还能改善蜡垢的流动性能。

在实际应用中，应根据气井的具体条件(如蜡成分、井温、压力、流速等)以及经济可行性等因素，选择合适的清防蜡剂种类和注入方案。同时，还需要定期评估清防蜡效果，以便及时调整清防蜡策略。

3)气井热洗清蜡

气井热洗清蜡是一种常见的物理清蜡方法，主要用于去除在井筒内壁及生产管柱上沉积的蜡层。该方法主要是通过将高温(通常高于蜡的熔点)液体注入井筒内，利用高温液体对蜡垢进行加热和溶解，随后再将含有蜡垢的液体携带到地面，以此达到清除蜡垢的目的。

具体步骤如下：

(1)准备阶段。确定热洗介质，热洗液通常是热水，也可以添加一定比例的化学溶剂或者表面活性剂来增强清洗效果。

(2)设备就绪。准备足够的热洗设备，包括泵车、罐车以及必要的安全防护设施。

(3)预处理。如果井内压力较高，可能需要先降低井口压力，确保安全操作。

(4)确定热洗方案，确定热洗液的注入深度、温度和流量。

(5)热洗过程。将加热后的液体(一般温度在80～100℃，视蜡的熔点而定)以高压注入井筒。液体与井筒内壁上的蜡接触并逐渐融化之，同时推动沉积物向下移动。待蜡垢充分溶解后，通过放喷排除蜡。

凝析气井的清防蜡工艺是一个持续的过程，需要定期监测井筒状况，根据实际情况调整清防蜡策略，以维持气井的稳定生产和最大产量。

3.3.3　气井生产现场管理

1)生产管理

(1)每2～4h对气井巡检1次，特殊情况应加密巡检，及时排油、排液，排查和处置各类生产参数异常情况，建立相关资料台账。

(2)严密监控油水储罐温度、压力、液位等各项参数，落实放空管线和放散管排凝每月1次，放散管阻火器每月清理1次。

(3)凝析油储罐液位应介于30%～70%，及时进行油水倒罐，确保排油过程中凝析油不会通过放空系统进入火炬分液罐或放散管。

(4)做好生产动态记录，对当天生产发生变化或改变生产制度或措施情况等进行详细记录，油压、油温、套压、气量、液量等及时填写。

2)凝析油管理要求

(1)要关注好分离器液位，及时按操作规程做好排液。

(2)倒罐作业至少两人进行，一人负责操作，一人负责对流程切换情况进行核对，杜绝流程倒换错误造成油水混合。

(3)进行倒罐排油等操作时要使用防爆工具。

(4)及时录取现场凝析油液位，并保证数据真实准确，凝析油储罐液位均应低于70%。

(5)监测好储罐温度、压力，凝析油储罐应不带压力，罐体温度在38℃以下。

(6)储罐附近配备有消防器材，并定期检验，确保可以正常使用。

(7)落实凝析油装车“两表一证一提醒”制度，装车前逐项对照检查，严格执行相关要求。

(8)凝析油装卸过程中相关人员须做好个人防护，佩戴好防护手套及防护面具。

思考与练习

1. 致密砂岩/页岩气采气的主要流程有哪些？
2. 普光致密砂岩/页岩气井常用井身结构是什么？
3. 什么是射孔－压裂联作工艺？
4. 井工厂压裂的优势有哪些？
5. 普光致密砂岩/页岩气放喷原则及注意事项有哪些？

第 4 章　高含硫天然气采气技术

我国高含硫天然气采气技术起步较晚，自普光气田投入开发以来，经过多年实践和发展，已形成涵盖产能建设、增产稳产和气井生产管理全生命周期的系列采气工程技术，主要有高含硫天然气井完井、投产作业工艺、硫沉积及水合物防治、高含硫产水气井治理工艺、气井生产及管理等。

4.1　普光高含硫采气技术发展历程

普光高含硫天然气采气工艺技术发展经历了产建阶段、稳产阶段和产能接替阶段三个阶段。

(1)产建阶段。主要通过引进吸收、集成创新等方式，形成了不同井型高含硫气井完井管柱设计技术、超长井段一次性射孔技术、长井段非均质储层大型酸压改造技术、全方位多层次井控工艺技术等技术系列，实现了高含硫气井安全投产。

(2)稳产阶段。通过改进提升和自主创新，形成了储层深穿透射孔及喷射酸化技术、水平井多级暂堵深度酸化技术、高含硫气井排水技术和过油管堵水技术、井筒硫沉积治理技术等技术系列，采气工艺技术进一步提升，保障了气田长期高产稳产。

(3)产能接替阶段。针对低压、低品位储层，通过科技攻关，形成了低成本完井工艺技术、低孔低渗碳酸盐岩体积压裂技术、低压气井诱喷复产技术、低压气井储层保护技术等，采气技术深度和广度都得到拓展，实现周边低压、低品位气井的效益开发，助力气田产能接替。

4.2　高含硫气井完井工艺

高含硫气井的完井工艺需考虑储层保护、储层改造等技术问题，更重要的是要保证完井投产作业安全及长周期安全稳定生产。普光气田完井方式的确定主要考虑了以下因素。

(1)多数气井投产前必须采用有效的增产措施，才能达到高产稳产的效果，完井方式的选择应考虑后续储层改造施工的工艺要求。

(2)气藏储层厚度大，各类储层交错分布，纵向非均质性强，投产井段长，完井方式应满足长井段投产作业、酸压(化)时均匀布酸以及井壁稳定等的要求。

(3)普光气田气井井深、高压、高含 H_2S，考虑到防气窜和长期安全生产的需要，完井工艺应简单成熟可靠，完井作业时间应尽量缩短，降本增效。

4.2.1 完井方式

综合考虑普光气田地质因素、钻井固井工艺、经济效益及作业完井技术水平，普光含硫气井采用了套管射孔完井和裸眼完井两种方式。

1)套管射孔完井井身结构

普光气田产能建设初期直井、定向井及大部分水平井和受边底水影响、物性差需分段酸压改造的井采用套管射孔完井，井身结构数据见表4-1。

表4-1 套管完井气井井身结构数据

开次	井眼直径/mm	套管外径/mm	套管下入深度/m	水泥返高	备注
导管	660.4	508	20~80	地面	
一开	444.5	339.7/346.1	300~1800	地面	封固中生界侏罗系中上部地层
二开	314.1/320	273.1/244.5	1800~4600	地面	
三开	241.3	222.3+177.8+193.7或177.8+193.7	4200~7000	地面	Φ193.7mm套管主要封固三叠系嘉陵江组四-五段膏盐层

2)裸眼完井井身结构

普光气田大湾区块及后期调整物性较好、采取分段酸化改造的井采用裸眼完井方式，井身结构数据见表4-2。

表4-2 裸眼完井水平井井身结构数据

开次	井眼直径/mm	套管直径/mm	套管下入深度/m	水泥返高	备注
一开	660.4	508	40~90	地面	
二开	444.5	339.7/346.1	700~1000	地面	封固中生界侏罗系中上部地层
三开	314.1/320	273.1/244.5	2700~4000	地面	
四开	241.3	222.3+177.8+193.7或177.8+193.7	5000~6500	地面	Φ193.7mm套管主要封固三叠系嘉陵江组四-五段膏盐层
	212				Φ212mm钻头钻进

3)普光气田井身结构特点

(1)普光气田气藏埋藏深，生产套管多采用外径Φ177.8mm套管，一般下至4200~7000m。

(2)套管完井产层段及以上50~100m井段、裸眼完井裸眼段以上50~100m井段使用镍基合金生产套管，其余井段使用高抗硫套管。

(3)为了防止膏盐层蠕变导致套管损坏，膏盐层段采用厚壁生产套管。

(4)生产套管固井采用抗高温防气窜水泥浆体系，以提高水泥环的抗腐蚀性和防气窜性。

4.2.2 射孔工艺技术

油气田开发中成熟的射孔工艺有电缆输送射孔和油管输送射孔等方式。电缆输送射孔是在套管内用电缆把射孔器输送到目的层进行定位射孔。施工时使用高密度压井液压井，由于井内没有油管，一旦发生气体上窜，无法及时循环压井，安全风险大。对于深井和射孔井段长的气井，由于电缆强度的限制，难以一次性将射孔枪下入井底，限制了此工艺在深井和长井段射孔的应用。油管输送射孔工艺是使用油管将射孔枪下至油气层部位射孔，该技术有投棒引爆和加压引爆两种引爆方式。油管输送射孔可采用各种有枪身射孔器，以便满足高孔密、深穿透、大孔径、多相位射孔的需要，从而获得最佳的油气井产能状态。一次下井可以同时射开较长的井段或多个层段的地层，适用于大斜度井、水平井及复杂井的射孔作业。对于高压油气层射孔，可以防止井喷，安全可靠。

普光气田气井井深、高含 H_2S、投产井段长、射孔安全要求高，通过对上述射孔工艺的对比分析，普光含硫气井投产作业宜采用油管输送射孔工艺。

1)油管传输射孔管柱结构

为最大限度地提高射孔管柱的抗震性能和安全性能，保护套管和水泥环，射孔管柱结构(图4－1)采用了不同壁厚的油管组合，即上部使用厚壁油管，下部使用薄壁油管。同时采用了分段延时起爆工艺：将数百米长的射孔枪串分成若干个独立的起爆单元，按顺序延时起爆，避免爆轰波的叠加，以减小射孔对射孔管柱的冲击。对于直井和大斜度井，在每一级起爆单元上各安装一套径向减震器和一套纵向减震器，分别减小射孔器的径向摆动和纵向震动载荷。对于水平井，在每一级起爆单元上安装一套纵向减震器，以减小射孔器的纵向震动载荷。

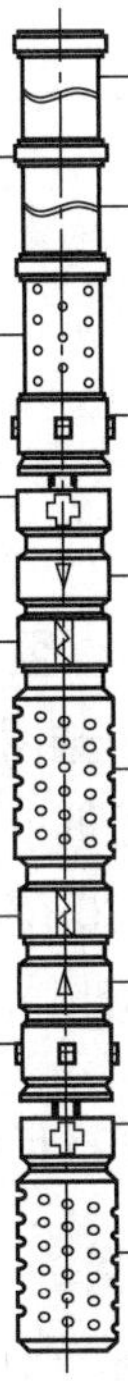

图4－1　射孔管柱结构示意图

2)射孔枪、射孔弹

(1)射孔枪。

选择射孔枪的规格主要考虑两方面的因素：一是射孔枪在射孔后的变形不致发生井下卡枪事故；二是射孔枪的规格和射孔参数的设计相匹配，射孔枪的外径越大，越有利于调整射孔参数。防止射孔卡枪和增大射孔枪外径是一对矛盾，射孔枪规格的选择需要综合考虑。

普光气田生产套管为7in(内径 Φ152.5mm)套管，与此套管相匹配的射孔枪规格有 Φ102mm、Φ114mm、Φ127mm、Φ140mm 四种可供选择。表4－3是这四种射孔枪对7in套管的适应性比较。

表4－3　四种射孔枪适应性比较

射孔枪型	外径/mm	套管内径/mm	射孔前枪套间隙/mm	最大毛刺高度/mm	射孔枪膨胀/mm	射孔后枪套最小间隙/mm	射孔参数相对分值	评价
102	101.6	152.5	50.9	5	5	35.9	0.85	偏心严重
114	114	152.5	38.5	5	5	23.5	0.9	较合适
127	127	152.5	25.5	5	5	10.5	1.0	最合适
140	140	152.5	12.5	5	5	－2.5	1.2	卡枪风险大

由表4－3可以看出，与7in套管相匹配的射孔枪有Φ114mm和Φ127mm两种。若使用Φ127mm射孔枪，射孔弹和射孔枪的配合更趋合理，穿孔深度和孔径比较大，在直井和大斜度井的射孔工艺中选用了Φ114mm射孔枪，水平井的射孔工艺中选用了Φ102mm射孔枪。

(2)射孔弹。

与Φ102mm、Φ114mm射孔枪配套的射孔弹有102弹、127弹、小1m弹、大1m弹等。其中，小1m弹和Φ102mm射孔枪或Φ114mm射孔枪配套穿孔性能最高，所以优先选择小1m弹。表4－4是三种射孔枪装配不同射孔弹后的地面打靶数据。

表4－4　三种射孔枪装配不同射孔弹后地面打靶数据

枪型号	Φ102mm		Φ114mm		Φ127mm	
弹型号	102弹	小1m弹	127弹	小1m弹	127弹	大1m弹
最大孔密/(孔/m)	16	16	16	16	16	16
混凝土靶穿深/mm	≥700	≥850	≥720	≥900	≥850	≥1000
孔径/mm	10.5	12.5	12	12	11	13
适用套管/in	$5\frac{1}{2}$	$5\frac{1}{2}$	7	7	7	7

(3)射孔参数。

普光气田选用Φ114mm射孔枪，射孔弹选用与射孔枪配套的小1m弹。在选定射孔枪弹的基础上，根据射孔参数敏感性分析结果，孔密选择6孔/m、10孔/m、12孔/m、16孔/m和20孔/m，相位角选择有利于气井产能发挥的60°、90°和120°。结合其他相似气田的射孔实践，进行射孔参数优化，选择60°和120°相位角、16孔/m。

4.2.3　酸压－生产一体化完井管柱

普光高含硫气井生产管柱的设计不仅要满足气井产量的需求，更重要的是能够防止油套管腐蚀、满足酸压(化)改造需要、保证气井长期安全生产。在功能上要能够实现紧急关井、压井循环、后期测试、作业施工安全；在结构上要设计合理、简单实用、便于施工作业，并具有足够的抗压、抗拉强度和耐高温、高压的气密封性能，以满足气田高效开采、长期稳产的要求。

1)酸压－生产一体化管柱结构

根据高含硫气藏的特点，针对不同的井身结构、井况、产出流体性质和生产需要，设计了五种不同功能的酸压－生产一体化管柱。

(1)斜、直井酸压－生产一体化管柱。

这种管柱主要适用于高含硫气藏井况条件较好的直井和大斜度井，由井下安全阀、循环滑套、永久式封隔器、坐落短节和球座组成(图4－2)。该管柱结构简单，安全性能高，能够有效保证气井的酸压生产联作。同时采用插入密封、磨铣延伸筒、坐落短节等相关部件，便于修井、测试等施工作业。

(2)监测井酸压－生产一体化管柱。

这种管柱是在斜、直井酸压－生产一体化管柱的基础上进行改进而来的，应用于高含硫气田需要下入永置式温度压力计的监测井。该管柱增加了井下压力计托筒、Y 形接头、跨接箍电缆保护器等永置式压力计配套设备(图 4 –3)。管柱中跨接箍电缆保护器的尺寸需保证管柱在下入过程中不会因电缆与套管碰撞挤压而导致监测信号传输失败。Y 形接头和井下压力计托筒紧接在永久式封隔器上部，确保压力计监测数据接近于井底流压，增强数据的准确性、有效性。该管柱不仅具有斜、直井管柱的功能优点，而且能够实时监测井下压力、温度数据，性能可靠，可长时间在井下稳定工作。

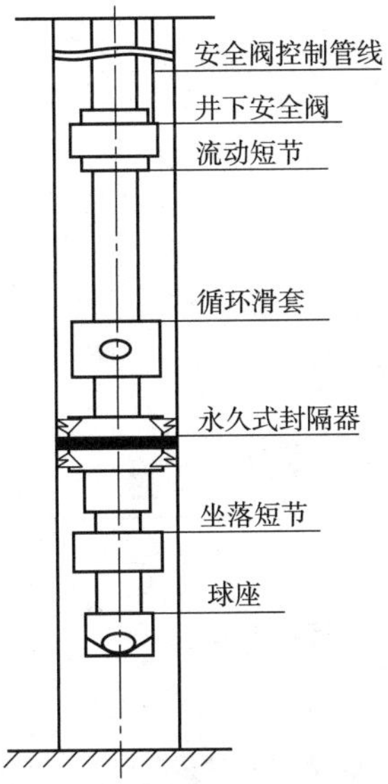

图 4 –2 斜、直井完井管柱示意图

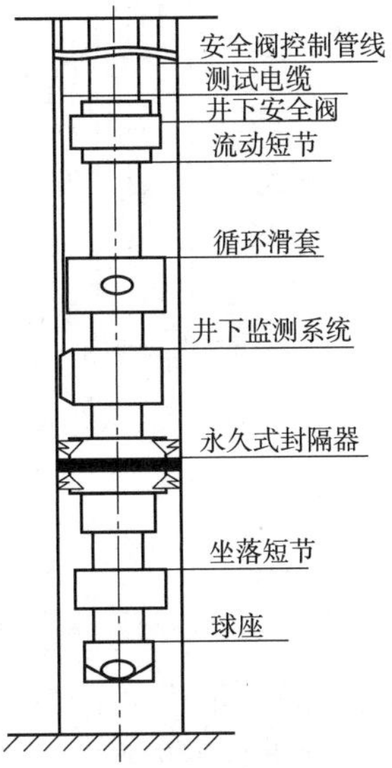

图 4 –3 监测井完井管柱示意图

(3)套管水平井笼统酸压 – 生产一体化管柱。

这种管柱主要用于水平井和部分大斜度井，由井下安全阀、循环滑套、永久式封隔器、坐落短节、棘爪球座和引鞋组成(图 4 –4)，管柱结构的主要变化是将常规一体化管柱下部的剪切球座换成水平井专用的棘爪型球座，下部接引鞋。这种管柱结构能有效地保证管柱的顺利下入，增强投球坐封的成功率，提高水平段产层的改造效果。

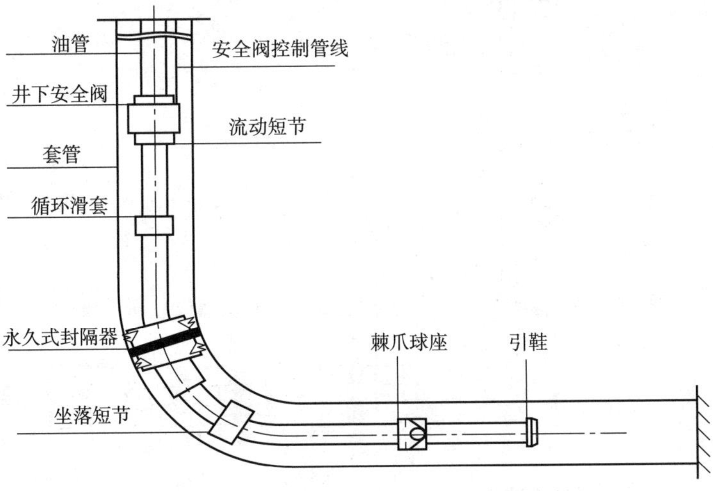

图 4 –4 套管水平井笼统改造完井管柱示意图

(4)套管水平井分段酸压-生产一体化管柱。

这种管柱主要用于投产井段较长的水平井和部分大斜度井。这种管柱结构复杂，由井下安全阀、循环滑套、永久式封隔器(带磨铣延伸筒)、坐落短节、投球滑套、分段封隔器、投球滑套、分段封隔器和剪切球座组成(图4-5)，有利于酸压时均匀布酸，获得合理的产气剖面。

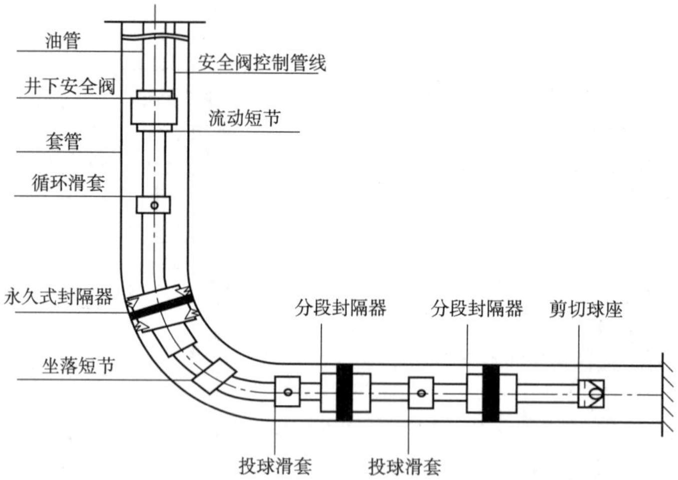

图4-5 套管水平井分段改造完井管柱示意图

(5)裸眼水平井分段酸压-生产一体化管柱。

这种管柱结构从上到下依次为：井下安全阀、循环滑套、永久式封隔器(带磨铣延伸筒)、坐落短节、悬挂封隔器、分段封隔器、投球滑套、分段封隔器、压差滑套、隔断球座和浮鞋，管柱结构见图4-6，具体分段数需根据单井地质情况确定。裸眼井井壁不规则，管柱若一次下入，可能会遇卡遇阻，因此采用两次管柱下入。第一次下入水平段分段管柱，上部带一个悬挂封隔器，为提高解卡的处理能力，采取钻杆下入方式；第二次采用油管下入回插管柱，顶部封隔器下部带磨铣延伸筒，以后若要采取作业措施，可将上部管柱取出。

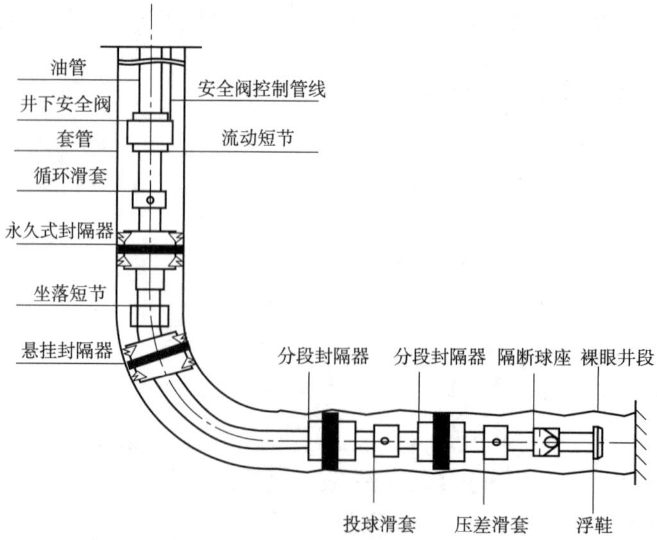

图4-6 裸眼水平井分段改造完井管柱示意图

2)完井油管

根据气井配产要求，以生产系统节点分析为手段，综合考虑气井临界携液流量、冲蚀临界流量和油管尺寸对酸压(化)施工的影响，普光气田酸压－生产一体化管柱采用 Φ73mm、Φ88.9mm、Φ114.3mm 油管，其中 Φ73mm 油管适用于产量 $50\times10^4m^3/d$ 以下、酸压施工排量小的气井；Φ88.9mm 油管适用于产量 $(50\sim80)\times10^4m^3/d$、酸压施工排量适中的气井，$\Phi$114.3mm 油管适用于 $(80\sim100)\times10^4m^3/d$、酸压施工排量较高的气井。

根据标准规范，结合普光气田 H_2S 分压、CO_2 分压和地层温度、腐蚀实验结果，普光高含硫气井生产管柱应选用4c类镍基合金材质。普光高含硫气井投产主要采用125钢级，G3或SM2550等4d类、TDJ028或SM2530等4c类镍基合金油管。油管扣型主要有VAM TOP、TP－G2、BGT2、BGT3等气密封扣，可达到在高温高压下密封性要求。

3)井下完井工具

井下完井工具是完井管柱的重要组成部分，高含硫气井对井下工具的性能有特殊要求，不仅要具有足够的耐高温、抗高压等性能指标，还要有高抗 H_2S、CO_2 和地层高矿化度水的性能以及长期的工作稳定性，以满足投产作业及生产的需要。普光气田高含硫永久式封隔器、气井采用的井下完井工具主要有井下安全阀、循环滑套、投球滑套、压差滑套、永久式封隔器悬挂封隔器、分段封隔器、球座、引鞋等。

(1)井下安全阀。

井下安全阀是实现井下安全关井的重要工具，在井口发生火灾、井口失控等紧急情况以及井口特殊作业、长期关井时，通过关闭井下安全阀，截断井内流体通道，控制井内流体外泄，从而达到控制气井的目的。井下安全阀安装在管柱上部，采用液控管线和地面控制系统相连，实现井下安全阀的开关控制。

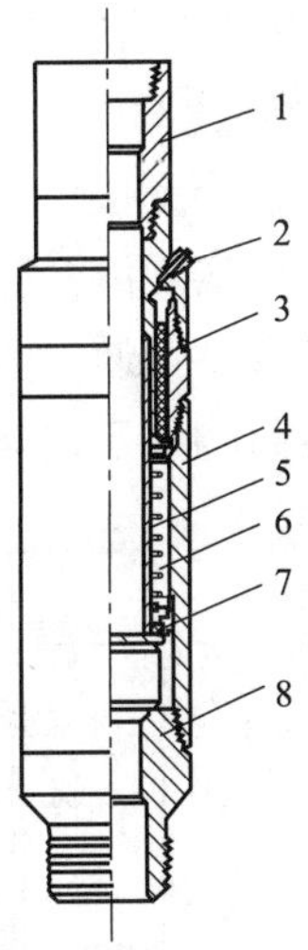

图4－7　井下安全阀结构示意图

1—上接头；2—控制管线接头；3—活塞；4—弹簧套筒；5—推筒；6—弹簧；7—阀板；8—下接头

普光气田气井使用的井下安全阀是油管输送、可回收式、阀板类型的安全阀，带自平衡机构，主要由弹簧套筒、阀板、推筒、弹簧、活塞、控制管线等组成，典型的井下安全阀结构示意见图4－7。开启井下安全阀时，从控制管线加液压，推动活塞和推筒运动，启动自平衡装置，再通过活塞、推筒的继续运动完全打开安全阀的阀板，保持液控管线压力，使阀板处于常开状态；关闭时，通过控制系统释放控制管线的压力，活塞在压缩弹簧和井筒内压力的作用下复位，阀板反弹关闭，实现井下关井。

井下安全阀液压传动装置和液控管线采用全金属密封接头，保证了液控系统的长期有效。阀板与阀座之间采用球面、曲面或锥面配合，全金属密封，具有良好的高压气密封性能。井下安全阀规格尺寸见表4－5。

表 4-5 井下安全阀规格尺寸表

型号	耐压/MPa	耐温/℃	扣型	备注
$3\frac{1}{2}$in	70	150	TP-G2	自平衡式

(2)循环滑套。

循环滑套由上下接头、套筒、扩散槽、内套筒、密封元件等组成(图 4-8)。主要用于连通油管与环空，建立循环通道，实现作业时顶替泥浆或完井液等作业。普光气田所用的循环滑套主要用于气井后续作业施工时进行洗井或循环压井，以实现气井作业安全、顺利进行。循环滑套在下井时处于关闭状态，可通过钢丝或连续油管作业操作滑套开关工具，开启或关闭滑套。

普光高含硫气井使用的循环滑套具有以下特点：滑套密封元件与流通孔道之间设有扩散槽，可在开启滑套时控制流体的速度，缓慢平衡压差，以防止气流对密封元件造成冲蚀损坏；滑套流通面积大，减少了流体对工具的冲蚀，保证了工具使用的可靠性；密封件适合高酸性气体环境，具有减阻抗磨的特性，不易与金属黏连，能保证长期开关正常。循环滑套规格尺寸见表 4-6。

表 4-6 循环滑套规格尺寸表

型号	耐压/MPa	耐温/℃	扣型	长度/m
$3\frac{1}{2}$in	70	150	TP-G2	1.14

(3)投球滑套。

投球滑套由上下接头、本体、衬套、球、球座、锁环等组成(图 4-9)。滑套有开孔和止退机构，以实现滑套打开时的流体连通和衬套定位。滑套下井时，衬套遮挡开孔并用销钉固定，油套不连通。酸压施工时，油管内投球加压，剪断销钉，球、球座和衬套一起下行并被止退机构锁定，露出压裂孔，实现油套连通。

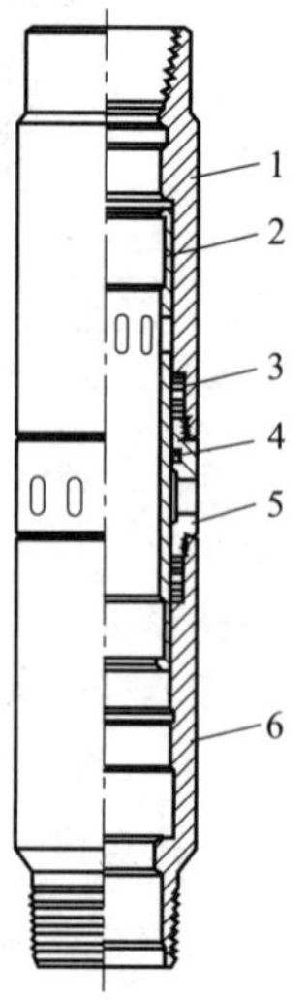

图 4-8 循环滑套示意图

1—上接头；2—内套筒；3—密封元件；4—扩散槽；5—套筒；6—下接头

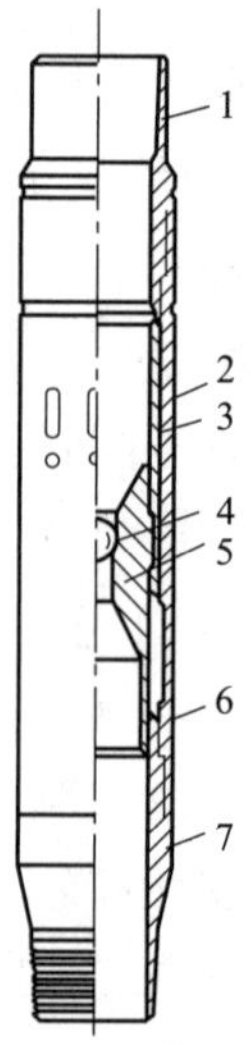

图 4-9 投球滑套示意图

1—上接头；2—压裂孔；3—衬套；4—压裂球；5—球体；6—本体；7—下接头

(4)压差滑套。

压差滑套的结构相对简单，主要由上下接头、本体和内衬套组成(图4－10)。其工作原理是依靠内衬套面积差，在压力作用下形成压差，推动内衬套移动而打开滑套。压差滑套一般安装于分段酸压管柱的最下段，下部连接有球座。分段酸压时，投球打压，当作用在衬套上端和下端的压差达到滑套开启压力后，固定销钉剪断，内衬套下行，本体上的开孔露出，实现油套连通。

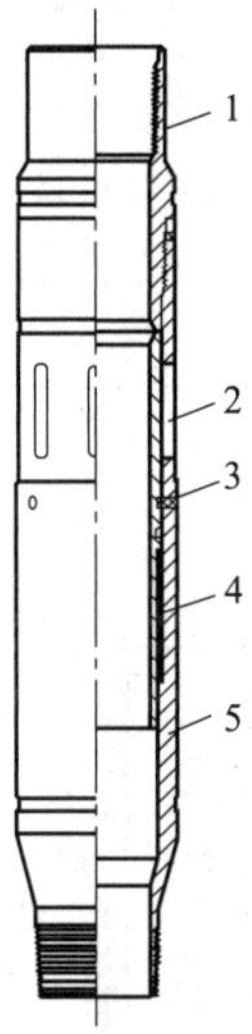

图4－10 压差滑套示意图

1—上接头；2—压裂孔；3—销钉；4—衬套；5—本体

(5)永久式封隔器。

普光气田高含硫气井在完井管柱中采用了液压坐封永久式封隔器，其目的是阻止产层流体进入环空，避免生产期间上部套管承受高压和酸性气体的腐蚀。该封隔器承压能力高，抗 H_2S、CO_2腐蚀，性能可靠，作业施工简单。主要由上下接头、中心管、液压活塞、锚定卡瓦、锁紧机构、密封胶筒及密封件等组成(图4－11)，并配有插入密封总成和磨铣延伸筒。封隔器采用双向卡瓦机构，坐封后具有较大的管柱锚定力，完全可以满足普光气田深井、高压的完井管柱要求。密封胶筒采用抗硫材料(AFLAS)，具有耐高温、抗 H_2S 和 CO_2腐蚀的特点。封隔器上部配套的插入密封总成，可实现管柱丢手与对接，以方便后期修井工艺需要。封隔器下部配有磨铣延伸筒，以配合专用磨铣工具，可使封隔器在磨铣后回收下部管柱。封隔器规格尺寸见表4－7。

表4－7 封隔器规格尺寸

型号	耐压/MPa	耐温/℃	扣型	长度/m
$3\frac{1}{2}$in	70	150	TP－G2	1.89

(6)悬挂封隔器。

悬挂封隔器具有悬挂分段管柱和回接生产管柱的作用。悬挂封隔器采用双向卡瓦机构，坐封后具有较大的管柱锚定力，结构见图4－12。封隔器上部配套的插入密封总成，可实现管柱丢手与对接。VAM TOP气密封扣，Inconel 718材质，密封胶筒采用抗硫材料(AFLAS)。

(7)分段封隔器。

分段封隔器实现对产层分段，满足水平井分段酸压需要。分段封隔器通过投球憋压坐封，结构见图4－13。VAM TOP气密封扣，Inconel 718材质，密封胶筒采用抗硫材料(AFLAS)。根据封隔器胶筒膨胀能力及井径，普光气田裸眼水平井采用扩张式分段封隔器，套管水平井采用液压式分段封隔器。

(8)球座。

球座是液压封隔器坐封时的配套工具，一般设在封隔器以下。球座主要由本体、球、球座和销钉组成。封隔器坐封时，向油管中投球，球坐落在球座上面，油管加压至坐封压力，封隔器坐封，继续加压，剪断销钉，球掉入井底。普光气田气井完井管柱使用的球座有两种，即剪切型球座和棘爪型球座(图4－14、图4－15)。剪切型球座一般安装于管柱底部，其特点是销钉被剪切后，球和座一起掉入井底，适用于直井和大斜度井；棘爪型球座下端可以连接油管，其特点是打压后棘爪下移并张开，球落入井底，适用于水平井。剪切型球座规格尺寸见表4－8。

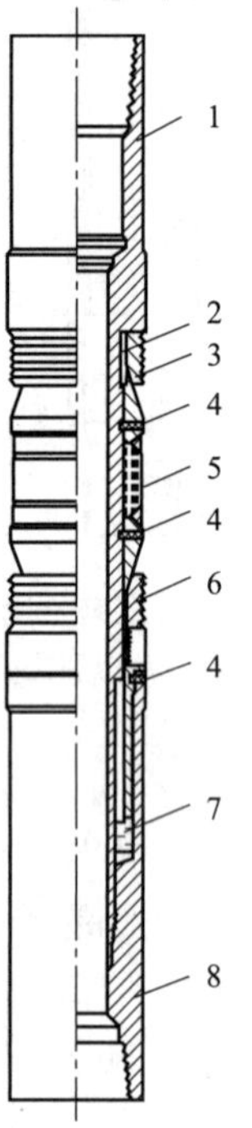

图4－11　永久式封隔器结构示意图

1—封隔器本体；2—锁键；3—上卡瓦；4—剪切销钉；5—密封胶筒；6—下卡瓦；7—活塞；8—下接头

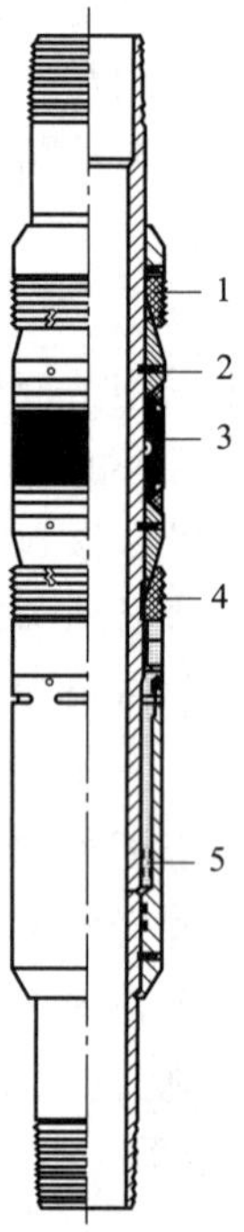

图4－12　悬挂封隔器结构示意图

1—上卡瓦；2—剪切销钉；3—密封胶筒；4—下卡瓦；5—活塞

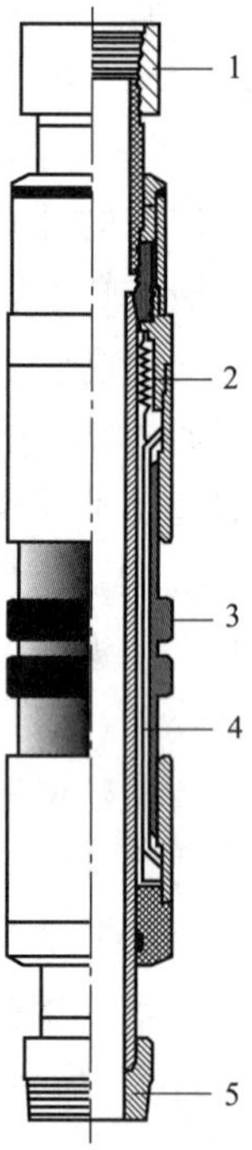

图4－13　分段封隔器结构示意图

1—上接头；2—弹簧；3—密封胶筒；4—本体；5—下接头

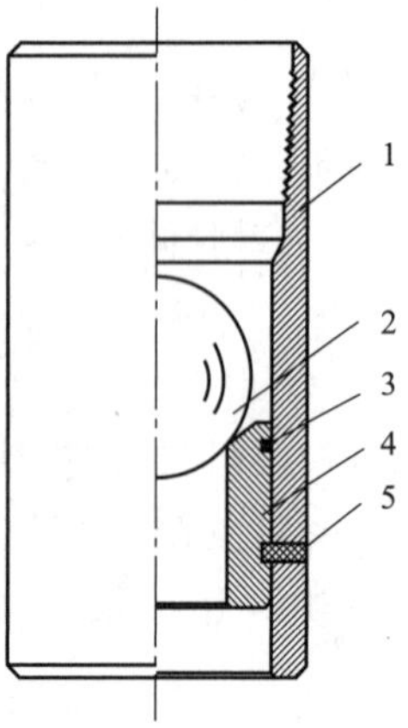

图4－14　剪切型球座示意图

1—球座主体；2—剪切球；3—O形密封圈；4—球座；5—剪切销钉

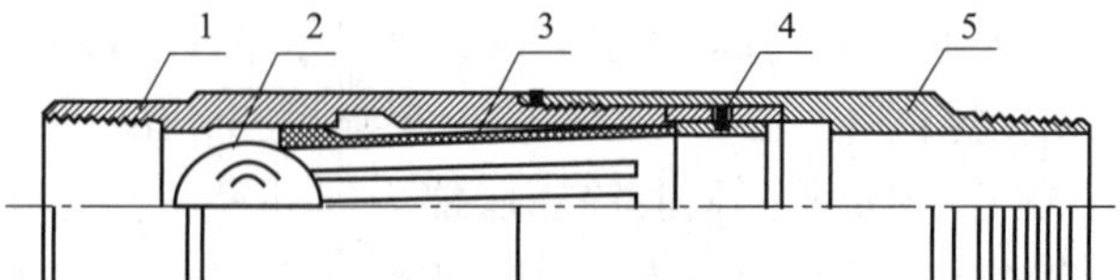

图4－15　棘爪型球座示意图

1—上接头；2—剪切球；3—棘爪；4—销钉；5—下接头

表4-8 剪切型球座规格尺寸

型号	耐压/MPa	耐温/℃	扣型	长度/m
3½in	70	150	TP-G2	0.24

(9)引鞋。

引鞋也称油管鞋或套管鞋，是一种用于引导生产完井管柱顺利下井的装置，一般安装在管柱的最末端，呈锥状体。

带球座的引鞋可以当作剪切型球座来使用，可以安装在管柱末端来持压，当压力达到预设值的时候可以把球和球座泵送出管柱，泵送后引鞋内径保持和油管一致。

该引鞋可以定制不同类型，可以定制半坡引鞋(图4-16)来方便地下入工具到尾管顶部或者封隔器密封筒，底部也可以加工成不同扣型连接其他设备。因为该工具会泵送出球座和球，在实际作业中需要保证球座可以通过球座以下的工具串。

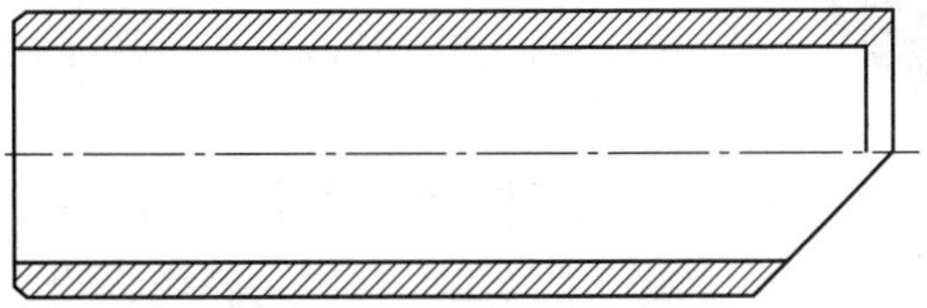

图4-16 半坡引鞋示意图

(10)永置式测试装置。

井下压力、温度测试是气田生产管理非常重要的基础工作，通过压力、温度数据可进行气井生产动态分析，为及时掌握气藏动态、优化工艺参数、合理制定生产管理制度和高效开发气藏提供更详尽、准确的依据。普光气田受高含 H_2S 的制约，不能频繁地进行钢丝压力、温度测试，因而采用了先进的永置式测试装置，安装在酸压、生产一体化管柱上，可以长时间实时监测地层压力、温度数据。该装置主要由传感器测量筒、测试电缆、数据采集系统及电缆保护器等配套装置组成。

①传感器测量筒。

传感器测量筒内安装一个压力传感器和一个温度传感器，其上端与测试电缆连接，下端与连接短节相连。连接短节和油管连接，提供油管内与传感器之间的测量通道。传感器测量筒及连接短节见图4-17。传感器测量筒和连接短节接触流体部分采用 Inconel 718 材质，适用于普光气田井况环境。

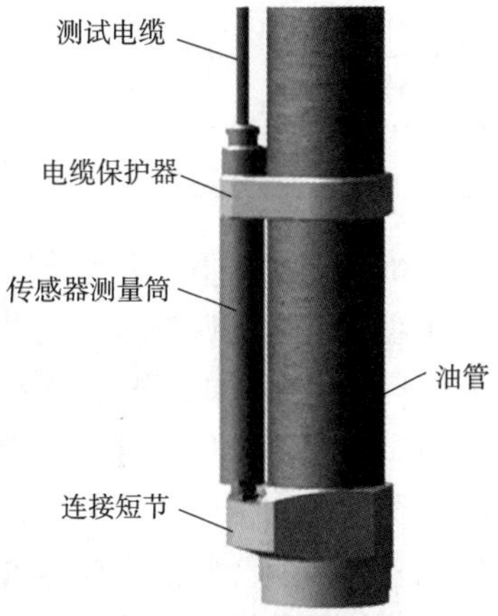

图4-17 传感器测量筒及连接短节示意图

与常规测试装置的传感器相比，普光气田采用的传感器有很强的优越性。常规测试装置将传感器与电子模块集成，下入井下工作，传感器产生的信号小且易衰减，需要通过电子模块将信号进行放大处理后再远传至地面，数据容易失真，并且电子元件在井下恶劣环境中极易遭到损坏，导致不能长期在井下工作。普光气田采用的永置式测试装置克服了以上的缺陷，将复杂的电子模块全部集成到地面数据采集系统，只有传感器和测试电缆在井下工作，同时传感器采用了先进的压力、温度被动式电谐振膜传感工艺，具有精度高、分辨率高、寿命长、测量范围宽等优点，其技术指标见表4－9。

表4－9　压力、温度传感器主要技术指标

技术指标	压力传感器	温度传感器
测量范围	0～22000psi(0～151.7MPa)	－29～248℃
精度	满刻度的0.09%	0.5℃
分辨率	满刻度的0.00005%	>0.0055℃
采样率	最小1组压力、温度数据/s(可调)	

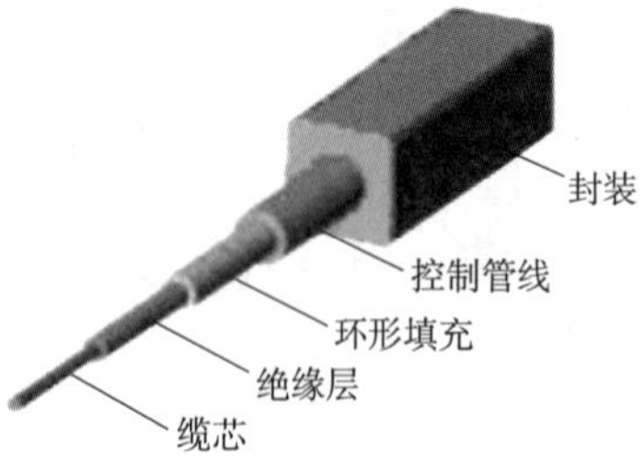

图4－18　测试电缆示意图

传感器接收到地面数据采集系统提供的毫伏级电压信号后，产生与周围压力及温度相关的低频振动响应信号，直接通过测试电缆传送至地面数据采集系统。

②测试电缆。

测试电缆采用带合成护套的单芯电缆(图4－18)，适用于高温、高压、高含硫的深井，下入深度最大可超过10000m，控制管线外包敷11mm×11mm的高聚物保护套，控制管线和缆芯用树脂填充，具有耐磨损、抗H_2S和CO_2强腐蚀的特点，适用于极端恶劣的井下环境。测试电缆的技术参数见表4－10。

表4－10　测试电缆的主要技术参数

测试电缆组成	技术指标
缆芯	#16AWG，铜芯
绝缘层	壁厚2.59mm
环空填充	树脂
控制管线	外径6.35mm
封装	聚丙烯(亚乙基)PP－1510，方形，11mm×11mm

为确保电缆在下井及生产过程中不被碰坏、磨坏及缠绕拉断，在每个油管接箍处都安装一个跨接箍电缆保护器，在井下安全阀以上的油管接箍处需要用能够同时保护监测电缆及安全阀控制管线的跨接箍保护器。

测试电缆的井口穿越及其密封至关重要，不仅关系到系统能否正常工作，更重要的是关系到气井的安全生产。为了保证电缆穿越的密封性和工作的可靠性，在穿越悬挂器前，围绕油管自由缠绕数圈，使电缆留有一定的余量，避免井下管柱由于重力伸长造成电缆破坏，影响信号传输。在穿越悬挂器时采用连续穿越方式，并在悬挂器上下各安装一组连接牢固、耐压能力强、密封性能好的金属密封，以提高电缆穿越的密封可靠性。

为了方便井口安装并考虑到后期修井的需要，电缆穿越井口时，采取从井口四通上法兰侧引出的方式，在法兰出口再安装一组金属密封，使电缆密封固定后，再和井口变送器连接。这种连接形式，既保证了电缆的密封性，又保证了电缆连接的可靠性。

③地面数据采集系统。

地面数据采集系统主要包括地面控制计算机、显示面板及各种数据输出接口三部分，其主要功能包括为井下传感器供电、采集和处理井下传感器信号、储存和显示压力温度数据。

地面数据采集系统集成了电子模块，采用专门的算法进行数字信号处理，可以将各种形式的噪音信号分离去除。处理后的信号采用 Modbus 通信协议，通过性能稳定的 RS-485 数据通信接口转换为压力、温度数据，显示在 LCD 面板上或存储在计算机中，也可以和现场仪表、井场数据采集与监视控制系统(SCADA)连接。地面控制计算机操作界面为 Windows 系统，内部结构简单，易于维护。

4.2.4 井口及地面控制系统

井口装置作为控制流体方向、压力、流量的关键装备，在气井生产过程中起着重要的控制作用，紧急情况下还承担着安全控制责任。普光气田天然气组分中含有高浓度的 H_2S、CO_2，井口装置不仅要有高强的抗腐蚀性能，还必须具备控制 H_2S 泄漏的气密封性能，因此，普光气田井口装置的材料选择、技术参数、结构性能、生产维护至关重要。

1)采气井口

(1)采气井口参数。

采气井口装置选择主要依据气井地层压力、最高井口关井压力、井口施工压力、流体性质、温度等参数和工况来确定。普光气田 H_2S 平均含量 15%，CO_2平均含量 8%，地层压力为 55～57MPa，最高井口关井压力 45MPa，预测酸压施工井口压力 70～95MPa，井口最高温度 80℃，结合普光气田地面环境，参照 API 6A 和 NACE MR-0175 标准，按照图 4-19 所示流程，确定采气井口装置压力等级为 70MPa(10000psi)或 105MPa(15000psi)，材质为 HH 级。主要技术参数：

①额定工作压力：70MPa(10000psi)、105MPa(15000psi)。

②材料级别：HH。

③规范级别：PSL-3G。

④性能级别：PR2。

⑤温度级别：P-U(-18～121℃)。

(2)采气井口结构及特点。

普光气田气井采气井口采用十字形双翼双阀的结构形式。主通径上配一个液动安全阀，可用于高含硫气井紧急手动或自动关井。井口采气树帽为 OTIS 结构，便于生产测井、钢丝作业及其他井筒处理措施时防喷装置的安装和操作。两侧翼各配置两只平板闸阀，以满足投产、生产、换阀作用的需要，并在一翼设置了仪表法兰，用于安装压力、温度传感器，以便获取井口生产数据及实现数据远程传输。末端安装笼套式节流阀，达到井口节流和调节产量的目的。普光气田常用的采气井口结构见图 4-20。

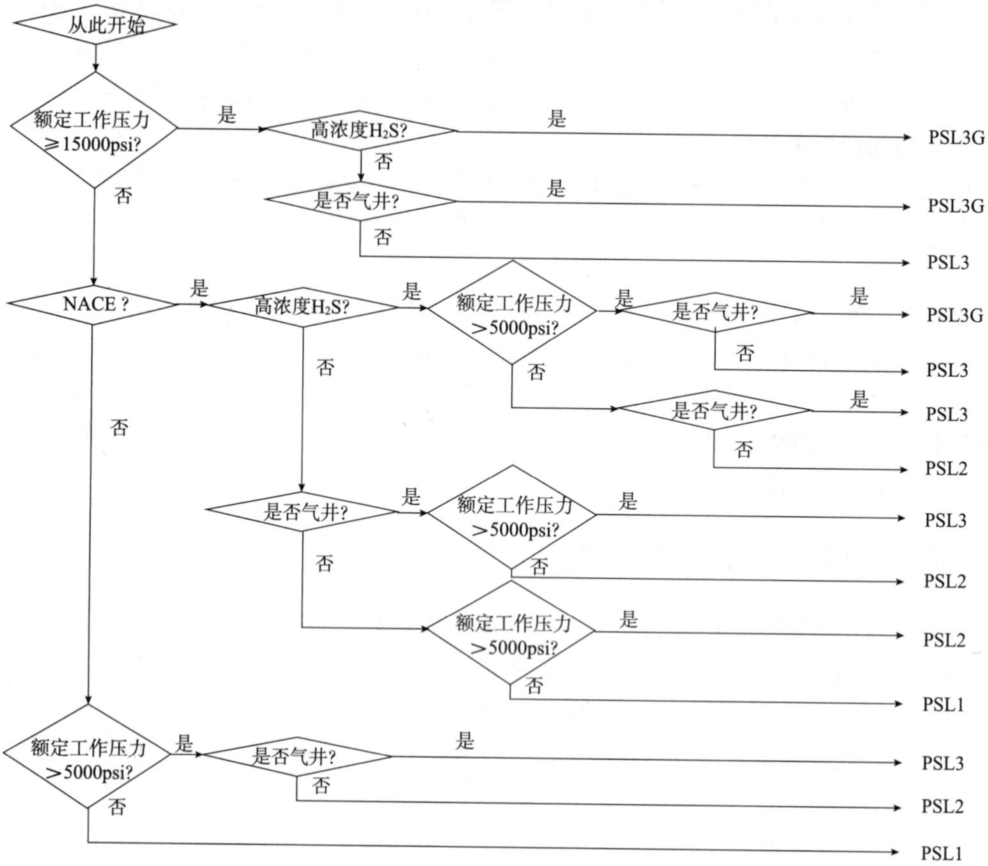

图4-19　API推荐的井口和采油树主要部件的产品规范与等级流程图

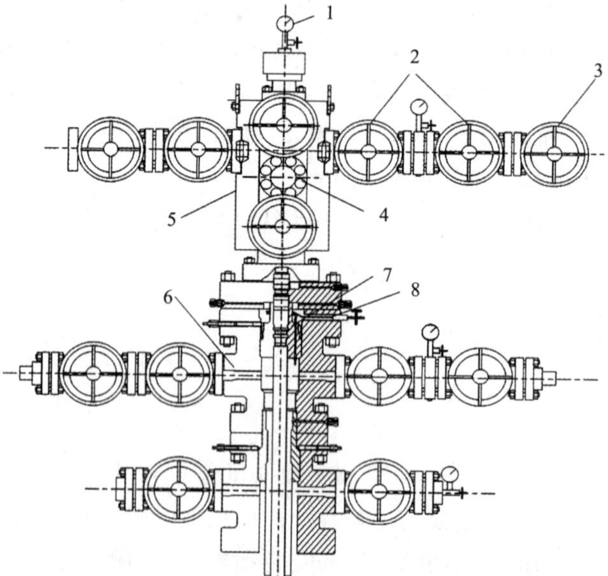

图4-20　普光气田常用的采气井口结构示意图

1—压力表；2—手动闸阀；3—笼套式节流阀；4—地面安全阀；5—小四通；6—大四通；7—油管悬挂器；8—井下安全阀控制管线

采气井井口整体材料等级为HH－NL级，具有高抗H_2S、CO_2腐蚀的性能。本体与流体接触部位采用堆焊镍基合金，密封钢圈为镍基合金，油管悬挂器及阀杆、阀座、阀板材料均为镍基合金。阀板、阀座采用爆炸喷射碳化钨工艺。井口安装液动安全阀，具有紧急关井功能，并具有剪断钢丝和电缆的能力。液动安全阀采用反向闸板，失效关闭设计，能够保证在异常情况下迅速关井。执行器与阀体腔不相通，当阀杆有泄漏时，泄漏气体不会窜入执行器内，保证了执行器的性能稳定。液动安全阀与井组控制系统相连，具有与场站乃至气田的联锁控制功能，能够保证在出现H_2S浓度超标或发生事故时接受控制系统的指令并实现关井功能。笼套式节流阀笼套采用厚硬质合金断面，抗腐蚀性更高；压力平衡杆及止推轴承降低了执行器扭矩，减小了阀杆的负载，操作扭矩小。独特的密封形式保证井口具有可靠的高压气密封性能。

2)地面控制系统

地面控制系统又称井口控制柜或井口控制盘，与远程控制系统相关联实现对井下安全阀和地面安全阀远程及就地控制。普光高含硫气井都安装有井下安全阀和地面安全阀，在每个平台(单井或丛式井组平台)均采用一套井口控制柜对所有井下安全阀和地面安全阀进行控制和操作。

(1)地面控制系统原理。

地面控制系统主要包括功能泵、高低压先导阀、油箱、调压阀、储能器、易熔塞、压力表、电磁阀、压力传感器、温度传感器，还包括井下安全阀控制管线从井口通道针阀处到控制柜的连接管线及压力表，地面控制系统原理见图4－21。

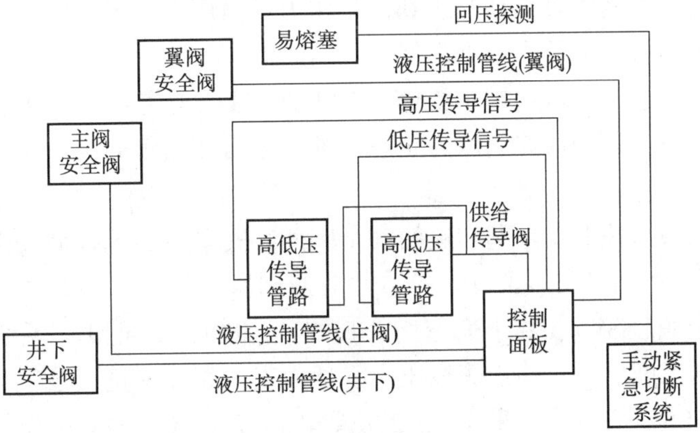

图4－21　地面控制系统原理图

普光气田采用两种类型的地面控制系统，包括液控液型、气控液型。

①液控液型工作原理。通过两台电动液压泵(或手动增压泵)将常压的液压油增压至地面安全阀或井下安全阀开启所需要的压力储存在蓄能器，低压泵的输出压力为5000psi，高压泵的输出压力为8500psi。低压泵的液体其中一支经减压阀减压后作为控制压力(100psi)，控制压力有三种通路：操作压力、高低压限位阀先导压力、易熔塞先导压力。这三种压力均作为控制压力控制液控三通阀，控制高压的液压油与油箱间的通路，控制地面安全阀(或井下安全阀)是否关闭。在高压的液压油与油箱间有一个和液控三通阀串联的电磁三通阀，控制地面安全阀(或井下安全阀)是否关闭。紧急情况下可通过ESD－1、ESD－2、ESD－3命令使电磁阀失电，关断地面安全阀(或井下安全阀)。

②气控液型工作原理。气动液压泵在高压空气的作用下，将液压油进行增压，增压泵压力输出的大小与驱动气压力(调压阀)调节大小成比例(比如驱动气在80psi的作用时，增压泵压力输出是4000psi，驱动气供给减小则增压泵压力输出减少，反之驱动气增大则增压泵压力输出加大)。逻辑控制气压再驱动系统中各种类型气控阀的工作，从而对系统液压回路进行控制，有效地对地面安全阀门实行控制。SCSSV回路安全阀控制系统压力保持在一定范围内工作，当RTU、井口关断、易熔塞熔化发出关井指令后，逻辑控制气压泄压，气控三通阀动作，迅速把系统液压控制回路压力降为零(地面安全阀关闭时间可通过单向节流阀调节)，即关闭地面、井下安全阀。

(2)井口控制柜主要功能。

现场紧急关断，控制面板上安装有紧急关断阀，当出现特殊情况时，用来关断对应的地面安全阀。

①远程关断。通过RTU与SCADA系统相连，当发生关断时，地面安全阀关闭。当站控室发生“井口关断”或通过人机界面给定模拟信号“井口关断”时，井下安全阀关闭。

②火灾关断。火灾关断是通过易熔塞控制回路实现的，当井口发生火灾时，井口温度达到易熔塞熔化温度时，易熔塞控制回路实现自动泄压，关断该平台所有地面安全阀及井下安全阀。

③井口压力异常关断。在人工误操作，管线爆裂、堵塞等情况下，井口节流后的压力高于或低于设定值时，高低压先导阀动作，实现地面安全阀自动关断。

④系统自动稳压。环境温度发生变化，系统控制回路压力受到温度影响而发生变化，当压力低于设定值时，液压泵自动补压到设定压力；当压力高于设定值时，溢流阀自动泄压，保证地面安全阀在正常压力范围内保持开启状态。

⑤数据采集及传输。井口控制柜能够通过RTU/PLC采集到每口井的地面安全阀及井下安全阀的开关状态、易熔塞控制压力状态、油管压力和油管温度、套管压力和套管温度等信号，传送至站控室。

⑥逻辑控制。采用井下安全阀和地面安全阀两级安全控制。地面安全控制系统(ESD)能够分别实现对同一个平台1~3口井的单井关断和所有气井的同时关断，根据关断逻辑设置关断地面安全阀(SSV)、井下安全阀(SCSSV)。ESD与SCADA系统相连，采气树温度压力、油管头侧温度压力、输送管线压力、地面安全阀SSV的阀位、易熔塞压力等信号远传至站控系统SCS，信号传输采用4~20mA电流信号、0~24V电压信号。ESD根据站控系统SCS指令关断SSV、SCSSV。控制系统关断后，开启安全阀必须到现场手动复位。安全阀的开启顺序为先开SCSSV，后开SSV。

4.3 储层改造技术

普光气田碳酸盐岩储层厚度大，天然裂缝、孔洞发育，非均质性强，酸液滤失大、酸岩反应速率快、有效酸蚀作用距离短。针对以上难点，采用了不同的碳酸盐岩储层改造酸液体系，形成了暂堵分流和多级注入酸压工艺技术，满足了长井段非均质储层大排量、大规模、深度酸压工艺的需要。

4.3.1　酸化(压)液体体系

高含硫气藏酸压技术面临的重大挑战，一是含硫气藏自身储层条件的特殊性，二是H_2S强烈的还原性和化学反应活性。酸压液体体系不仅要满足长井段非均质储层酸压工艺需要，还要充分考虑H_2S对酸压液体的影响。

酸压过程中酸液和残酸对管线、地面设备等都具有一定程度的腐蚀。除了选用合适的钢材以外，主要是通过加入酸液缓蚀剂，在金属表面形成保护膜，抑制盐酸、H_2S对金属的腐蚀。在富含H_2S的条件下，储层自身具有的或酸压作业过程中产生的铁离子(Fe^{3+}、Fe^{2+})容易与H_2S反应，极易形成FeS沉淀，引起地层伤害。利用络合剂降低溶液中游离的Fe^{3+}、Fe^{2+}浓度，从而达到控制FeS和S沉淀的目的。

1)酸压液体性能要求

普光气田酸压液体体系要求能够有效防止H_2S、酸液、残酸等对施工设备和井下管柱造成腐蚀的能力，降低带入地层中的Fe^{3+}、Fe^{2+}，有效控制FeS和S沉淀，并具有较好的热稳定性和对地层的适应能力。

通过下列措施实现上述目的：

(1)筛选耐高温、高抗硫、缓速性能高的酸液体系和具有良好的高温缓蚀能力的添加剂，以有效降低H_2S、酸液等对管柱造成的腐蚀。

(2)采用络合能力强的铁离子络合剂，降低进入储层液体中铁离子的含量。

(3)采用能在酸性条件下，与Fe^{3+}、H_2S反应生成水溶性盐的控硫剂，以进一步降低进入储层液体中铁离子的含量，控制S沉淀的生成。

针对普光气田碳酸盐岩储层厚度大，非均质性强，天然裂缝、孔洞发育，造成改造液体滤失严重、酸岩反应速率快、有效酸蚀作用距离短。根据以上特点，配套形成了胶凝酸体系、清洁酸体系。

2)胶凝酸体系

针对普光气田高含H_2S、储层厚度大等特点，结合室内实验研究成果，建产初期就确定了胶凝酸为主体酸的酸液体系。胶凝酸是将一定质量的胶凝剂加入与其配伍的常规酸液中，使酸的黏度提高到30～60mPa·s，降低滤失速度，延缓酸液与岩石的反应速度，该体系一般适用于中高渗储层。胶凝酸具有较高的黏度，能够降低H^+传质速度，有效地延缓酸岩反应，提高酸的有效作用距离；同时其残酸具有一定黏度，可悬浮、携带酸不溶的颗粒、泥岩，使返排速度加快，对储层的伤害小。在室内实验的基础上，进行酸液添加剂的评价和酸压液体体系配方优化，形成了低摩阻、耐高温、高抗硫的酸压液体体系。

(1)主要添加剂优选。

①胶凝剂优选。通过室内研究筛选出黏度较高、降解性能较好的ZYJ－113复合型胶凝剂；在其加量2.0%的情况下，酸液的基液黏度48mPa·s，120℃条件下酸液的黏度保持在38mPa·s，具有较好的温度适应性。

②缓蚀剂优选。CDH－01(酮醛胺缩合物)有很好的抗H_2S腐蚀效果，通过缓蚀剂的复配优化，即酮醛胺缩合物、氧缩合物、表面活性剂等复配而成CDH－02。分别在不同温度、H_2S含量、N80钢片，90℃新酸和残酸中进行了静态和动态腐蚀速度评价。其中鲜酸

指20%空白盐酸液，残酸为该新酸与大理石反应至pH值小于3后的残酸。从试验数据可以看出静态条件下，H_2S浓度达饱和时，残酸腐蚀速度只有0.0255g/(m^2·h)，具有较好的缓蚀作用。

③沉淀控制剂优选。优选铁离子稳定剂CDW－02的性能较好，当浓度为2.0%时，稳定Fe^{3+}浓度为2868ppm，可以满足该储层酸压的要求。同时实验还筛选了一种具有共轭π键的化合物作控硫剂，进行了铁离子稳定剂和控硫剂综合效果评价。实验结果证明了控硫剂与铁离子稳定剂的组合使用能有效抑制FeS和单质硫的沉淀。

(2)酸压液体配方及性能指标。

通过筛选、评价和配方适应性分析，确定了胶凝酸体系基础配方。包括处理井筒、炮眼的前置酸、实施酸压的主体酸液－胶凝酸和完成酸压后处理近井筒裂缝壁面的闭合酸。

普通酸配方：15%～20% HCl＋2%～5% HAc＋2%～4%缓蚀剂＋1%～3%铁离子稳定剂＋0.5%～1.5%助排剂＋0.5%～1.0%黏土稳定剂。

胶凝酸配方：20% HCl＋2%～5% HAc＋2.5%～3.5%缓蚀剂＋1.6%～2.0%胶凝剂＋1.5%～2.5%铁离子稳定剂＋0.5%～1.5%助排剂＋0.5%～1.0%黏土稳定剂。

闭合酸配方：12%～18% HCl＋2%～5% HAc＋2%～3.5%缓蚀剂＋1%～3%铁离子稳定剂＋0.5%～1.5%助排剂＋0.5%胶凝剂＋0.5%～1.0%黏土稳定剂。

胶凝酸体系性能指标见表4－11。

表4－11　胶凝酸体系性能指标

序号	项目	产品指标
1	基液黏度/(mPa·s)	>20
2	缓速率/%(90℃，10min)	≥80
3	降阻率/%	≥60
4	表面张力/(mN/m)	≤30
5	腐蚀速度/[g/(m^2·h)](120℃)	≤30
6	铁离子稳定能力/(mg/mL)	≥100

3)清洁酸体系

普光主体及大湾区块气井投产改造采用胶凝酸体系，该体系可实现延长酸岩反应时间、增大酸蚀距离、增强改造效果的目的，但对储层存在一定程度的伤害，后期采用了伤害更小的清洁酸体系。清洁酸体系是引入黏弹性表面活性转向剂，依靠酸岩反应过程中体系pH值升高和大量二价离子产生的双重作用使表面活性剂分子胶束聚集形态变为蠕虫状胶束，体系黏度增大，阻止酸液向高渗透岩心的前进，从而转向低渗透岩心方向，实现酸蚀裂缝转向，该体系具有不污染储层、缓速性能良好、能自动转向作用于不同渗透性储层等特性。

(1)清洁酸体系配方及性能指标。

针对低孔低渗气藏储层非均质性强的特点，优化形成了自转向清洁酸体系，具有清洁、滤失小、缓速效果好等特性，可实现储层的非均匀酸蚀，提高酸蚀裂缝导流能力。

配方：清水＋20% HCl＋2% HAc＋2.5%高温酸化缓蚀剂＋3.5%清洁酸稠化剂＋0.8%高效铁离子稳定剂＋0.5% SA－13。

清洁酸体系性能指标见表4－12。

表4－12　清洁酸体系性能指标

序号	实验项目	指标
1	配伍性	良好
2	表观黏度/(mPa·s)	9~21
3	表面张力/(mN/m)	≤28.0
4	界面张力/(mN/m)	≤2.0
5	腐蚀速率/[g/(m^2·h)](90℃)	≤6.0
6	铁离子稳定能力/(mg/mL)	>100
7	残酸黏度/mPa·s	≤5

(2)与胶凝酸相比，清洁酸优点如下。

①对储层伤害更小。胶凝酸稠化剂为胶凝剂，胶凝剂核心添加剂为抗高温、抗盐的聚丙烯酰胺类的聚合物(固体)，由于制造工艺限制部分不溶物入井后将对储层造成低伤害。清洁酸采用的是VES黏弹性表面活性剂为液体，完全溶于水，对储层造成零伤害。

②反应速度更慢。胶凝酸反应速率常数$3.67\times10^{-6}(mol/L)^{-m}\cdot mol/(s\cdot cm^2)$，反应级数0.5937；清洁酸酸岩反应速率常数$1.2835\times10^{-6}(mol/L)^{-m}\cdot mol/(s\cdot cm^2)$，反应级数0.5919。数据显示清洁酸酸岩反应速度更低，改造施工中与碳酸岩反应时间延长，相同排量下，酸蚀裂缝更长。

③表观黏度低。胶凝酸室温条件下，基液黏度49.5mPa·s。采用六速旋转黏度计在$170s^{-1}$，120℃条件下，黏度为30mPa·s。清洁酸鲜酸黏度低(15~30mPa·s)，利于泵送；反应时，酸液黏度升高，有利减缓反应速度，增大酸蚀裂缝长度；残酸黏度低(约5mPa·s)，无聚合物残留。

4.3.2　储层改造技术模式

针对不同储层的改造需求选择合适的增产改造技术，确定了胶凝酸酸压、前置液+胶凝酸酸压、胶凝酸多级注入+闭合裂缝酸化、暂堵十多级注入酸压、前置酸+清洁酸转向酸化、滑溜水+清洁酸复杂缝酸压等几种技术类型。

1)胶凝酸酸压技术

该技术适用于射孔井段长、储层物性好、Ⅰ类层所占比例较大、受边底水影响的井，胶凝酸最佳黏度一般在25~40mPa·s。

2)前置液+胶凝酸酸压技术

该项技术特点是先用前置液压开地层，产生裂缝，接着高压注入胶凝酸对裂缝进行刻蚀。由于前置液的降温、降滤、造缝作用，以及酸液在前置液中形成的黏性指进，降低了酸岩反应速度，能够显著增大酸液穿透距离。施工中前置液的最佳用量通过模拟计算来确定，前置液与酸液的用量比一般在1∶1~1∶3。针对射孔井段长的中渗透储层，采用前置液+胶凝酸酸压技术。对于漏失严重的储层，可以采用暂堵酸压工艺。

3)胶凝酸多级注入+闭合裂缝酸化技术

多级注入+闭合裂缝酸化是普光气田主要的酸压技术。该工艺特点是采用前置液造缝，再交替注入酸液和前置液段塞，交替级数一般为3~4。随后在裂缝闭合的状态下，低排量注入酸液，在裂缝壁面产生不均匀溶蚀并形成沟槽，从而使裂缝具有更强的导流能力。针对Ⅱ、Ⅲ类储层交错分布，纵向上非均质性较强的储层，多级注入+闭合裂缝酸化能够有效发挥Ⅱ、Ⅲ类储层的潜力，提高储层的整体渗流能力。

4)暂堵+多级注入酸压技术

暂堵+多级注入酸压技术是普光气田最具特色的酸压技术。该工艺把暂堵和胶凝酸多级注入进行了组合优化，对高渗层进行暂堵，采用前置液造缝，再交替注入酸液和前置液段塞。针对无法用机械封隔分段，Ⅱ、Ⅲ类储层交错分布，纵向上非均质性强的储层，暂堵+多级注入+闭合裂缝酸化能够有效发挥Ⅰ、Ⅱ、Ⅲ类储层的潜力，提高储层的整体动用程度。

5)前置酸+清洁酸转向酸化技术

前置酸+清洁酸转向酸化技术是先采用前置酸解除近井筒污染、降低施工泵压，再泵注不同黏度清洁酸刻蚀裂缝。酸压形成分支缝后，裂缝宽度窄，酸液需进入分支缝进行刻蚀，采用转向剂浓度2%~3%的清洁酸刻蚀主缝，黏度15~33mPa·s，此时酸液最大限度地沿主缝延伸，刻蚀主缝；转向剂浓度1%~2%的清洁酸黏度低，更容易进入分支缝；当转向剂浓度>3.0%，酸岩反应后清洁酸具备黏度增稠的功能，酸液层内转向，实现层内均匀改造。采用“前置酸+清洁酸”多级注入模式，可进一步增大酸液作用范围。

6)滑溜水+清洁酸复杂缝酸压技术

滑溜水+清洁酸复杂缝酸压技术是采用“大排量+高黏液造缝+主体酸基液刻蚀壁面+滑溜水扩缝”的技术模式，扩大改造体积，提高裂缝导流能力，实现缝控储量最大化。该技术适用于周边滚动低品位储层的改造。

4.3.3 储层改造工艺

普光气田目前形成了笼统酸化、水平井分段酸压、多级注入酸压及暂堵酸压等工艺模式。

1)笼统酸化工艺

在钻完井过程中，泥浆中的黏土颗粒、岩屑等沉积在井壁周围形成泥饼，或沿裂缝侵入地层而造成堵塞，降低了储层的渗透能力。笼统酸化可直接溶蚀碳酸盐岩和堵塞物或者将堵塞物从岩石表面剥蚀下来。在低于地层破裂压力的泵注压力条件下，酸液首先进入近井地带高渗透区，依靠酸液的化学溶蚀作用在井筒附近形成溶蚀孔道，从而解除近井地带的堵塞，增大井筒附近地层的渗透能力。

2)水平井分段酸压工艺

水平井钻遇储层跨度大，投产井段非均质性强，针对全井段笼统改造效果差的难点，将多级注入酸压工艺与套管/裸眼封隔器结合形成了碳酸盐岩储层水平井分段酸压技术，提高了改造精度及范围，提升了单井产能。该技术核心在于分段管柱上，通过机械分层，将储层物性相近井段分作一段，提高酸压改造针对性，提高改造效果。该完井工具分为裸眼水平井分段封隔器及套管水平井分段封隔器。

3)多级注入酸压工艺

多级注入酸压是普光气田主要的酸压技术。该工艺特点是采用前置液(滑溜水)造缝，再交替注入酸液和前置液段塞，交替级数一般为3～4。随后在裂缝闭合的状态下，低排量注入酸液，在裂缝壁面产生不均匀溶蚀并形成沟槽，从而使裂缝具有更高的导流能力。针对Ⅱ、Ⅲ类储层交错分布，纵向上非均质性较强的储层，多级注入酸压工艺能够有效发挥储层潜力，提高储层的整体渗流能力。

4)暂堵酸压工艺

受纵向非均质性影响，常规酸化(压)工艺技术现场针对性差。为最大可能纵向开启新层、改善产气剖面，采用了可降解酸压暂堵剂，组合粒径可封堵不同类型储层与裂缝，有效提高了纵向储层动用程度(图4－22～图4－24)。

图4－22　酸液首先进入低应力层

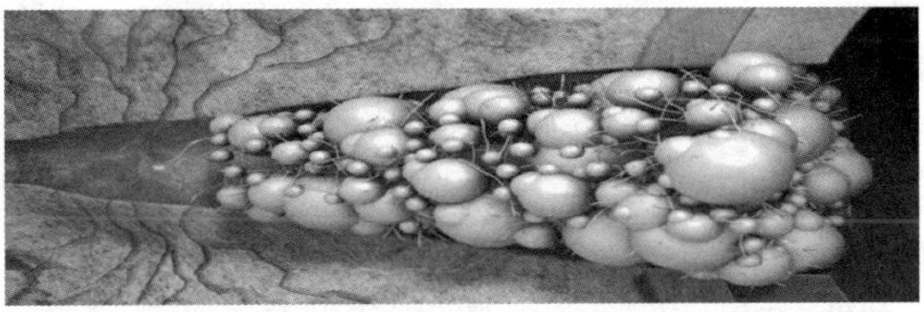

图4－23　不同类型暂堵剂组合封堵效果示意图

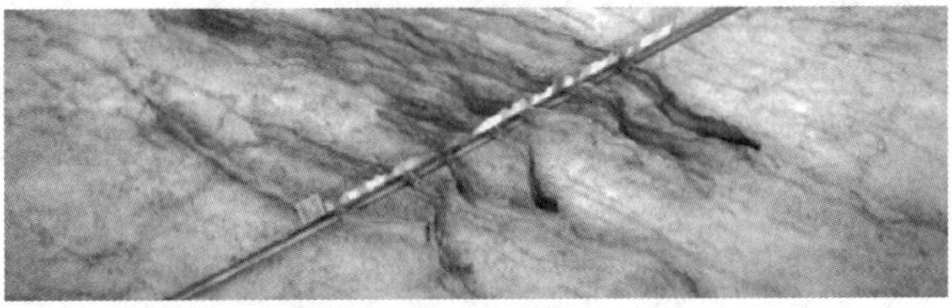

图4－24　暂堵后迫使酸液向其他应力层延伸

固体暂堵剂遵循流体向阻力最小方向流动的原则，先进入高渗层的炮眼产生桥堵，使酸压液体转向进入物性较差的储层，促使吸液剖面发生变化。通过多级加注的方式，暂堵剂进入酸蚀裂缝，封堵地层微裂缝和溶蚀蚓孔，使裂缝向地层深部延伸，产生桥堵的暂堵剂在施工完成后自降解溶于酸液返排出地面。

4.4　放喷试气工艺技术

放喷试气是指气井完井后利用地面流程进行产能测试以获得气井产能资料的工艺过程。通过对投产试气资料的解释处理，可确定气井产能方程、流入动态关系，计算无阻流量，为开发方案的调整提供依据。在普光气田投产初期，为准确评价气井产能，选取修正等时试井方法进行了较长时间系统试气。在工艺上采用了高温焚烧炉、HH 级试气流程，解决了较长时间试气的环境保护和腐蚀问题。在系统试气的基础上，利用 EE 级放喷流程，采用耗时较短的"一点法"进行放喷求产，降低了高含 H_2S 气井试气的施工风险和 SO_2 排放对环境造成的污染。

4.4.1 普光气田产能试井方法

普光气田试井方法包括修正等时试井方法、"一点法"。

1)修正等时试井方法

修正等时试井的关键是等时距的选取、延续时间和工作制度的制定，这些都影响解释结果的准确性。

(1)测试时间及等时距的选取。

为了保证试井资料真实反映地层渗流特征、准确评价产能，不同工作制度测试时间及等时距的设计需重点考虑三个方面的问题：测试时间应大于井筒储集效应持续时间；试气探测半径应大于钻完井污染区域半径；地层流体流动应进入径向流且压力基本达到稳定。经过论证与分析，普光气田开发井试气探测半径应大于 30m，利用式(4－1)可计算出流动达到稳定的时间。

$$t_s = \frac{r_e^2 \phi \mu C_t}{14.4K} \tag{4-1}$$

式中 t_s——流动达到稳定的时间，h；

μ——气体黏度，mPa·s；

ϕ——地层孔隙度，%；

K——地层渗透率，μm^2；

C_t——综合压缩系数，1/MPa；

r_e——探测半径，m。

稳定试井的不同工作制度最小测试时间应大于地层流体流动达到稳定的时间，故等时距采用 36h。

(2)工作制度。

采用修正等时试井方法进行气井产能测试时，选取 4 个工作制度，按照从小到大的顺序开井试气。试气的最大产量和最小产量应控制在最大关井压力的 75%～95%。工作制度的设计要考虑地层因素，避免造成水锥进或舌进。对于气水同产井，最小产量不能低于气带水所需的最小气量。同时也要防止流量过大、压差过大形成水合物。普光气田制定了试气时最小、最大测试产量的确定原则以及测试产量序列。

最小产量确定原则包括最小产量值应维持正常的流动条件、足以使井口温度保持在水合物生成点以上、生产压差约等于地层压力的 5% 等。最大产量确定原则包括最大产气量应维持井底不产生井壁坍塌、避免底水锥进造成气井产水严重、一般应小于油管的冲蚀临界流量、生产压差约等于地层压力的 25%。产量序列通常选取 4 个测试点，在最大产量和最小产量之间等距插入两个工作制度和一个稳定工作制度，即可得到 4 个工作制度和 1 个稳定工作制度，采取递增序列进行修正等时试井。

2)“一点法”放喷求产技术

普光气田大部分气井采用“一点法”进行放喷求产，即工艺上先返排酸液，再用气嘴控制放喷求产，利用稳定时的井底流压(或油压折算的井底流压)和产量计算无阻流量，该方法耗时短且现场操作相对简单。

气井完井后用气嘴放喷排液，放喷末期当地面有大量气体出现后，倒流程进分离器，液体进放喷池，气体用燃烧筒燃烧。待产量及压力稳定后，记录该放喷制度稳定时的油压和产量，并将油压折算到气层中部的流压，采用“一点法”求取气井产能。为了核实产能评价的准确性，放喷求产选取两个不同气嘴试气，利用两个稳定的工作制度下的数据进行计算和对比。

“一点法”是陈元千等学者建立的一种传统的经验公式试气方法，是在二项式产能方程的基础上进行推导得到的，“一点法”公式见式(4－2)。

$$q_{\mathrm{AOF}}=\frac{2(1-\alpha)q_{\mathrm{ac}}}{\sqrt{\alpha^2+4(1-\alpha)\frac{p_{\mathrm{R}}^2-p_{\mathrm{wf}}^2}{p_{\mathrm{R}}^2}}-\alpha} \tag{4-2}$$

式中　q_{AOF}——气井的绝对无阻流量，$10^4\mathrm{m}^3/\mathrm{d}$；

q_{ac}——气井的稳定产量，$10^4\mathrm{m}^3/\mathrm{d}$；

p_{R}——地层压力，MPa；

p_{wf}——稳定生产时的井底流压，MPa。

陈元千等根据16个气田16口气井的二项式产能方程系数统计，取：

$$\alpha=\frac{A}{A+B\,q_{\mathrm{AOF}}}=0.25 \tag{4-3}$$

式中　A、B——二项式产能方程系数。

得到常用的“一点法”计算公式：

$$q_{\mathrm{AOF}}=\frac{6\,q_{\mathrm{ac}}}{\sqrt{1+48\left(1-\frac{p_{\mathrm{wf}}^2}{p_{\mathrm{R}}^2}\right)}-1} \tag{4-4}$$

地层压力和井底流压是计算无阻流量的两个必要参数。普光气田绝大多数开发井完井时未下入井底压力计，放喷求产时需要采用压力折算方法将井口油压折算成井底流压。普光气田现场采用8mm、12mm两个工作制度录取油压、产量数据，提高计算结果的准确性。其中，依据8mm放喷制度下的油压要保证4h内波动小于0.1MPa、产量变化幅度不超过10%；12mm放喷制度下的油压要保证2h内波动小于0.1MPa、产量变化幅度不超过10%。

4.4.2　放喷试气流程节流计算

地面放喷试气流程是确保测试施工过程中取全、取准资料，实现有效节流、安全施工的地面管汇组合，是气井投产试气的关键装备。流程的合理与否决定了放喷试气施工的成败。普光气田投产试气地面流程必须抗H_2S、CO_2腐蚀，能够实现远程控制，同时具有多路放喷求产、洗井、压井、加热、注入水合物抑制剂等功能，以及满足残酸大排量返排、放喷试气等要求。

1)地面流程节流计算

应用节点分析方法对放喷试气节流过程中各节点的压降、温度等进行模拟计算，预测出放喷试气流程中各级节流后的压力、温度和水合物生成条件，优选出节流管汇的压力等级和级数、节流气嘴尺寸，制定水合物预防措施，选择热交换器、分离器等设备。由此确定流程的主要技术参数，为流程设计提供依据。

(1)气嘴临界流量计算。

气嘴是地面流程节流的一个重要部件。在放喷试气过程中，通过调节气嘴大小可调节产量大小，节流后的压力、温度，以满足热交换器、分离器、焚烧炉等地面设备耐压、耐温要求。气嘴大小可通过计算临界流量确定。

为保证气嘴下游压力变化对气井产量无影响，放喷试气要求通过气嘴的流动达到临界流动状态，即流体通过气嘴时的流速达到声速。根据气嘴节流相关理论可知：当气嘴下游压力与上游压力的比值小于临界压力比时，通过气嘴的流速达到临界状态。热力学原理中的临界压力比为：

$$\frac{p_c}{p_1}=\left(\frac{2}{k+1}\right)^{\frac{k}{k-1}} \tag{4-5}$$

式中 k——气体绝热指数，可以由流体的比热比C_p/C_v计算得到；

p_1——气嘴上游压力，MPa；

p_c——临界压力，MPa。

在多种气液混合物、气嘴处气液流速相等、液相不可压缩、液体分散在连续气相中、忽略摩擦损失等假设条件下对气液两相嘴流进行合理简化，简化后气嘴临界流量计算公式为：

$$q_{sc}=\frac{0.408\,p_1 d^2}{\sqrt{\gamma_g T_1 Z_1}}\cdot\sqrt{\frac{k}{k-1}\left[\left(\frac{p_2}{p_1}\right)^{\frac{2}{k}}-\left(\frac{p_2}{p_1}\right)^{\frac{k+1}{k}}\right]} \tag{4-6}$$

式中 q_{sc}——标准状态下通过气嘴的体积流量，$10^4m^3/d$；

γ_g——天然气相对密度；

Z_1——节流前气体压缩因子；

p_1——气嘴上游压力，MPa；

p_2——气嘴下游压力，MPa；

d——气嘴开孔直径，mm。

通过式(4-6)，可计算出不同尺寸气嘴在定上游压力温度下的临界流量，结果见表4-13。

表4-13 不同尺寸气嘴临界流量

气嘴/mm	6	6.5	7	7.5	8	8.5	9	9.5	10	10.5
产量/($10^4m^3/d$)	24.2	28.1	32.3	36.6	41.1	45.7	50.4	55.2	60	64.9
气嘴/mm	11	11.5	12	12.5	13	13.5	14	14.5	15	
产量/($10^4m^3/d$)	69.6	74.4	79	83.6	88	92.3	96.4	100.2	103.9	

(2)放喷试气节流计算。

根据不同尺寸气嘴的临界流量，对放喷试气过程中的节流进行模拟计算，以确定放喷试气气嘴大小、节流级数。并在一级节流前加注0.5%的甲醇、在二级节流前提高流体温度两种水合物防治方案，防止放喷试气过程中产生水合物。

①节流压降、温降计算。根据预测的测试产量和压力，模拟计算了含H_2S气体在放喷试气过程中两级节流的压降、温降，计算结果见表4-14。

表4-14 二级节流计算结果表

序号	产量/($10^4m^3/d$)	气嘴/mm	位置	温度/℃	压力/MPa
1	55		井口	62	35
		13	一级节流	46.18	22.96
		15	二级节流	1.47	3.31
2	45		井口	58	36
		11	一级节流	35.14	18.42
		14	二级节流	0.27	2.74
3	35		井口	52	37
		10	一级节流	34.99	23.26
		12	二级节流	0.51	2.17
4	25		井口	46	38
		8	一级节流	27.72	24.26
		10	二级节流	1.8	1.58

②放喷试气节流气嘴。根据气井试气工作制度及地层压力、产能预测情况，对试气过程中节流管汇的气嘴大小进行设计，气嘴尺寸见表4-15。

表4-15 试气节流气嘴尺寸

序号	工作制度/($10^4m^3/d$)	一级节流气嘴/mm	二级节流气嘴/mm
1	25	8	10
2	35	10	12
3	45	11	14
4	55	13	15
5	40	12	14

③放喷试气气嘴调节方法。放喷前，每个节流管汇配备了若干对应型号气嘴和拆卸、安装工具，以便气嘴刺坏时及时更换。为了提高酸液返排效果，在放喷试气初期，先以大直径气嘴进行控制放喷；当返排物中含酸性气体时，采用气嘴一级节流放喷。根据井口压力的变化，在不同尺寸气嘴流程间倒换，尽可能使酸液在大量出气前返排干净；大量出气后，采用二级节流流程进行放喷求产、试气，并逐渐放大气嘴改变放喷求产、试气工作制度。

2)放喷试气水合物防治

普光气田开发井放喷试气过程中有可能生成水合物，严重时会造成井筒、管线、阀门等设备堵塞，影响正常的放喷试气作业。采用节流计算对每级节流后的温度、压力进行模拟预测，再结合室内气样 PVT 实验结果确定出放喷试气过程中可能形成水合物的条件和位置，制定放喷试气水合物防治措施。

由预测结果可知，放喷试气时一级、二级节流后均有可能形成水合物，预防水合物生成的措施主要有注入化学抑制剂和提高节流前气体的温度。

(1)注入抑制剂。试气过程中当井口压力较高时，在地面流程一级节流前及时适量地注入水合物抑制剂，如甲醇、乙二醇、二甘醇等。

(2)提高节流前天然气温度。在节流压降不变的条件下，提高节流前天然气的温度可使节流后天然气的温度升高。考虑到二级节流后生成水合物的可能性较大，需在节流前加热天然气，使节流后的天然气温度高于水合物的生成温度，防止因节流降压生成水合物。

4.4.3 放喷试气流程

放喷试气流程包括放喷求产流程和长时间试气流程。根据普光气田开发井井口压力和测试气量情况，预测放喷及试气过程中气嘴节流温降、压降及水合物生成条件。通过分析计算，结合现场要求，设计出节流管汇的压力等级、级数及节流气嘴尺寸。放喷求产流程采用 EE 级 70－35MPa 两级节流降压流程，长时间试气流程采用 EE 级 70－35MPa 两级降压和 HH 级 105－35MPa 两级降压并联流程。

1)放喷求产流程

放喷求产流程采用 EE 级 70－35MPa 两级降压流程(图 4－25)。为防治水合物，在一级节流管汇前设有水合物抑制剂注入口，并配备了化学注入泵；在二级节流管汇前设有热交换器；在二级节流后设有气液两相分离器以实现气液分离和气液准确计量；为实时监测放喷求产过程中各个节点的工作情况，在每一级节流前后、分离器处设置压力、温度和流量监测点，并配备数据采集系统对生产数据进行实时监测、录取和储存。

另外，结合普光气田放喷试气实际情况设计了以下配套流程：

(1)放套压流程。将油套引进放喷流程，当套管超压时可以进行两级节流控制。

(2)紧急洗井、压井流程。在地面流程一级节流管汇上接入压井节流管汇以实现试气过程中压井、洗井作业。

(3)环空压力监测流程。监测放喷试气过程中技术套管环空和表层套管环空的压力。

2)长时间试气流程

长时间试气流程采用 EE 级 70－35MPa 两级降压和 HH 级 105－35MPa 两级降压并联流程(图 4－26)。由于试气流程主要用于长时间试气，流程设备采用 HH 级抗硫材质。同样设计两级节流降压管汇、热交换器、化学注入泵、油气水三相分离器等试气装备。根据预测的试气量，设计高温焚烧炉的台数。该流程具备单路、多路同时放喷试气功能，可实现压井、替喷等流程作业。当 HH 级流程在试气过程中出现冰堵、气嘴刺坏或其他意外情况时，可倒换至 EE 级流程做短时间试气，待 HH 级流程恢复正常后，再倒回 HH 流程，保证试气作业的连续性。井口至一级管汇用法兰短节连接；放喷管线、测试管线固定牢靠，其出口的燃烧筒火炬和焚烧炉距离井口大于 100m。

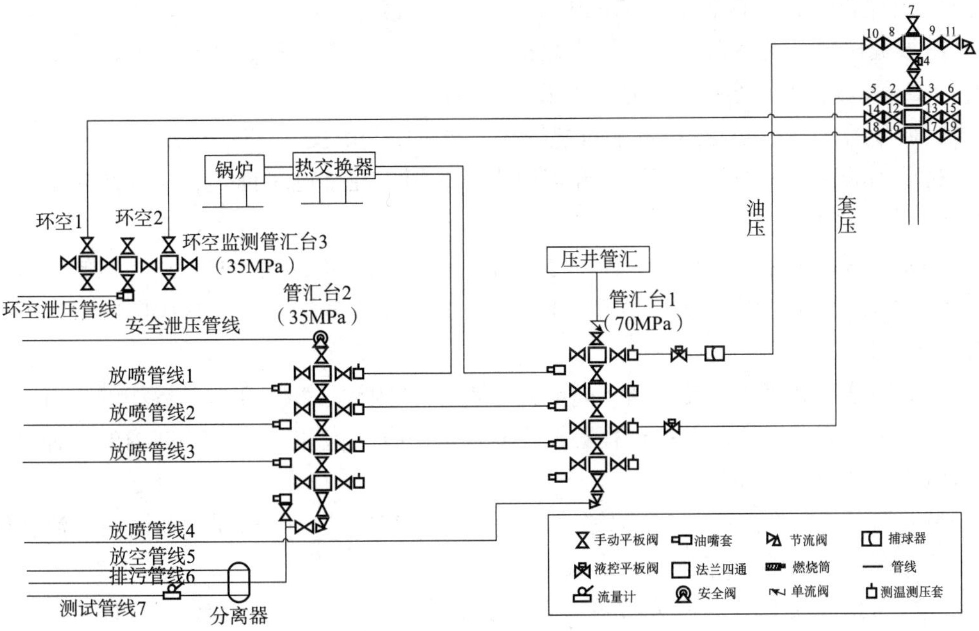

图 4－25　EE 级 70－35MPa 两级降压流程

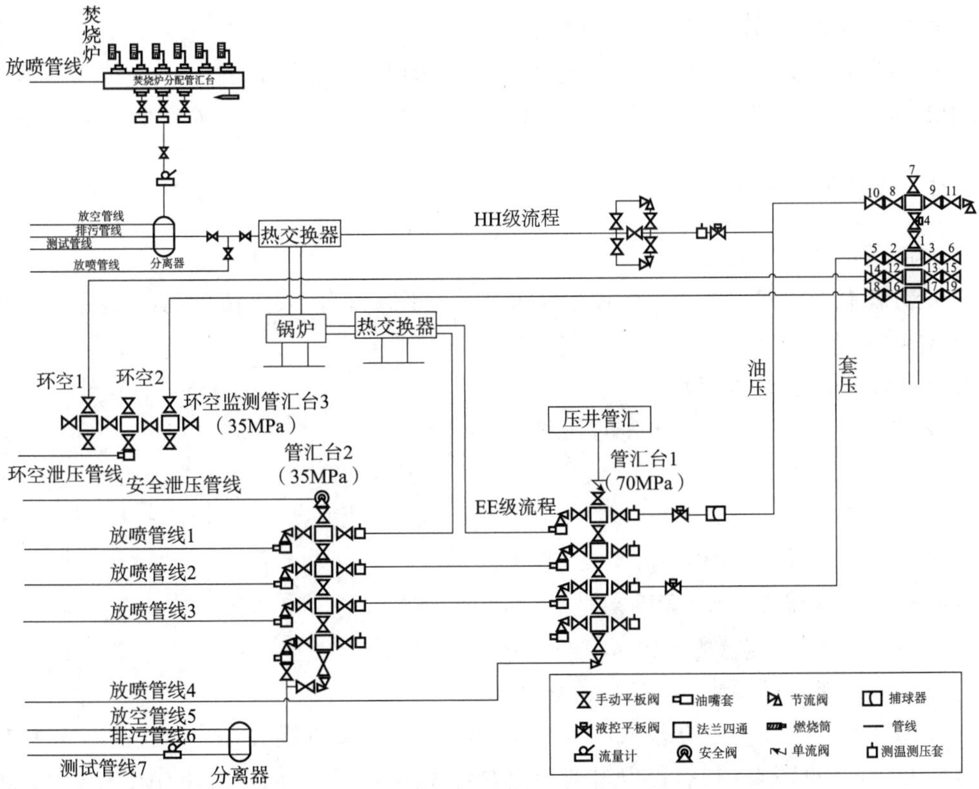

图 4－26　HH 级与 EE 级并联试气流程

3) 地面流程现场应用要点

地面流程的规范安装是安全试气、成功取全取准试气资料的保障。针对普光气田山地地貌的特殊情况，地面流程安装和试压要注意如下几点：

(1)根据山地井场地形提前规划流程布置区，布局紧凑合理。井口至管汇用法兰短节连接，每级节流管汇安装一条旁通放喷管线至放喷口。

(2)放喷管线采用 Φ88.9mm 的抗硫管线，严禁中间焊接。

(3)分离器用钢丝绳四角绷紧，并用地脚螺栓固定在基础平面上，应安装安全泄压管线、排污管线并牢靠固定。

(4)放喷管线连接弯头角度应不小于 120°，接出两条夹角为 90° ~ 180°的放喷管线至放喷池，放喷管线出口距离井口大于 100m，其中一出口为施工季节常风向的下风向，与周围设施的距离应大于 50m。

(5)放喷池建立牢固的防火墙，高度大于 4m，放喷池体积大于井筒容积的 7 倍。

(6)放喷口应至少安装包括远程遥控往复式自动点火炮和“长明火”在内的三种点火装置，放喷口安装燃烧筒。

(7)井口装置、紧急关闭阀、安全阀、锅炉、热交换器、分离器、地面高压流程管线和阀门等设备，安装前要检验合格。

(8)放喷流程的 ESD 紧急关断系统应设置现场控制台和远程控制台，保证紧急情况下能够关闭液控平板阀。

(9)管汇台、分离器、转弯的弯头处、管线出口、放喷口及平直段每隔 10m 用水泥基墩、地脚螺栓和钢板固定。

(10)基墩坑长大于 0.8m，上宽大于 0.6m、下宽 0.8m、深大于 0.8m，放喷口基墩坑长大于 1.5m，上宽大于 1.0m、下宽大于 1.2m、深大于 1.0m，距放喷口小于 0.5m。

4.4.4 试气资料解释

1)修正等时试井解释方法

产能方程有指数式方程和二项式方程两种，为了区分两者之间的差别，现用压力平方表达式对两种方程进行分析。

(1)指数式产能方程分析。

指数式产能方程中产量与压差的关系式为：

$$q_g = C\,(p_R^2 - p_{wf}^2)^n \tag{4-7}$$

式中 q_g——产气量，$10^4 m^3/d$；

p_R——地层压力，MPa；

p_{wf}——井底流动压力，MPa；

C——产能方程系数，$(10^4 m^3/d)/(MPa^2)^n$；

n——产能方程指数，0.5 ~ 1.0 的小数。

在对数坐标中，压力平方差 $\Delta p = p_R^2 - p_{wf}^2$ 和产气量 q_g 呈直线关系，直线的斜率为 $1/n$，截距为 $-\lg C/n$，见图 4 - 27，可以得到产能方程式(4 - 7)。当令 $p_{wf} = 0.101$MPa 时，则有 $\Delta p^2 = p_R^2 - 0.101^2$，代入方程可以计算无阻流量 q_{AOF}，即：

$$q_{AOF} = C\,(p_R^2 - 0.101^2)^n \tag{4-8}$$

(2)二项式产能方程分析。

根据流动方程的解，推导得出二项式产能方程，具体表示为：

$$p_R^2 - p_{wf}^2 = A\,q_g + B\,q_g^2 \tag{4-9}$$

式(4-9)中的A、B分别表示储层中层流和湍流流动部分的系数。式(4-9)两边同除以q_g，易见$(p_R^2 - p_{wf}^2)/q_g$与产气量q_g呈直线关系，直线的斜率为B，见图4-28。二项式产能方程建立之后，令$p_{wf}=0.101\text{MPa}$，即$\Delta p^2 = \Delta p_{max}^2$，代入方程(4-9)可得到无阻流量值$q_{AOF}$：

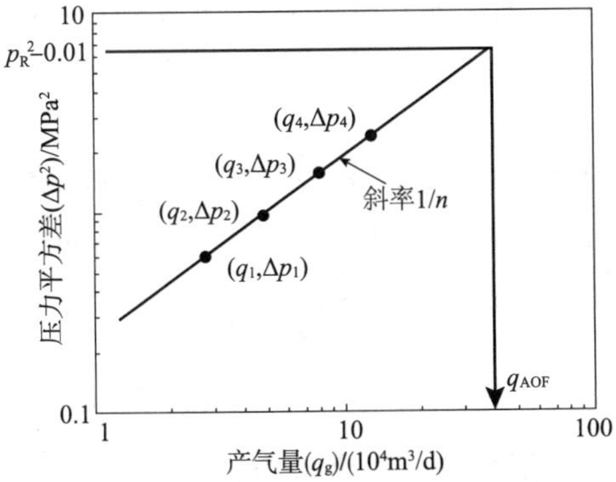

图4-27 指数式方程分析曲线

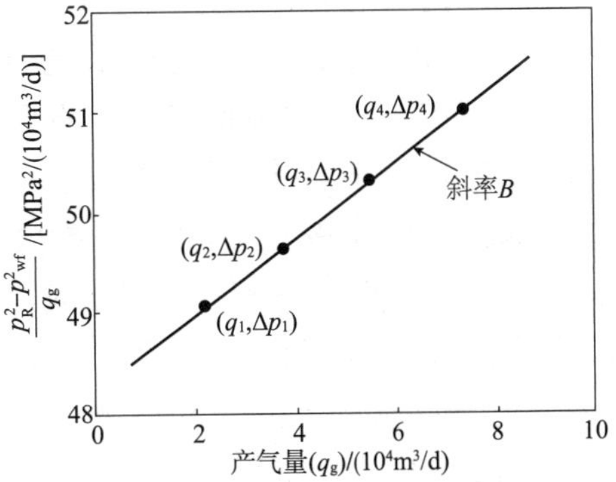

图4-28 二项式产能方程分析曲线

$$q_{AOF} = \frac{-A + \sqrt{A^2 + 4B\,\Delta p_{max}^2}}{2B} \tag{4-10}$$

指数式或二项式产能方程，都是用数学表达式拟合实测点的压力/产量关系，然后用来预测其他生产条件下的产量值。当流动压力降为大气压力时，产气量即是无阻流量。由于二项式产能方程是从渗流力学方程推导而来，它对不同地层的适用性及准确程度要高一些；而指数式只是一种经验公式，准确程度相对较差。

在描述气体流动过程中，最恰当的压力表示形式为拟压力ψ。拟压力的表达式为：

$$\psi = \int_{p_0}^{p} \frac{2p}{\mu Z}\mathrm{d}p \tag{4-11}$$

当地层压力较低时，拟压力可以近似为压力平方；当地层压力较高时，拟压力可以近似为压力。但是对于许多产能测试来说，测点的压力变化范围有可能是很宽的，既包含了低压范围，又包含了高压范围。这时只有使用拟压力分析，才能保证分析的精度，减少异常现象的发生。

(3)不同压力表达形式的产能方程。

不同压力表达形式的指数式和二项式产能方程不同，拟压力形式时为：

$$q_g = C_\psi(\psi_R - \psi_{wf})^n \tag{4-12}$$

$$\psi_R - \psi_{wf} = A_\psi q_g + B_\psi q_g^2 \tag{4-13}$$

压力平方形式时为：

$$q_g = C_2(p_R^2 - p_{wf}^2)^n \tag{4-14}$$

$$p_R^2 - p_{wf}^2 = A_2 q_g + B_2 q_g^2 \tag{4-15}$$

压力形式时为：

$$q_g = C_1(p_R - p_{wf})^n \quad (4-16)$$

$$p_R - p_{wf} = A_1 q_g + B_1 q_g^2 \quad (4-17)$$

2)气井产能试井异常曲线的识别与校正处理

(1)试气资料解释出现异常原因分析。

若产能方程中出现 $n>1$ 或者 $B<0$ 的情况，其原因可能为：井底积液、压力计未下到产层中部等导致获取的压力偏小；测试前地层有污染，污染可能随测试产量增大而逐渐解除；关井未稳定，使测取的地层压力偏小；测试工作制度未达到稳定，压力资料不准确；存在井间或层间干扰；气层渗透率和孔隙度随压力变化。

(2)气井产能试井异常曲线校正处理。

通常对修正等时试井的测试数据，在直角坐标中$\Delta p^2(\Delta\psi)-q_{sc}$关系曲线应通过原点且凹向$\Delta p^2(\Delta\psi)$轴，如图 4-29 所示曲线 1。但实际测试的指示曲线，有可能出现如曲线 2 或曲线 3 所示的情况，不通过原点，或者出现其他形状的异常曲线。应分析产能曲线异常的原因，进行校正处理。

①无法获取地层压力的处理方法。

实际生产中，种种原因，无法获得地层压力$\overline{p_R}$，但可获得每个工作制度的准确产量q_{sci}和流动井底压力p_{wfi}，通过对几个测点的联立方程求解(以压力平方为例)，得线性方程组：

$$\frac{p_{wfi}^2 - p_{wfi+1}^2}{q_{sci+1} - q_{sci}} = A + B(q_{sci+1} + q_{sci}) \quad (4-18)$$

式中 i——测点序号。

由式(4-18)可看出，若绘制$\frac{p_{wfi}^2 - p_{wfi+1}^2}{q_{sci+1} - q_{sci}}$—$(q_{sci+1} + q_{sci})$关系曲线，则可得一条直线，此直线截距为二项式系数 A、斜率为二项式系数 B，从而得到该井产能方程。

②井底流压测取值偏小的识别和校正处理。

在某些情况下，比如井筒积液而压力计又未下至产层中部，若井筒仍按纯气柱考虑，势必造成流动井底压力偏低的情况，此时，Δp^2-q_{sc}指示曲线出现如图 4-29 中的曲线 2 所示的异常，顺测点的曲线趋势延长，不交于坐标原点，而是与Δp^2轴相交，在Δp^2轴上有一截距C_{wo}，在$\Delta p^2/q_{sc}-q_{sc}$产能分析曲线图上，得不到直线，而呈图 4-30 所示的异常曲线。此时可采取如下方法校正。

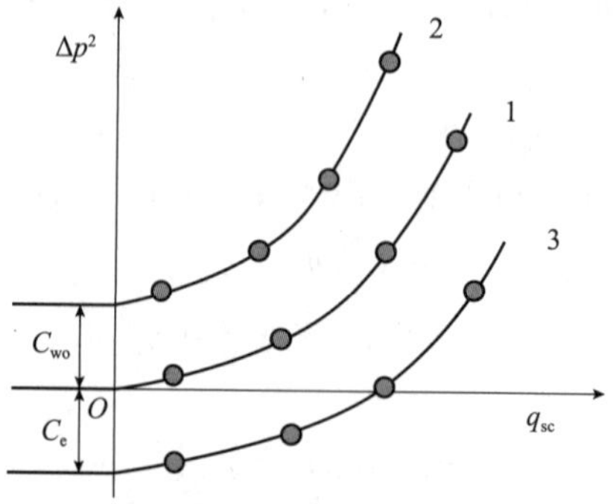

图 4-29　Δp^2-q_{sc}的关系曲线

设p_{wfi}为真实井底流动压力，p_{wi}为实测的或计算的井底压力，则：

$$p_{wfi}^2 = p_{wi}^2 + 2\delta_i p_{wi} + \delta_i^2 \tag{4-19}$$

其中：$\delta_i = p_{wfi} - p_{wi}$。

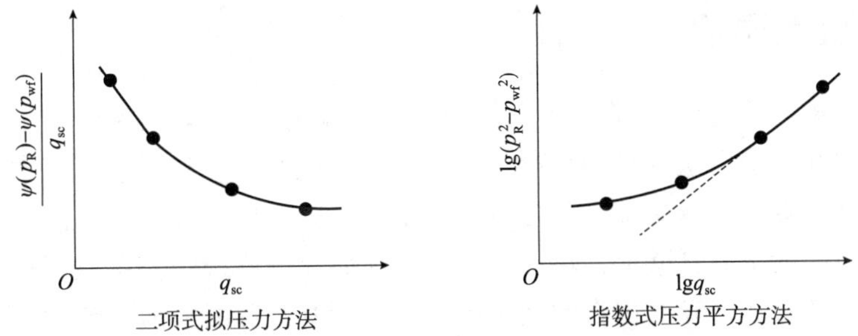

图4-30　井底流压偏低时的产能分析曲线

将式(4-19)代入二项式产能方程得：

$$p_R^2 - p_{wi}^2 - C_{wi} = A\,q_{sci} + B\,q_{sci}^2 \tag{4-20}$$

其中：$C_{wi} = 2\delta_i p_{wi} + \delta_i^2$。

在不同工作制度下，井底积液高度是不同的。因此，在式(4-20)中，不同工作制度下C_{wi}是不同的。为简化问题，假设在不同工作制度下C_{wi}是相同的，设为C_w，将式(4-20)两端同除q_{sc}，得：

$$\frac{p_R^2 - p_w^2 - C_w}{q_{sc}} = A + B\,q_{sc} \tag{4-21}$$

由式(4-21)可见，在适当的C_w值下，$(p_R^2 - p_w^2 - C_w)/q_{sc} - q_{sc}$关系曲线应为一直线，见图4-31，该直线截距就是二项式系数A，斜率即为二项式系数B，据此即可计算气井无阻流量q_{AOF}。

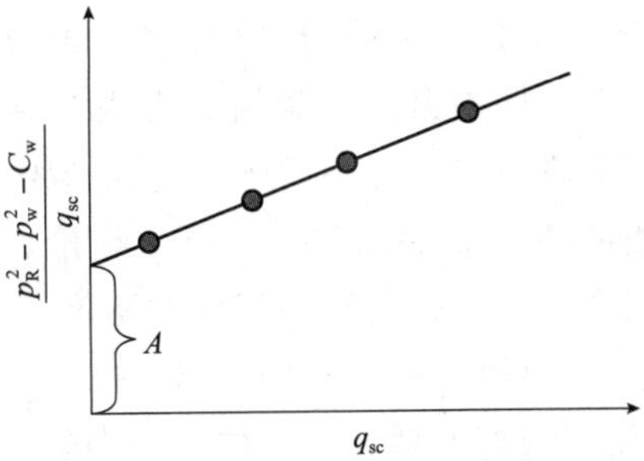

图4-31　数据校正后的二项式分析图

4.5　硫沉积及水合物防治

水合物及硫沉积的形成严重影响气井的正常生产，甚至会造成安全事故。天然气水合物是指在一定温度和压力下天然气中的某些组分与液态水形成的冰雪状复合物，水合物在油管中生成后会降低井口压力，影响油管内井下工具的起下，严重时可能堵塞井筒、井口、管线、阀门等采气通道。硫沉积是指溶解于酸性气体中的元素硫在生产过程中随温度、压力下降而析出，沉积在地层、井筒、集输管线和设备表面，不仅会造成流体通道的堵塞，而且会加剧管线和设备的腐蚀。

4.5.1 硫沉积防治

在高含硫气田的开发生产过程中，地层压力逐渐降低，元素硫在气相中的溶解度逐渐减小，在达到饱和状态后从气相中析出，堵塞气体渗流通道。在采气过程中，随着井筒中气体压力、温度的降低，单质硫会从气体中析出，在气流携带能力不足的情况下，便会附着在井筒管或地面设备的管壁上，堵塞通道。在地面集输系统中，单质硫析出会造成流程堵塞，影响气井产量。普光气田自地面硫沉积出现堵塞，后续沿地面流程－采气树－井筒方向逐渐沉积。

1）硫沉积原理

井筒元素硫沉积方式主要有化学沉积和物理沉积两种，其中以物理沉积为主。化学沉积一般指的是在高温高压条件下高含硫气藏中 H_2S 气体与硫元素发生化学反应生成多 H_2S，随着离井口越来越近，温度和压力不断降低，多 H_2S 会受此影响分解成硫颗粒析出，导致其形成堵塞物沉积在井口中。物理沉积通常基于元素硫本身性质发生变化导致颗粒硫析出造成堵塞，随着气藏不断开采气体本身的温度和压力在逐渐降低，元素硫在气体中的溶解度也随之降低，当溶解度降低到气体中原来溶解的元素硫初始含量时，颗粒硫就会在井筒中析出。

2）硫沉积影响因素

影响元素硫沉积的因素主要是元素硫的溶解度与地层温度、压力以及所溶气体的组成。

（1）温度影响。当压力小于30MPa时，元素硫溶解度会随着温度的升高而降低；当压力大于30MPa时，元素硫溶解度会随着温度升高而升高，硫沉积的风险也会随之降低。

（2）压力影响。通常情况下，压力升高，硫溶解度也会增大。当井底温度恒定时，元素硫的溶解度会随着压力不断降低而降低，出现硫沉积现象的风险也就越高。因此判断地层温度和压力对硫溶解度的影响时，需将二者结合起来讨论。

（3）气体组成的影响。在温度压力一定时，气体的密度越大，相应的硫溶解度也越大，析出颗粒硫的可能性随之降低，即使是析出了颗粒硫，颗粒硫沉积的位置也会相对较高。气体组分中 H_2S 含量越高，硫的溶解度越大。气体组分中的弱酸性气体 H_2S 和 CO_2 的含量一定时，若烃类物质分子式中的碳原子数越多，则硫在该组气体中的溶解度越大，尤其是存在重质组分的气体，这种趋势更加明显。

3）地面硫沉积防治工艺

普光气田地面硫沉积分布较广，井口笼套式节流阀、二三级节流阀、加热炉、分离器、火炬分液罐等设备内部均出现硫沉积堵塞现象。地面流程硫沉积堵塞发展过程为地面流程内单质硫由分散到集聚，不断吸附堆积到管壁上，由内向外逐层固结变厚，整个过程可分为单颗粒聚集吸附阶段与沉积固结增厚阶段。根据不同堵塞位置，分别制定出复合解堵剂循环清洗、节流参数优化和空穴射流清洗解堵三种治理措施，有效解除地面硫沉积堵塞，其适用条件见表4－16。

表4－16 地面硫沉积防治技术适用条件

技术	复合解堵剂循环清洗	节流参数优化	空穴射流清洗解堵
适用条件	地面流程堵塞严重，关井反吹无效，气量下降明显	气井压力低，无须三级节流，降低节流级数	井场与下游站场站间管道压差大于4MPa，减小站间管道压差

(1)复合解堵剂循环清洗。

采用地面流程高效复合自发热解堵剂体系，地面溶硫剂无气味、不可燃、低腐蚀，针对复杂沉积物溶解率较DMDS(二甲基二硫)溶硫剂提高了2倍以上。饱和溶硫量超过70g/100mL，在加注过程中利用系统循环自加热(图4－32)，溶垢速率33g/(100mL·0.2h)，地面流程堵塞物溶解率达90%以上。该技术适用于地面流程堵塞严重、关井反吹无效、气量下降明显的气井，是气井现阶段地面流程硫沉积的主要解堵手段。

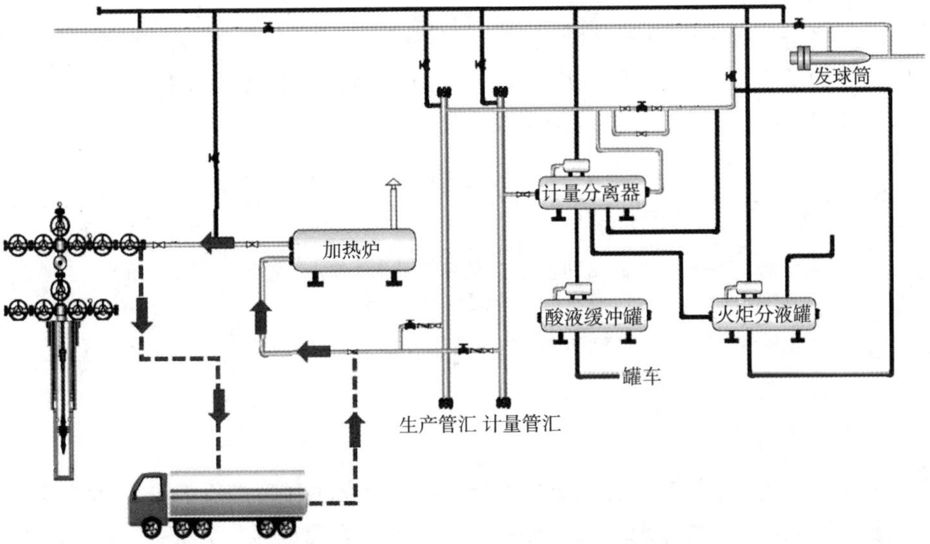

图4－32 井口至三级节流管汇清洗工艺流程

(2)节流参数优化。

普光采气井口采用笼套式节流阀节流降压调产，节流阀位置堵塞严重，堵塞频率高，节流阀阀芯布孔结构及节流级数由“8mm＋6mm＋6mm”优化为“16mm＋8mm＋6mm”(图4－33)，节流阀C_v值(单位压差流体通过能力)由12上升至24；三级节流优化为一级节流，气流通道增加506%，减小堵塞频率。该技术适用于压力低，无须三级节流的气井。

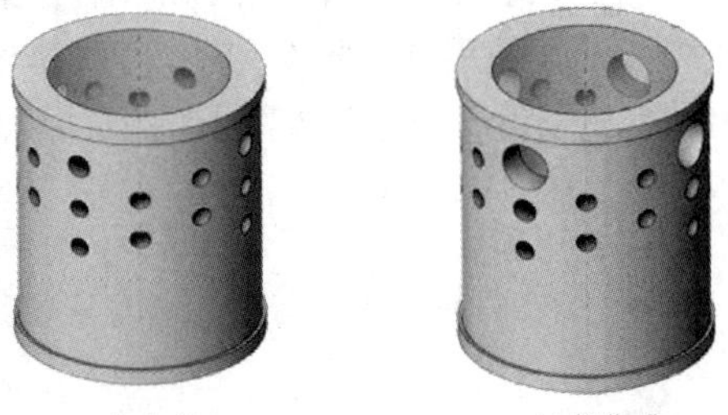

(a)优化前　(b)优化后

图4－33 节流阀阀芯优化示意图

(3)空穴射流清洗解堵。

针对不具备清管条件的集输支线小管道，采用专用空穴射流清洗器，利用高压液体通过双层叠加叶片产生“空穴效应”，产生的强力微震波和高压水切力对管壁进行清理，实现了支线的高效清管除硫，有效期约2个月，平均管道压差降低1.8MPa。

表4-17 不同管道射流球规格和最优清洗排量

射流球规格/mm	Φ50	Φ65	Φ89	Φ114	Φ159	Φ219
	DN40	DN50	DN65	DN100	DN150	DN200
清洗排量/(m^3/h)	≥6.5	≥11	≥16	≥28	≥60	≥105

4)井筒硫沉积防治

单质硫在油管内析出、附着于管壁，造成管壁粗糙度增加，继续与悬浮硫聚团碰撞吸附，聚集在一起，不断向井筒延伸，造成井筒硫沉积堵塞。按照不同的堵塞程度将井筒硫沉积过程分为三个阶段，迭代井筒溶硫剂体系，形成了井筒化学溶硫、机械刮硫、连续油管水力喷射除硫等硫沉积治理技术，分别适用于一般堵塞气井，硫堵较重、产量略有降低、井内存在一定通道气井，以及特别严重堵塞气井，有效解除了井筒硫沉积堵塞。

(1)堵塞程度划分。

建立井筒堵塞状况敏感因素分析模型，将井筒硫沉积过程分为吸附阶段、沉积阶段和堵塞阶段，明确了单井井筒硫沉积过程中不同阶段对应的生产参数指标，有效指导井筒硫沉积治理。硫堵塞阶段及过程表见表4-18。

表4-18 硫堵塞阶段及过程表

阶段	吸附阶段	沉积阶段	堵塞阶段
堵塞现象	气量、油压、油温无明显变化	气量有所下降，油压、油温轻微波动	油压、油温下降明显，气量波动下降
主控因素	单质硫吸附引起管壁粗糙度增加，摩阻增加	摩阻+井筒节流	井筒节流

(2)井筒化学溶硫。

井筒化学溶硫是采用泵车通过地面多功能辅助流程泵注井筒溶硫剂进行井筒硫沉积解堵的工艺方法。普光高含硫气井采用永久式一体化管柱，常规胺类溶硫剂对完井工具、封隔器胶筒及密封件腐蚀性较大，无法使用，为此迭代形成了四代井筒溶硫剂体系，各项指标优于国内外产品。优化形成了“小排量泵注、焖井、热水/酸气顶替、大压差放喷、分段浸泡”的解堵工艺，实现了井筒高效溶硫解堵。单次溶硫参数如下：泵注排量为200L/min、溶硫剂体积3~5m^3，采用邻井酸气或热水顶替增加处理深度，焖井时间30~100min，放喷压差≥8MPa。施工设备及流程见图4-34。井筒溶硫剂性能指标见表4-19。

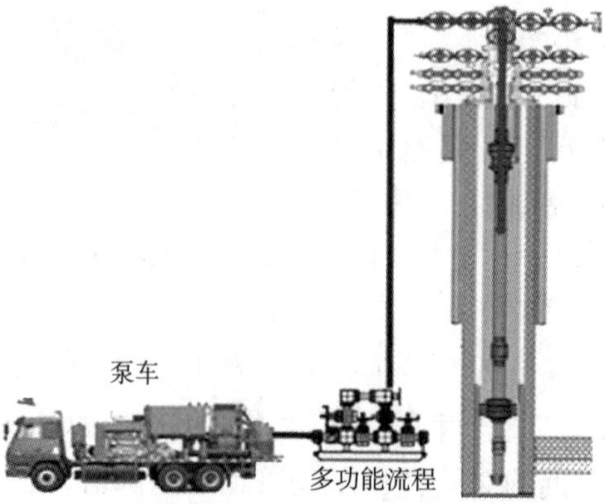

图4-34 施工设备及流程

表 4－19　井筒溶硫剂性能指标

检测项目	性能指标	行业指标	结论
密度/(g/cm^3)	1.15～1.35	1.30±0.05	优于
pH 值	>9	>9	基本一致
溶硫量(60℃)/(g/100mL)	>45	>35	优于
对氟橡胶饱和伤害率(90℃，1h)/%	<2	<10	优于
腐蚀速率(TP110SS，90℃，7d)/(mm/a)	<0.076	<0.076	基本一致
闪点/℃	无闪点	158	优于
凝固点/℃	－20	－15	优于
与产出液、缓蚀剂配伍性	良好	良好	基本一致

(3)机械刮硫。

井筒机械刮硫是采用钢丝作业输送机械除硫工具，利用除硫工具串重量和钢丝拉力，实现向上或向下对油管内壁附着硫沉积的刮削，使硫与油管内壁剥离、脱落。针对普光开发井井眼尺寸及硫沉积特征，主要采用两种机械刮硫器。

①铣齿刮硫器。该工具刮削头部分为中空设计，侧面开口，刮下的硫黄从开口处被带走，防止生产状态下施工时的气顶风险。刮刀为锯齿形，减少接触面，降低下刮阻力，同时刮刀可旋转卸掉扭矩力。刮刀外壁开有刮削槽，井内流体能在槽内通过，避免工具堵塞井筒，同时槽的边角也有刮削作用。底部加装导向头，利于仪器下放和扶正。上沿采用倒角处理，防止上提遇卡。刮硫器长度 389～489mm，外径 35～65mm，外径级差 3mm。铣齿刮硫器结构见图 4－35。

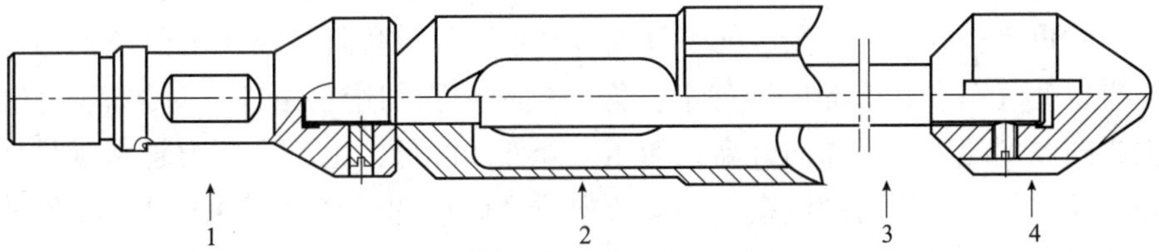

图 4－35　铣齿刮硫器结构示意图

1—连接头；2—刮削头；3—连接杆；4—导向头

②组合式刮硫器。组合式刮硫器为多级防卡机械刮硫器(图 4－36)，多组刮刀通过刮刀支架同轴安置在中心轴上并沿其滑动震击切削除硫，刀片从下至上直径逐渐变大，刮削范围 35～65mm，实现分层刮削除硫，如遇阻可上提工具实现刀片从下至上依次震击解卡，降低了遇卡风险。该刮硫器可在开井状态下使用，对生产影响小。

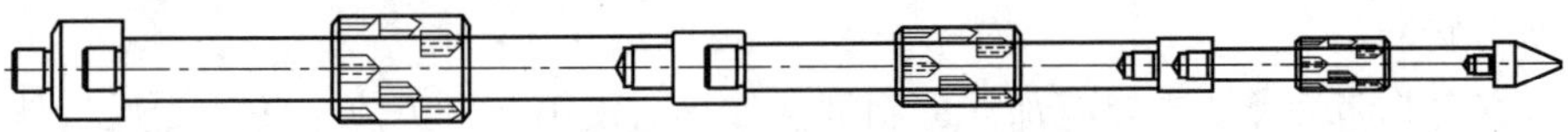

图 4－36　组合式刮硫器示意图

(4)水力喷射除硫。水力喷射除硫是采用连续油管输送喷射工具对井筒硫沉积开展喷射解堵工艺，整体分打通生产通道、清理油管壁两步(图 4－37)。喷射除硫工具有五眼喷头、五眼旋转喷头、旋转水力喷枪等。利用高压水射流，可以实现油管内壁 360°高效清理，0.2m^3/min 排量时，喷嘴液体流速 100.2m/s，对油管内壁沉积垢形成高速冲击，达到清除脱落的目的，彻底清除井筒内壁深部位硫沉积。该技术主要针对单质硫固结在油管内壁造成严重堵塞，影响生产通道甚至丧失通道的气井，具有清理彻底、有效期长的优点，但工序复杂、关井时间较长、成本高。

(a)打通生产通道　　(b)清理油管壁

图 4-37　连续油管水力喷射除硫示意图

4.5.2　水合物防治

天然气水合物是指在一定温度和压力下，碳氢化合物、CO_2、H_2S 或其他小分子气体与水相互作用形成的笼型晶体化合物，它的外观与冰相似。普光气田在生产过程中易在井筒、井口、场站和集输管线及阀门仪表等节流部位形成水合物，天然气中的 H_2S 也会促使水合物的生成。一旦生成水合物，轻则减小气体流通截面，增加流动摩阻；重则堵塞管道和设备，迫使停产，严重制约高含硫气井的开发。

1）天然气水合物的形成条件

水是生成水合物的必要条件，如果天然气中没有水，则不会形成水合物。低温高压是形成水合物的重要条件，环境温度的下降以及井口节流的焦耳-汤姆逊效应而引起的温度下降，同时也使气态水凝析形成液态水，为生成水合物创造了条件。对组成相同的气体，水合物生成的温度随压力升高而升高，随压力降低而降低，也就是压力越高越易生成水合物。另外，高速气流、压力的波动、气体流向改变时引起的搅动，H_2S 和 CO_2 等酸性气体的存在以及微小水化晶核的诱导等都可加速水合物的生成。

特定的物理位置，如弯头、孔板、阀门、粗糙管壁及局部阻力较大的地方都能加速水合物的生成。若天然气中含有 H_2S 和 CO_2，在相同压力下，会提高水合物的生成温度；在相同温度下，会降低水合物的生成压力。也就是说，含 H_2S 和 CO_2 的天然气更易生成水合物。一般来说，对同一密度的天然气，压力升高，生成水合物的温度升高；压力相同时，天然气密度越大，生成水合物的温度也就越高；温度相同时，天然气相对密度越大，生成水合物的压力就越低。

2）水合物防治

通常水合物防治方法主要有加注抑制剂、加热、使用井下节流、注入干燥气体等，考虑到气藏高含 H_2S，作业危险性很大，普光气田一般采用加注抑制剂法和加热法。

(1)加注抑制剂法。

抑制剂分为热力学抑制剂和低剂量抑制剂。普光气田采用的是热力学抑制剂，抑制机理主要是通过降低水的活度，改变水合物的相平衡温度压力条件，减小水合物稳定存在区域，使水合物在更低温度或者更高压力条件下才能生成。

在投产开井初期因井口初始温度较低，在通过井口笼套式节流阀一级节流和地面集输流程的二、三级节流后，容易在节流后生成水合物；开采后期产量降低到一定程度时，井口温度低于水合物生成温度，在井筒上部和井口易生成水合物，因此需要在开井初期和生产后期进行水合物防治。目前普光气田选用甲醇、乙二醇作为普光高含 H_2S 气井的水合物抑制剂。在开井初期加注抑制剂，气井正常生产时停止加注。根据不同的注醇需要，采用移动式注醇装置和固定式注醇装置，同时合理优化了抑制剂加注量。

(2)加热法。

加热法原理是提供一定热量来提高流体温度，当体系温度高于水合物相平衡温度时，可以完全防止水合物生成。如果节流压降不变，提高节流前天然气的温度也等于提高了节流后天然气的温度。如果将节流后的天然气温度提高到高于水合物的生成温度，则可以预防节流后水合物的生成。通过普光气田地面加热流程使一级节流后温度为70℃，二级节流后温度在50～55℃，均高于水合物的生成温度。

4.6 高含硫气井水治理工艺

普光气田为带边底水的常压－高压碳酸盐岩孔隙型气藏，非均质性强，具有多套气水系统。随着气田开发，地层压力逐渐降低、边底水侵入持续加剧，主体边部气井全部受到水侵影响。生产过程中地层水随天然气进入井筒，易造成井筒积液，严重时甚至造成气井水淹停产。水侵已成为制约普光气田稳产、降低气田开发效益的主要因素之一。水治理技术是延长气井自喷期、提高气田采收率的重要技术手段，普光气田经过多年的生产实践形成了连续油管氮举诱喷复产、连续气举排液采气、过油管机械堵水三项产水气井治理技术。

4.6.1 连续油管氮举诱喷复产技术

连续油管氮举诱喷复产技术是采用连续油管携带排液喷头下入井内逐级加深，并通过在连续油管内泵注 N_2(图4－38)，利用液氮膨胀成气体后降低井筒流体密度，排出井筒积液的诱喷复产工艺。普光高含硫气井井深、产液量大，诱喷复产难度大。经过多年的攻关研制出了涡流型排液喷头，形成了连续油管气举诱喷复产技术。

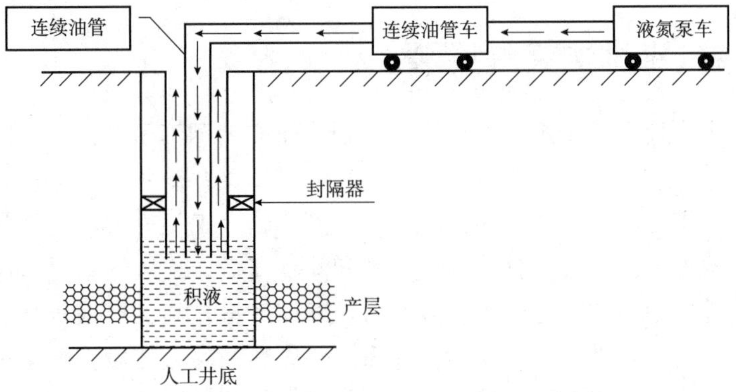

图4－38 连续油管氮举排液工艺流程示意图

1)涡流型排液喷头

涡流型排液喷头基于涡流排液及气体自膨胀携液原理，优化结构参数，形成3螺旋导流槽、3孔4mm喷嘴、最大外径60mm喷头结构，在外筒内壁设置有四条45°螺旋状的导流槽，并且出气孔喷嘴也保持45°和导流槽相切，使原有的紊流流态变为螺旋状向上涡旋流态，有效降低了油管的流动摩阻与滑脱损失。涡流型排液喷头见图4-39，其参数见表4-20。

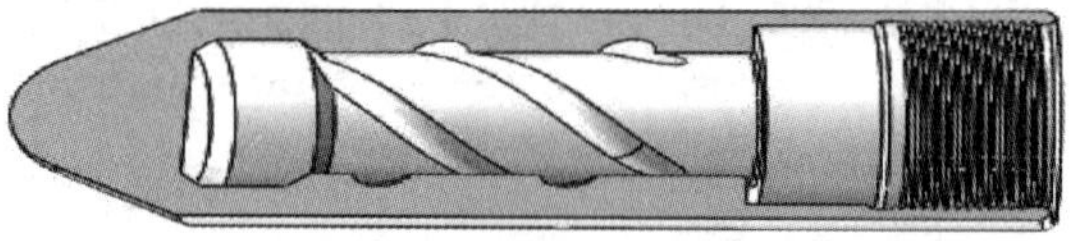

图4-39 涡流型排液喷头示意图

表4-20 涡流型排液喷头参数表

名称	参数
上接头长度/mm	320
外筒长度/mm	330
最大外径/mm	60
最小内径/mm	38
导流槽/mm	4×Φ3
喷嘴/mm	4×Φ3

按日注气量$2\times10^4m^3$、注气压力34MPa计算，喷头注入N_2入口速度为300m/s，喷头最大有效作用距离为1500m，可大幅提高气举排液效率。

2)连续油管气举诱喷复产技术

针对连续油管不同位置的管流特点，分段建立连续油管直管段和螺旋段的注氮压降模型。模拟了不同管径、排量、下深下连续油管注N_2对摩阻的影响，结合生产实际及临界携液量，优选1.75in连续油管。

通过模拟不同排液量下液氮气举过程中的压力损失，推荐出口排液速度控制在≤$3m^3$/min。排液量增大，总压降、螺旋段压降和直管段压降都增大；当排液量由$3m^3$/min增加到$9m^3$/min时，总压降由2.8MPa增加至15.2MPa，压力损失较大，在满足正常携液的情况下，排液量要控制在$3m^3$/min以内。

4.6.2 连续气举排液采气技术

气举排液是指当地层能量不能将液体举升到地面或满足不了产量要求时，人为地把高压气体(天然气、N_2、CO_2)注入井内，与油层产生流体在井筒中的混合，利用气体的膨胀使井筒中的混合液密度降低，并利用其能量举升液体的人工举升方法。气举方式包括油管正举和环空反举两种方式，气举分为连续气举和间歇气举。连续气举是将高压气体连续地注入井内，排出井筒中液体；适应于供液能力较好、产量较高的产液气井。间歇气举是向井筒周期性地注入气体，推动停注期间在井筒内聚集的油层流体段塞升至地面，从而排出井中液体；主要用于油层供给能力差、产量低的产液气井。

普光高含硫气井井深、产液量大、外输压力高，气举排液难度大。因此普光气田采用站场燃料气作为气源，电动往复式压缩机作为动力源，新井预置气举阀工作筒、老井油管开孔建立气举通道，形成了高含硫气井气举排液工艺技术，气举排液现场实施情况见图4－40。

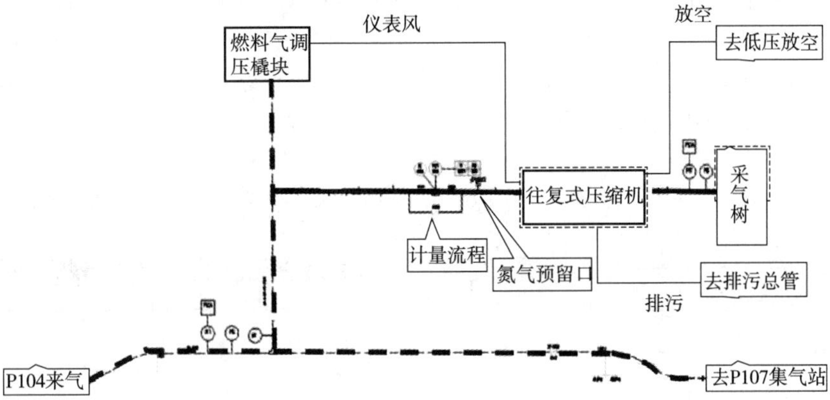

图4－40　气举排液现场实施情况图

1)气举压缩机

目前常用于天然气增压的压缩机为往复式压缩机、螺杆式压缩机和离心式压缩机。往复压缩机适用压力范围广，尤其以高压最为优越，适应性较强，排气量范围较广，在小排气量下亦能保持较高效率，而且排气量受排气压力波动的影响较小。螺杆压缩机主要用于高压比、中小气量、中低压力场合，适用于尘、湿、脏的气体。进气流量为180～3000m³/h，喷油螺杆式压缩机单级压比可达10。离心压缩机单级压比小、气量大，常用于进气流量大且波动范围小、功率较大、压比变化幅度小的场合。

普光选用往复式压缩机作为注气压缩机，基础参数见表4－21。

表4－21　压缩机技术参数表

名称	参数
压缩机进气压力/MPa(表压)	2.9～3.5
压缩机进气温度/℃	20
压缩机排气压力/MPa(表压)	25
出口温度/℃	≤环境温度+15
转速/(r/min)	980
压缩级数	3
一级气缸数量/直径/mm	2/105
二级气缸数量/直径/mm	1/90
三级气缸数量/直径/mm	1/80
气缸冷却方式	水冷
行程/mm	105
机组排量范围/($10^4Nm^3/d$)	4～10

2)高抗硫气举阀

普光高含硫气井腐蚀环境恶劣，普通材质气举阀无法满足要求，为此研制出了高抗硫气举阀及工作筒，并形成了气举生产一体化完井管柱，为后续气井产液后气举排液创造了井筒条件。

(1)高压抗硫投捞式气举阀。高压抗硫投捞式气举阀采用三层U形波纹管，材质为镍基合金，满足高压要求；密封胶筒采用抗硫材料(AFLAS)，V形结构，阀体外双向分布；打捞头为锥形，镍基合金材质，抗腐蚀、易打捞；工作筒采用718材质。投捞式气举阀结构见图4-41。气举阀及配套工作筒具体参数见表4-22。

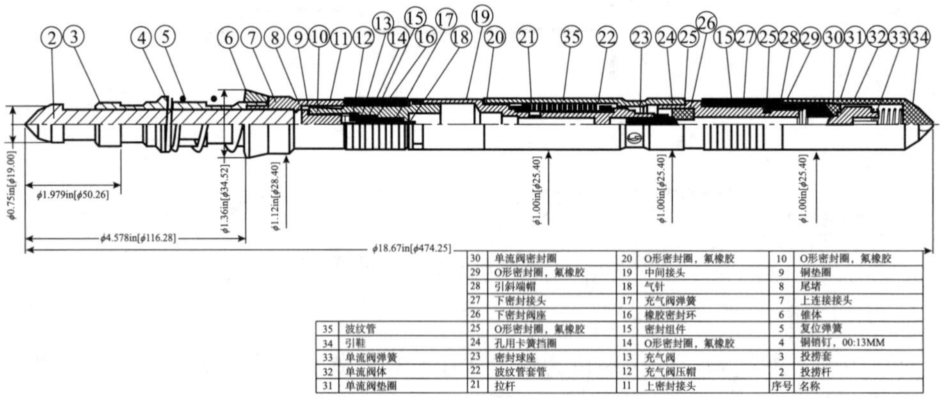

图4-41 投捞式气举阀结构示意图

表4-22 工具性能参数

投捞式气举阀		偏心工作筒	
总长/mm	693	总长/mm	2160
气举阀最大钢体外径/mm	25.4	最大外径/mm	139.7
充气压力/MPa	35	连接螺纹	VAM TOP
耐压/MPa	70	耐压/MPa	70
耐温/℃	150	耐温/℃	150
适应工作筒	偏心式工作筒		
适应环境/%	H_2S 含量≤16 CO_2 含量≤10	适应环境/%	H_2S 含量≤16 CO_2 含量≤10
材料	MONEL	材料	718

(2)气举生产一体化完井管柱。根据地质预测后期产水的新井，采用气举生产一体化完井管柱(图4-42)，完井管柱预置气举阀工作筒，后期若出水需要排液采气时，采用钢丝作业方式投入气举阀，开展气举排液采气。因气举阀具有单流阀功能，该技术在气举过程中不会破坏井筒完整性。

4.6.3 过油管机械堵水技术

机械堵水是产水气井降低产液量、恢复气井产能最有效的技术之一，普光高含硫气井采用永久式一体化完井管柱，动管柱作业堵水难度大、费用高，采用过油管膨胀桥塞和连

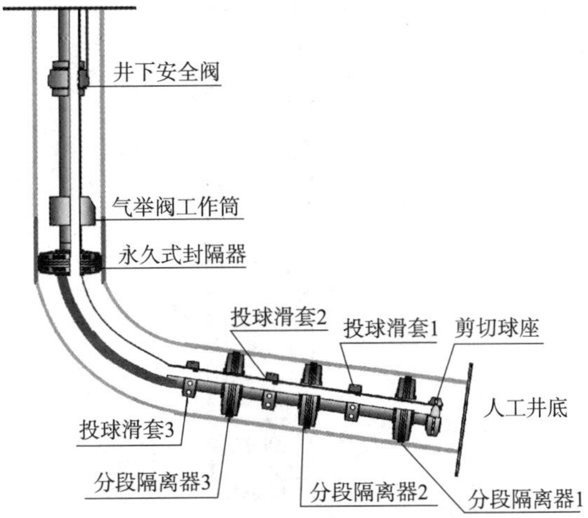

图4-42 气举生产一体化完井管柱示意图

续油管过油管堵水工艺，实现了井筒长效堵水。

1)过油管膨胀桥塞

过油管膨胀桥塞采用高膨胀率抗硫橡胶材料，具有防误坐封、过压保护功能，最大外径62mm、膨胀率305%、耐温130℃、7in套管内承压18MPa，结构见图4-43。其技术特点是：

(1)采用内腔充填扩张结构，实现过小直径封堵大直径管柱。

(2)为保证扩张后的耐压差效果，加长密封段，配套胶筒1.6m。

(3)配合接头，配套投送丢手工具。

图4-43 过油管扩张式桥塞结构示意图

2)防漏失自愈合水泥浆体系

采用低摩阻、高强度井筒封堵用自愈合水泥浆体系，自愈合率≥95%，实现井筒长期高效密封。自愈合水泥配方为G级水泥+丁苯胶乳+消泡剂+硅粉+分散剂+缓凝剂+耐蚀低黏添加剂+自愈合剂+金属微晶膨胀剂。其技术特点是：

(1)低黏：具有较好流变性，满足连续油管泵注要求。

(2)微膨胀性：具备微膨胀性，使堵剂固结体和套管壁胶结更加致密和紧密，防气窜能力更强。

(3)自愈合能力：常规水泥易受H_2S腐蚀，产生微裂缝，自愈合剂能修复水泥产生的微裂缝，从而阻断气体窜漏通道。

防漏失自愈合水泥浆技术指标：耐温130℃、塑性黏度≤50mPa·s、稠化时间3~7h、可调抗压强度≥80MPa、耐H_2S含量≥15%、耐矿化度10×10^4mg/L。

3)连续油管过油管堵水工艺

过油管“桥塞+堵剂”堵水工艺是先采用连续油管下入高膨胀比桥塞，穿过生产油管坐封在出水层顶部封堵水层和主要漏失层，避免堵剂漏失。之后采用连续油管在桥塞覆堵剂，井筒内形成实心塞，封堵井筒内出水通道。过油管“桥塞+堵剂”堵水工艺见图4-44。

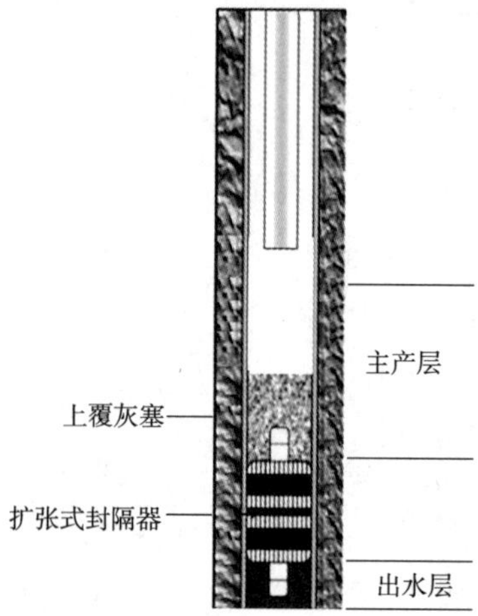

图 4-44　过油管"桥塞+堵剂"堵水工艺示意图

(1)桥塞坐封工艺。

①堵水管柱：1.75in 连续油管+双向碟阀+循环减压一体阀+投送工具+高扩张比桥塞。

②高扩张比桥塞：采用了高膨胀率抗硫橡胶材料，具有防误坐封、过压保护功能，最大外径 Φ62mm，总长 2.63m，材质 35CrMo。

③施工工序：压井-通井-下堵水管柱、校深-高扩张比桥塞坐封、丢手-上提、连续油管下探，确认桥塞坐封情况。

(2)多级覆灰工艺。

①多级覆灰管柱：1.75in 抗硫连续油管+转换接头+单流阀+液压丢手+注塞喷头，提高注塞效果，优选注塞排量>200L/min、拖动速度控制 11m/min，保障水泥塞面平稳推进。

②多级覆灰水泥浆：采用流变性好，抗 CO_2、H_2S 腐蚀，具有一定堵漏功能的防气窜胶乳水泥浆体系。配方：G3 固井水泥+减阻剂+防气窜剂+抗硫剂+堵漏材料+其他添加剂。

③注塞方式：采用 1.75in 抗硫连续油管"拖动注塞"工艺。采用连续油管注塞，先打底塞，再覆灰，确保塞面位置；在水泥塞面以上加盖树脂垫层，减少酸液对水泥塞的侵蚀，提高井筒封堵效果。

4.7　高含硫气井产剖完善技术

普光气田开发以来，部分气井存在井筒及射孔孔眼堵塞、产出剖面不完善，严重影响气井高产稳产。根据气田井深、高含硫以及永久式完井管柱的特点，形成了过油管深穿透射孔+过油管旋转喷射解堵组合技术，有效解除了气井井筒及孔眼堵塞，完善了产出剖面。

4.7.1 过油管深穿透射孔技术

过油管深穿透射孔技术是采用电缆输送无枪身深穿透射孔器，利用射孔器自重及加重杆重量，下放通过油管至生产段套管内，对未产出层段或产出与物性不匹配层段进行补孔或重炮，改善井眼附近流通通道。

1)过油管无枪身深穿透射孔系统

优选配套高抗硫的“固弹架 + 射孔弹 + 弹间吸能材料 + 安全雷管 + 导爆索”，构成了适用于普光高含硫气井的过油管无枪身深穿透射孔系统(图4－45)。

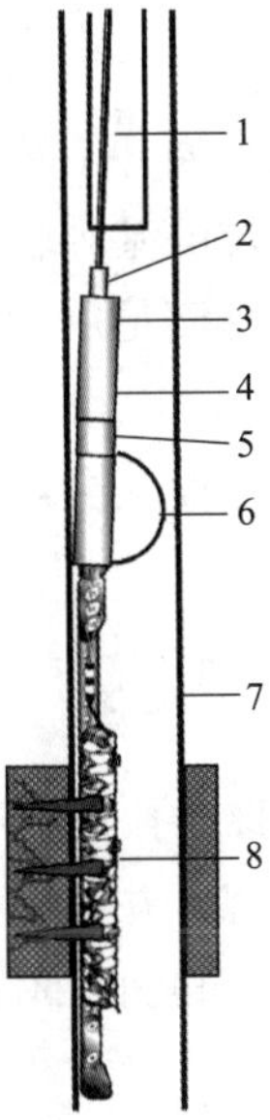

图4－45　电缆输送无枪身射孔管串结构

1—Φ8mm 抗硫电缆；2—旋转马龙头；3—四参数仪器；4—点火保护模块；
5—减震器；6—偏靠器；7—7in 套管(内径152.5mm)；8—无枪身射孔器(外径63mm)

(1)固弹系统。固弹系统包括固弹架、吸能部件、雷管固定支架及加强枪板等。固弹架采用轻量化框架结构和模块化设计，最大程度优化了弹架中无用管体部分，减少了射孔弹爆炸后残留物产生；预留导爆索走位槽，方便导爆索装配。采用钟摆45°相位，从多方向沟通地层，孔密最高可达到16孔/m；同时通过填充特殊的高能吸收材料大幅降低爆轰冲击波造成的弹间干扰，提高射孔性能。

(2)射孔弹。射孔弹壳体内腔采用带有反射槽的阶梯变径组合和双锥圆滑过渡结构，增大了入射角度，有效提高了射流头部速度。

(3)过油管无枪身射孔系统性能参数见表4－23。

表4－23　过油管无枪身射孔系统性能参数表

名称	参数
外径/mm	63.5
耐温/℃	180

续表

名称	参数
耐压/psi	15000
孔密度/(孔/m)	16
相位/(°)	钟摆45
枪长/m	3
API 19B 穿深/mm	929.64
API 19B 孔眼/mm	9.91

2)作业工艺技术

过油管深穿透射孔工艺主要包括模拟通井工艺和下入射孔枪工艺。其中，模拟通井工艺是保证无枪身射孔枪安全顺利下入到位的基础，主要利用电缆下入等直径、等长度的模拟射孔器至目的井深，确保井筒状况能够满足后续射孔枪顺利下入要求。

3)工艺要求

综合考虑防卡、防腐、作业深度、作业安全等因素，过油管深穿透射孔工艺需采用抗硫电缆，抗拉安全系数≥1.25。

(1)模拟通井工具外径、长度与射孔器相同；电缆与工具串接头及各类工具间连接位置有斜坡过渡带，防止阻卡。

(2)严格控制电缆起下速度，无枪身射孔器上提、下放速度不大于1800m/h，同时用地面仪器监视下井仪器的运行和工作状态，并随时注入密封脂润滑电缆平衡压力；过复杂井段(如造斜点、完井工具、油管鞋等)时提前50m起下速度控制在300m/h以内，电缆起、下过程中严禁猛提猛放。

(3)电缆起下过程中屏蔽井口、井下安全阀，防止安全阀意外关断剪断电缆造成工具串落井。

(4)为防止水合物冰堵，采用乙二醇对防喷管内缓慢打压至井口压力，确保测试阀上、下压力平衡。

4.7.2 过油管旋转喷射解堵技术

普光气田采用永久式一体化完井管柱，动管柱作业难度大。过油管旋转喷射解堵技术是指在不动管柱的情况下，采用连续油管输送高抗硫耐酸旋转水力喷枪，配套复合解堵剂、解堵酸、清水等不同药剂开展井筒及炮眼冲洗解堵工艺。

1)抗硫旋转水力喷枪

常规喷头存在冲刷力较低、冲洗范围固定等缺点，因此研制了高抗硫耐酸旋转水力喷枪，性能参数见表4-24。高抗硫耐酸旋转水力喷枪均匀布置了4个不同倾角的喷嘴，利用射流产生的旋转力矩使喷枪上的回转接头高速旋转，带动喷嘴旋转利用高压水射流，可以实现油管内壁360°高效清理。当排量为0.2m^3/min时，喷嘴液体流速可达到100.2m/s。

表4-24　旋转水力喷枪性能参数

名称	参数
最大外径/mm	60
耐温/℃	150
工作排量/(m^3/min)	0.25~0.55
工作压差/MPa	≤20
喷枪总长/mm	370
转速/(r/min)	300~360
材质	718

(1)旋转水力喷枪原理。旋转水力喷枪结构见图4-46，主要由上端设有管螺纹的中心管、回转套、限速器和连接头组成，中心管的下端与连接头螺纹密封连接，回转套和限速器套装在中心管上；喷嘴设置在回转套上，包括径向布置的直喷喷嘴和设有倾角的动力喷嘴。工作时，中心管和回转套之间采用径向非接触式密封，漏失量极小，所以井口泵送的液体主要从直喷喷嘴和动力喷嘴处流出，作用在动力喷嘴上的液流形成旋转扭矩促使回转套旋转，通过直喷喷嘴的液流形成较大射流冲洗力清洗管壁和地层炮眼。限速器的壳体上设有限速叶片，使回转套保持一定的旋转速度。

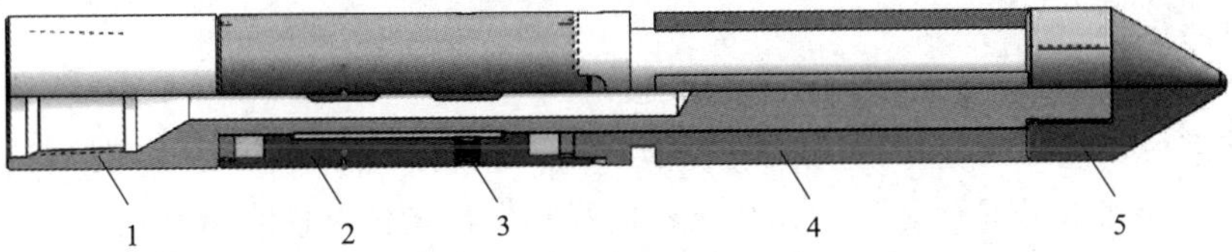

图4-46　旋转水力喷枪结构示意图

1—上接头；2—回转套；3—喷嘴；4—限速器；5—连接头

(2)主要参数。普光气田选用1.75in连续油管，最大施工排量为0.35m^3/min。根据施工排量优化旋转水力喷枪的喷嘴参数，最佳参数为2×Φ2.5mm×40°动力喷嘴和2×Φ4mm直喷喷嘴，喷射速度≥110m/s。

2)解堵液体体系

针对以$CaCO_3$等无机物为主的堵塞情况，采用以盐酸为主的解堵酸进行冲洗、浸泡，达到解堵。基于酸蚀反应原理，相同温度下，盐酸浓度增大，垢样溶解率升高。

针对“无机+有机”复合垢，采用“溶解无机垢+渗透分散有机垢”功能一体化复合解堵剂，该剂溶解碳酸钙≥200g/L，溶解分散有机烃≥50g/L，达到解除井筒复杂垢物堵塞的目的。

3)解堵工艺

一般采用两趟冲洗工艺。第一趟主要目的是打通道，采用带向下和斜向冲洗功能的五眼喷头冲洗解堵至井底；第二趟主要目的是清理井壁，采用旋转喷枪对重点投产层段进行喷射酸化，清理炮眼、提高清洗效果。

4)连续油管选择

综合考虑普光高含硫气井井况、防卡、防腐、作业深度、作业安全等因素，普遍采用

1.5in/1.75in 抗硫连续油管，连续油管长度应大于作业深度；同时为确保连续油管在高含硫气井的作业安全，开展了连续油管室内腐蚀实验评价。采用 API 5ST 标准要求的 CT80 及以上强度级别且抗硫性能满足 NACE MR0175/ISO 15156 标准规定的连续油管，可以满足高含硫气井作业需要。普光气田常用连续油管有 110、CT90 和 TS90 三种材质。

5)注意事项

(1)连续油管在直井段上提速度不大于 20m/min，下放速度不大于 15m/min；复杂井段(如完井工具、造斜点、水平段及前期遇阻位置等)控制上提下放速度在 5m/min 以内。

(2)旋转喷枪对重点投产井段开展喷射酸化时，控制连续油管拖动速度，加强喷射酸化效果。

4.8 高含硫气井生产管理

4.8.1 气井投产

气井投产是天然气生产中一项极为重要的工作，特别是高压、大产量气井投产，环节多、涉及面广、存在许多不安全因素，投产时必须做好以下工作。

1)气井投产准备

(1)做好站场及集输管线试压和资料交接。

按要求进行吹扫试压，吹扫(清管)、强度试压和气密封性试压按规定执行；做好资料交接，包括设计和施工资料、锅炉和受压容器资料、计量仪器仪表资料等。

(2)检查、保养设备及仪表。对设备、仪表检查、保养，重点对井口装置、阀件清洗，加润滑油、加盘根，使其开关灵活；调准各级安全阀开启压力。对压力表、流量计进行调校；并对整个流程全面检查，确保各个仪表、设备正常运行。

(3)编制投产方案。气井投产前，必须做好防憋压、防火防爆、防水合物及防中毒等工作，编制投产方案和 HSE 安全预案。

2)开井投产

(1)除采气树生产闸阀、井口节流调节阀处于关闭状态外，打开二、三级节流阀和气流通路上的所有阀门，确保设备完好，气路畅通，各级安全阀处于正常投运状态。各级压力表量程合适，表阀处于开启状态；差压计上下游阀处于关闭状态，平衡阀处于开启状态。

(2)开井前加热炉要按操作规程先点火升温，再根据需要加注水合物抑制剂、缓蚀剂。

(3)按操作规程开井，并按要求录取油、套压。

4.8.2 气井生产管理

1)站场运行管理

(1)每 4h 对气井及设备进行巡回检查，巡回检查内容包括井口、管线、仪器仪表、各橇块等设备运行状态、生产参数等，并按规章制度规范填写各类资料、台账。

(2)每天应对气井、管道和设备等主要动静密封点进行验漏，对异常情况及时处理、汇报。

(3)将计量分离器液位控制在30%～70%，及时进行排液并计算气井产液量。

(4)加热炉水浴温度控制在60～80℃，加热炉出口天然气温度控制在30～50℃，根据加热炉出口天然气温度及时调整加热炉进气量，保持天然气出口温度稳定。

(5)新井投产时应连续加注乙二醇防止生成水合物，高含硫气井井口和外输流程应连续加注缓蚀剂，并根据气井产量合理控制药剂排量。

2)气井运行管理

(1)严格根据气井配产方案生产，不得随意变更气井工作制度。每4h录取气井的压力、温度、产量数据，压力数据包括井口油压、套压、技套压力、表套压力，温度数据包括气井井口温度、各级节流温度，产量数据包括生产时间、产气量、产水量。气井的气、水产量要以单井计量为基础连续计量，单井集气站应连续走计量分离器计量，多井集气站应根据井数轮换计量，确保每天轮换计量一口井。

(2)新投产气井应对在投产后的1个月内取得稳定条件下的气样进行分析，第1年内每月取样分析1次，以后每季度取样分析1次，出现组分变化较大等特殊情况可加密。新投产气井1年内，每月取水样分析1次；以后每季度取水样分析1次；当气井产水量、液样离子浓度波动大时，应及时连续取样，取样间隔小于10d；对确定已产地层水的气井，每季度取水样分析1次。

(3)井口装置要定期维护保养。每周对采气树闸阀进行1次活动；每半年对井口装置闸板阀阀盖轴承进行维护保养，对采气树闸板进行1次注脂保养，对井口控制柜分别进行1次常规维保和周期巡查维护，对井下安全阀、地面安全阀开关活动1次；每年至少对井口装置和气井多功能生产辅助流程进行1次刷漆保养。

(4)产水井采取定气量生产制度，分析计算临界携液气量，确保气井产量在临界携液气量之上。每月对气井产出水取样分析，根据钙、镁、氯离子浓度及矿化度变化情况，分析地层出水情况。密切关注出水井生产参数变化，出现气量快速下降、产液量降低且低于气井临界携液气量时，通过火炬系统放空排液。放空排液时间不低于50min，待油压、气量稳定且无大量出液后，导入生产流程生产。若出水井产液量大，地面系统处理不及时时通过放喷池放喷排液。

(5)硫堵井根据堵塞程度和堵塞频率分为一般堵塞、中度堵塞和严重堵塞三类井进行管理。每天分析硫堵气井气量变化，根据产量变化趋势制定解堵措施。一般堵塞气井优先采用放空吹扫解堵，通过火炬系统放空解堵。中度堵塞气井开展井筒加注溶硫剂解堵，溶硫剂用量根据硫沉积深度、气井油压等参数计算确定。严重硫堵气井开展机械刮硫和井下取样措施，落实井筒通道情况，取样分析井筒堵塞物成分变化。

(6)环空带压井应每月开展井况分析，取气井产出水化验铁、锰离子含量，掌握产量、油压、油温、各级套管压力、产出液、套管流体性质等生产参数变化情况，分析判断井筒完整性；每旬对油套和技套环空进行取样，掌握环空流体性质，确保环空保护液性能合格、无漏失。根据地层压力、环空带压变化情况修订各级套管环空限压值，并设置超压报警，实现实时监控，当环空压力达到或超过限压值时及时泄压，保证井筒安全。环空带压井应减少开关井或调节产量频次，保持气井稳定生产。

思考与练习

1. 普光气田高含硫气井的完井方式及特点有哪些?
2. 不同投产方式各有什么优缺点?
3. 普光气田高含硫气井投产工艺的特点是什么?
4. 怎么防治气井井筒硫沉积和水合物堵塞?
5. 高含硫气井有哪些排水采气措施?

第5章　产出水回注

普光气田共建设有4座回注站，分别是普光3回注站、普光7侧回注站、普光11回注站和毛开1井回注站。普光气田产出水在经过处理合格后，通过管输及罐车拉运方式输送至上述回注站进行回注。产出水处理工艺技术见《天然气集输》第4章。本章主要介绍产出水回注井管柱结构、产出水回注流程、回注井站设备、回注操作和回注管理等方面的内容。

5.1　回注井管柱结构

普光气田存在边底水，生产过程中产水量大，为满足环保要求，选取部分老井作为回注井，将处理达标的产出水回注至地层。回注层位为雷口坡组、飞仙关组，层位均含 H_2S。为保证长期注水过程中管柱安全，回注井采用改造 – 注水一体化管柱，管柱结构为油管 + 反循环阀 + 封隔器 + 剪切球座(图5 – 1)，其中反循环阀用于后期检管作业循环压井，封隔器用于封隔油套环空，配套环空加注环空保护液避免套管腐蚀，剪切球座用于封隔器坐封。

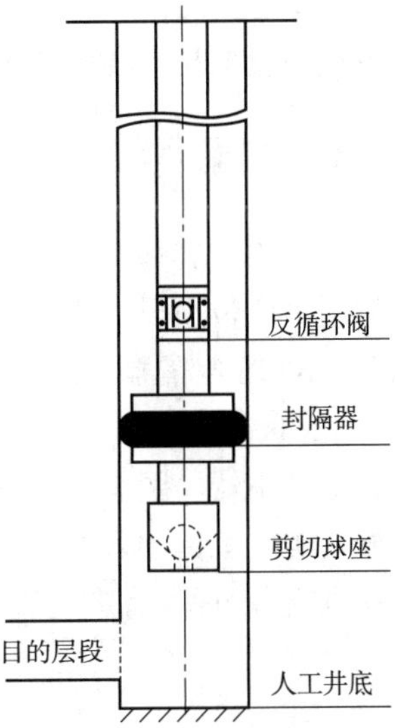

图5 – 1　回注井注水管柱示意图

5.1.1　油管

普光前期注水井采用BG90SS油管，检管中发现油管腐蚀严重，封隔器上部的油管较为明显，后期采用内防腐涂层的油管，且在封隔器上部采用耐微生物腐蚀油管，该油管为无缝油管、材料为低合金钢，钢级90ksi。在温度40℃、SRB浓度10000个/mL、Cl^-浓度为40000mg/L的环境下，耐微生物腐蚀油管均匀腐蚀速率低于腐蚀标准(0.076mm/a)，点蚀速率低于相同工况下普通抗硫油管点蚀速率的1/3。

5.1.2　反循环阀

在检管时，注水管柱存在封隔器解封失败的现象，导致封隔器以上无法建立油套连通循环通道，为了实现循环压井保证井控安全，在注水管柱中配备反循环阀，通过开启反循环阀建立循环通道。

反循环阀(图5-2)是一种反洗井时使用的井下工具，主要有上接头、内衬管、弹簧、缸筒、活塞、压帽、下接头和密封件等组成，一般安装于封隔器之上。需要打开建立通道时，从油套环空加压，高压液体推动反洗活塞上行，打开反洗井通道；当需要关闭通道时，正向打压，在弹簧力的作用下活塞下行，关闭反洗井通道。

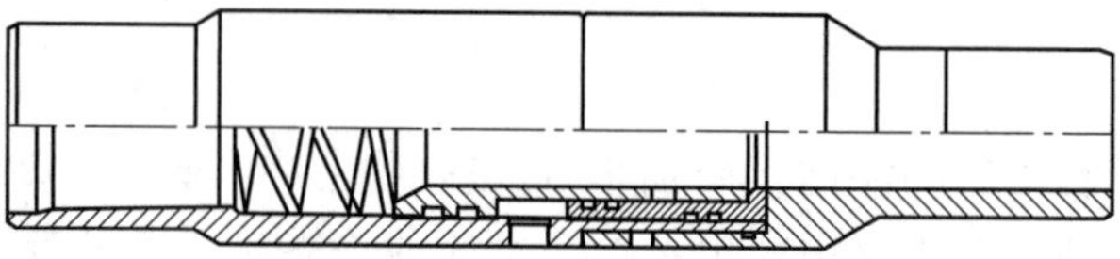

图5-2　反循环阀结构示意图

反循环阀主要参数：

(1)材料：35CrMo或同等材质。

(2)最大外径：≤140mm。

(3)最小内径：≥62mm。

(4)耐压等级：70MPa。

(5)耐温：≥100℃。

(6)扣型：EU。

备注：反向压差30~35MPa开启，正向打压关闭。

5.1.3　封隔器

在管柱中安装井下工具封隔器实现注水层位和上部套管分开并密封，封隔器坐封位置在目的注水层位顶界以上50~100m处，回注井常用的封隔器类型有Y241封隔器、K341封隔器、RTTS封隔器。

1)Y241封隔器

Y241封隔器(图5-3)采用压缩式密封胶筒，通过单向卡瓦固定、液压坐封、上提解封等方式实现工具的入井和起出。内锁紧机构提高了承压能力，采用单向卡瓦结构，对注水管柱具有扶正和锚定功能。该封隔器具有承压能力高、使用寿命长、密封效果好的特点。

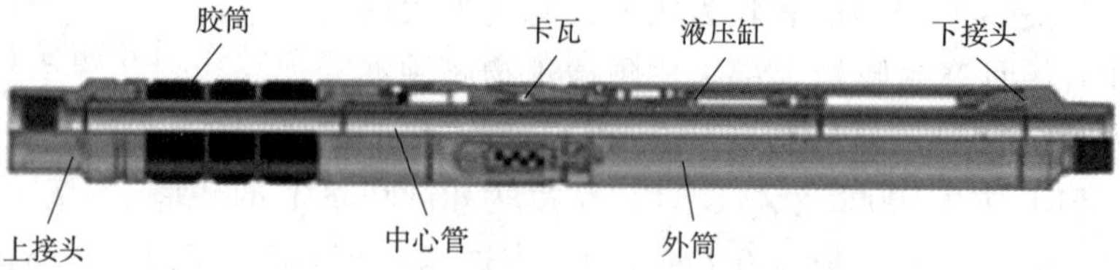

图5-3　Y241封隔器工具示意图

封隔器主要参数：

(1)工具总长：1174mm。

(2)外径：114mm。

(3)内径：50mm。

(4)工作温度：150℃。

(5)最大工作压力：70MPa。

(6)扶正体外径：114～134mm。

将管柱下至设计深度后，向油管内注入液体，当压力达到8～10MPa时，胀开卡瓦嵌入套管，坐封活塞压缩胶筒，使胶筒径向胀大。压力到10～18MPa时，封隔器完全坐封，锁紧机构锁紧，胶筒密封油套管环形空间，上提管柱实现封隔器解封。

2)K341封隔器

K341封隔器(图5－4)采用扩张式密封胶筒，通过管柱悬挂固定、液压坐封、上提解封实现工具后续起出。该封隔器结构简单，坐封、解封可靠，胶筒较长，密封可靠。

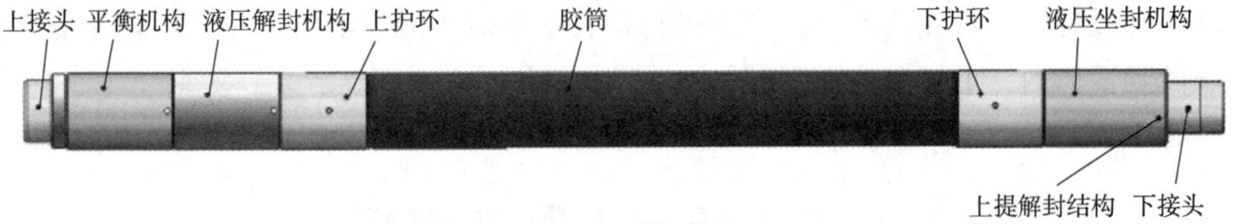

图5－4　K341封隔器工具示意图

将管柱下至设计深度后，向油管内注入液体，胶筒径向扩张密封套管，内部单流结构确保胶筒内压力在油管压力消失后无泄漏，防止胶筒回缩。但在加压、泄压反复操作次数较多时，密封失效概率较大。

K341封隔器主要参数：

(1)工具总长：(2780±30)mm。

(2)坐封压力：(24±1)MPa。

(3)最大外径：138mm。

(4)最大通径：57mm。

(5)工作温度：150℃。

(6)密封段长：1050mm。

(7)最大工作压力：60MPa。

(8)上提解封力：170kN。

(9)上提解封距离：136mm。

3)RTTS封隔器

RTTS封隔器(图5－5)是一种自带水力锚的机械坐封式卡瓦封隔器。通过单向卡瓦固定、上提正转下放管柱坐封、上提解封；同时上部自带水力锚保证了在注水过程中封隔器不会因注水压力变化导致管柱膨胀、收缩，出现反复上下移动，从而降低了封隔器密封失效的风险。

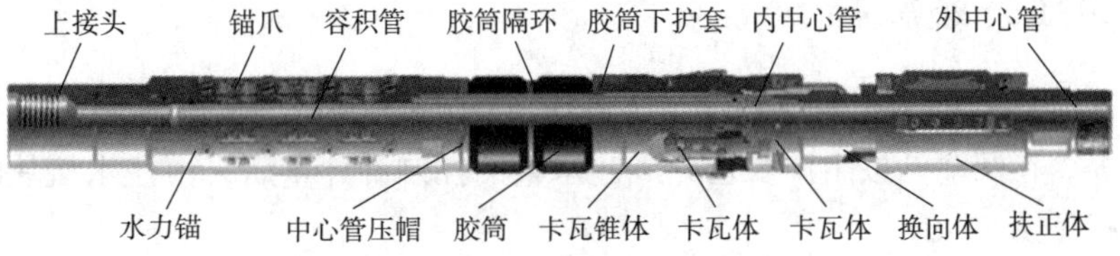

图5－5　RTTS封隔器结构示意图

RTTS 封隔器主要参数：

(1)材料：35CrMo 或同等材质。

(2)最大外径：146mm。

(3)最小内径：≥62mm。

(4)耐压等级：70MPa。

(5)耐温：≥120℃。

(6)锚定力：≥200t。

当封隔器下至预定深度后，上提一定高度后通过正旋、下放管柱，使卡瓦卡住套管，继续下放压缩胶筒封住油套环形空间；封隔器坐封后，注水时使水力锚爪张开，卡住套管，从而有效地防止封隔器上窜。当需进行检管作业时，泄掉油管内压力，锚爪在弹簧作用下收回到锚体内，上提管柱即可解封。

5.2 产出水回注流程

普光气田回注流程主要分为水处理站至回注站流程和回注井站流程。水处理站至回注站流程主要是柔性复合管，埋地敷设，地表设置标志；回注井站流程主要是接收水处理站来水，完成缓存后增压注入地层。

5.2.1 水处理站至回注站流程

气田产出水处理合格后由水处理站外输泵加压，通过管线输送至回注站普光气田水处理站至回注站管线总计有4条，分别是1#气田水处理站－普光11井管段、2#气田水处理站－毛开1井管段、3#气田水处理站－普光3井管段、3#气田水处理站－普光7侧井管段。管线材质为柔性复合管，埋地敷设，沿途设置有排气口，管线参数见表5－1。

表5－1　水处理站至回注站流程管线参数表

序号	管段	材质	管径/mm	设计压力/MPa	长度/m	管容/m^3
1	1#气田水处理站－普光11井	柔性复合管	*DN*100	5.5	3600	28.26
2	2#气田水处理站－毛开1井	柔性复合管	*DN*80	5.5	8500	42.74
3	3#气田水处理站－普光3井	柔性复合管	*DN*100	5.5	2100	16.48
4	3#气田水处理站－普光7侧井	柔性复合管	*DN*100	5.5	4400	34.54

5.2.2 回注井站流程

回注井站流程主要包括进站阀组、高架水罐、注水泵橇块、高压回注管线、注水井口、污水池等。在回注站按生产要求完成注水量的控制和计量后，由注水橇块增压后回注地层，其流程见图5－6。

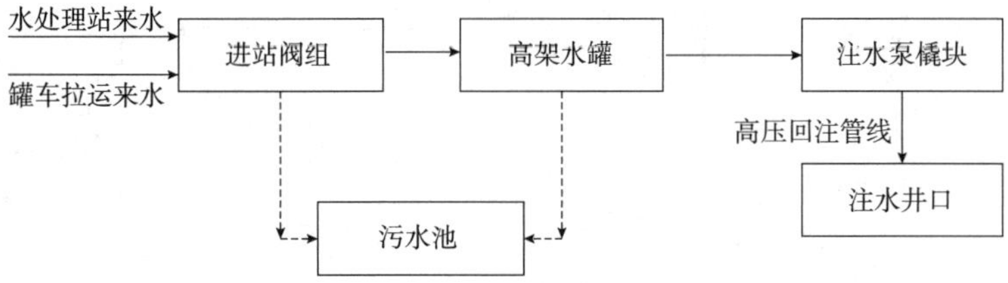

图5-6　回注井站流程图

1)进站阀组

进站阀组主要接收上游水处理站管输来水及罐车拉运来水，具备流程切换功能，可根据生产需要，切换来水进入高架水罐缓存或来水直接进入回注泵进口端。该阀组设置有水锤消除器，能在无须阻止流体流动的情况下，有效地消除各类流体在传输过程中可能产生的水锤和浪涌发生的不规则水击波振荡，从而达到消除具有破坏性的冲击波，起到保护的目的。

2)高架水罐

高架水罐是常压容器，容积为42m^3，配置呼吸阀、液位计等附属设施，主要接收缓存水处理站来水和罐车拉运来水。

3)注水泵橇块

注水泵橇块主要是用来控制和调节注水井注水量的操作间，根据生产需要调节注水泵排量，实现对注水井注水量的控制，经单流阀后至注水井口。

4)高压回注管线

高压回注管线是指从注水泵橇块出口端到注水井口单流阀的管线，高压回注管线参数见表5-2。

表5-2　高压回注管线参数

回注站	普光3回注站	普光7侧回注站	普光11回注站	毛开1井回注站
管径/mm	*DN*65	*DN*65	*DN*65	*DN*80
设计压力/MPa	42	42	42	42
材质	Q345E	Q345E	Q345E	Q345E

5)污水池

污水池主要用于收集和储存高架水罐、注水流程清洗产生的废水以及应急状态下的洗消水。

5.3　回注井站设备

回注井站设备主要包括高架水罐、注水泵(含变频装置)、注水井口装置等。

5.3.1　高架水罐

高架水罐(图5-7)是一个标准椭圆封头和鞍座支撑的卧式钢制常压容器，容积为42m^3，用于处理后产出水的缓存。

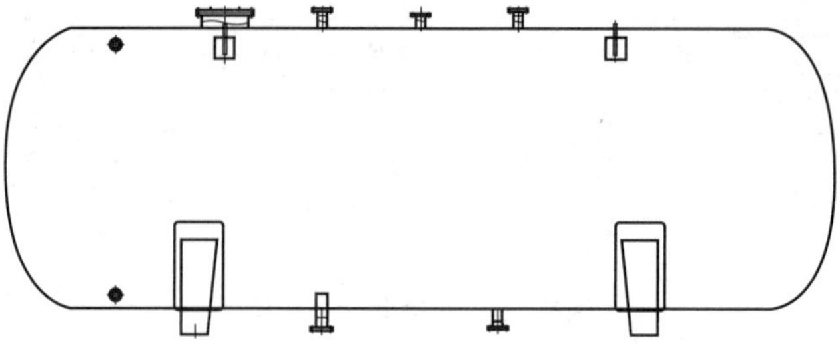

图 5－7　高架水罐示意图

为了满足注水泵吸入条件，即进口端流体静压≥0.03MPa，防止注水泵出现吸空等异常情况，高架水罐罐底距地面高度一般设置为 5m。

高架水罐罐顶设全天候防火呼吸阀，规格 *DN*100 *PN*16；罐侧设液位计，规格 *DN*25 *PN*16。高架水罐主要参数见表 5－3。

表 5－3　高架罐主要参数

规格尺寸/m	Φ2.8×7	全容积/m^3	42
设计压力/MPa	0.1	工作压力/MPa	0.1
设计温度/℃	70	工作温度/℃	45
罐体材质	Q235－B	支架材质	Q235－B

5.3.2　注水泵

注水泵按工作原理主要分为离心泵和柱塞泵两类。离心泵排量大，运行平稳，操作简便，维修工作量小，适合注水量的大场所，但离心泵效率相对柱塞泵低 15%～20%，是由离心泵特性决定的。柱塞泵效率高，排量相对较小，扬程高，维修工作量较大，适合注水量小、注水压力高的场所。普光气田回注站注水泵均采用柱塞泵。注水泵结构见图 5－8。

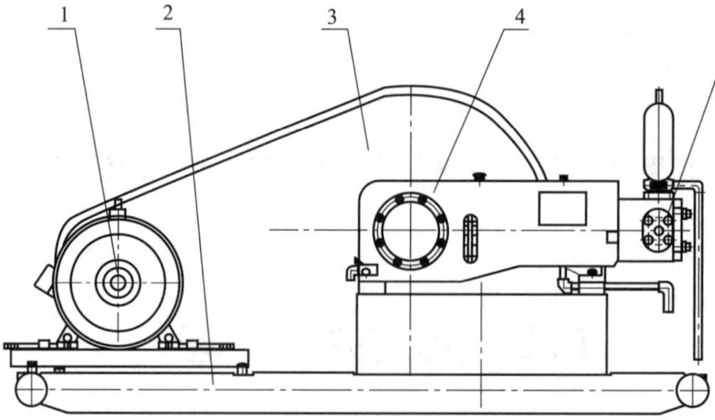

图 5－8　注水泵结构图

1—电动机；2—底座；3—传动部分；4—动力端；5—液力端

柱塞泵属于容积式泵，由电动机驱动，通过变频器调节电机转速来控制泵的流量，具有输出压力变化而排量保持不变的特性。柱塞泵主要由动力端和液力端两大部分组成，附有皮带轮、止回阀、安全阀、缓冲器、润滑系统等组成。设备参数见表 5－4。

表5-4 普光气田注水泵参数

回注站项目	普光3回注站	普光7侧回注站	普光11回注站	毛开1井回注站
型号	5FB-13/40	3S125A-6/37	5FB-13/40	5ZB127-15/37
排量/(m^3/h)	13	7.3	13	15
吸入压/MPa	0.03	0.03	0.03	0.03
排出压/MPa	40	37	40	37
柱塞行程/mm	127	125	127	127
柱塞直径/mm	38	40	38	38
电机型号	YB3-315L-4	B2-280M-4	YB3-315L-4	YBBP-315L2-4
电机功率/kW	185	90	185	200

柱塞泵工作原理：泵工作时，电动机通过皮带，将动力传递给曲轴，曲轴的圆周运动带动连杆、十字头做往复直线运动，从而实现动力传递。十字头带动柱塞开始往复运动的同时，泵头内进、排液阀开始进入工作状态。当柱塞向注水泵箱体方向运动时，排液阀关闭，进液阀打开，经低压进口管道的液体通过进液阀吸入泵头腔内；当柱塞向泵头方向运动时，进液阀关闭，排液阀打开，通过柱塞对泵头腔内液体增压后，液体排到出口高压管道中。如此循环反复进行，不断将低压液体回注至地层。

1)动力端

(1)曲轴。曲轴为注水泵关键部件之一，是由旋转运动变为往复直线运动的关键一步，为了使其平衡，各曲轴柄销与中心成120°。

(2)连杆。连杆将柱塞上的推力传递给曲轴，又将曲轴的旋转运动转换为柱塞的往复运动，其截面为工字形，大头瓦为剖分式，小头瓦为轴套式，轴瓦采用对分薄壁瓦形式。

(3)十字头。十字头连接摇摆运动的连杆和往复运动的柱塞，具有导向作用，与连杆为闭式连接，与柱塞卡箍相连。

(4)浮动套。浮动套固定在机座上，它一方面起隔绝油箱与污油池的作用，另一方面对十字头导杆起浮动支承点的作用，能延长运动密封部件的使用寿命。

(5)机座。机座是安装动力端和连接液力端部分的受力构件，机座后部两侧有轴承孔，前部设有与液力端连接的定位销孔，保证滑道中心与泵头中心的对中性，在机座的前部一侧设有放液孔，用来排放曲轴箱的液体。

2)液力端

(1)泵头。泵头由不锈钢整体锻造而成，吸、排液阀垂直布置，吸液端在泵头侧面，排液端在泵头的侧面，与阀腔相通。

(2)进液阀、排液阀。进液阀、排液阀包括阀体、弹簧、阀片。接触面具有较高的硬度和密封性能，以保证进、排液阀具有足够的使用寿命。

3)附属配套部分

注水泵的附属配套设备设施主要有止回阀、稳压器、润滑系统、安全阀、压力表等。

(1)止回阀。泵头排出的液体，通过低阻尼止回阀流入高压管道，液体反向流动时，止回阀关闭，阻止高压液体流回泵体。

(2)稳压器。泵头排出的液体经过稳压器后，脉动压力趋于平稳，有效减少了振动和冲击，提高了生产效率和质量。

(3)润滑系统。润滑系统主要是由齿轮油泵从油箱中抽油，给曲轴、十字头等转动部位润滑，防止机械干磨，造成不可估量的损失。

(4)安全阀。在排出管路上安装有弹簧式安全阀，保证柱塞泵在额定工作压力时的密封，超压时自行开启，起泄压保护作用。

4)变频装置

注水泵均通过变频器启动(注水泵运行方式为一用一备)。变频装置可手动调节频率，可设定转速按时间变化的工艺曲线。变频装置可数字显示频率、转速以及负载或电流等参数，用以实现就地显示、操作以及参数调整工作。

变频器实现开环变频控制，在现场对泵进行变频启动，也可实现压力超限停机保护功能。主要技术特点及技术参数：

(1)变频装置具有完善的电机保护功能：过载、短路、缺相、对地、过热；具有强大的通信功能：预留 RS-485 接口、Modbus 通信协议。

(2)变频装置具有集成式 PID 控制器(流量、压力、速度修正)。

(3)控制系统具有最大 24 个 I/O 的不可扩展的 PLC 基本单元；具有 RS-485 ASCLL；可转换 PL7 语言，具有 Grafcet 指令和梯形图语文及指令表语言。

变频柜采用强制机械通风，冷却风扇开/断受内部温度自动控制。主要参数：

(1)主电路额定工作电压：380V。

(2)辅助电路额定工作电压：220V。

(3)主电路额定绝缘电压：660V(1000V)。

(4)额定频率：50Hz。

(5)变频器控制电机功率：200kW。

(6)变频器输出频率范围：0~300Hz。

(7)变频器调速精度：0.01%。

(8)变频器调速范围：1%~100%。

5.3.3 注水井口装置

注水井井口装置主要用于注水作业和储层酸洗(酸化)，以控制流体的流量、压力。为了满足注水井安全作业、酸洗(酸化)措施的需要，便于生产维护和井口维修，注水井口普遍采用十字形双翼双阀结构。

(1)注水井口装置整体材料等级为 EE 级，具有耐高低温、抗冲蚀、抗 H_2S 腐蚀以及一定的抗 CO_2 腐蚀的性能。本体采用 30CrMo 材质，芯轴悬挂器采用 12Cr13 材质，密封钢圈采用 316 不锈钢材质。

(2)双翼结构可保证作业过程中洗压井、酸化、注水等作业时流程连接施工便利，可进行不停产更换闸阀。闸阀阀杆具有反向密封功能，可带压更换阀杆密封盘根和其他零件。

(3)注水井口装置主要采用 70MPa EE 级和 105MPa EE 级两种。主要技术参数：

①额定工作压力：70MPa/105MPa。

②材料等级：EE。

③规范级别：PSL3。

④性能级别：PR1。

⑤温度等级：P－U(－29～121℃)。

5.4　回注操作

回注井操作包括注水泵操作、高架水罐清洗操作、设备维护保养、注水井视吸水指数分析判断、常见故障判断及排除等。

5.4.1　注水泵启泵操作

(1)将过滤后的润滑油注入机身，油面达到油标尺2/3左右；正常运转时，油面应不低于油标尺1/3。

(2)人力盘车，保证主机转动一周以上，使各摩擦副润滑油分布均匀，检查各运动部分是否有障碍，并及时消除障碍。

(3)关闭出口管路上的闸阀，打开进口管路上的闸阀和旁通管路上的回流阀，以免带压启动。

(4)接通电动机电源，机组短时间运转1～2min，确认一切正常后，进入泵的空载，此时对泵头中的气体进行排空。

(5)空载运转10min检查，确认一切正常后依次缓慢打开出口管路上的闸阀、注水井口9#、11#阀门，缓慢关闭旁通管路上的回流阀进行负载运转。

(6)待达到额定压力后，关闭旁通管路上的回流阀。

(7)泵在运转中的检查工作：

①检查润滑油的温度，不应超过70℃。

②检查轴承温度，不应超过75℃。

③检查泵动力端的油面高度应不低于油标尺1/3。

④检查泵出口压力表指示值，应无严重抖动。

⑤检查柱塞温度，不得超过75℃。

⑥密封函处的调节螺母应经常注意调节，不宜过紧，柱塞下部允许有正常的液膜带出，如发现大量液体泄漏，应及时检查密封情况，发现密封等零件损坏时，必须及时更换。

⑦检查进、排液阀的工作情况，发现有敲击声不均匀或有异常撞击声时，应找出原因并排除。

⑧检查液力端法兰螺母有无松动。

5.4.2　注水泵停泵操作

(1)缓慢打开旁通管路中的回流阀，注水泵由负载运转变为空载运转。

(2)依次缓慢关闭注水井口11#、9#阀门、出口管路上的闸阀。

(3)切断电动机电源。

(4)关闭进口管路中的闸阀。

(5)盘泵检查，打开放空阀排尽泵头液体。

5.4.3 变频装置操作

1)变频器启动操作要点

(1)打开变频器面板门，将变频器总电源空开推上，确认柜体散热风扇是否启动。

(2)将面板左侧旋钮拨向“变频运行”指示位置。

(3)将面板右侧旋钮拨向“1#变频运行”或“2#变频运行”指示位置。

(4)点动左侧绿色“变频器启动”按钮后送电至注水泵橇块。

(5)变频柜外部悬挂“运行”标识牌。

2)变频器停止操作要点

(1)打开变频器面板门，点动左侧红色“变频器停止”按钮。

(2)将上部面板左侧旋钮拨向“停止”指示位置。

(3)将变频器总电源空开(右侧)拉下，停止供电。

(4)变频柜外部悬挂“停止”标识牌。

3)注意事项

(1)如遇停电或总电源异常，要保持镇定，来电后观察总电源面板“储能”灯显示正常。

(2)如“储能”灯显示正常，直接点动“合闸”按钮送电即可。

(3)如自动储能失灵，“储能”灯无显示，应及时汇报协调解决。

(4)发现问题及时上报，未经专业人员指导，严禁私自操作故障设备。

(5)如遇变频器故障或供电异常，点按变频柜面板“变频器故障复位”按钮可消除变频器不正常状态。

(6)如点按“变频器故障复位”按钮仍不能消除故障时，打开变频柜中部柜体门，将变频器右侧供电空开断电 30s 后再推上，即可实现变频器故障软清除。

5.4.4 高架水罐清洗操作

(1)关闭高架水罐进口阀门，观察高架罐液位，当液位小于 0.1m 时，停注水泵，关闭高架罐出口阀门。

(2)打开高架水罐排污阀门，将罐内液体排放至污水池，直至罐内液体清空。

(3)使用管件接头、软管与水泥车水泵出口连接。

(4)打开高架水罐罐顶人孔盖。

(5)启动水泥车水泵，用高压水枪从罐体人孔处冲洗高架水罐内壁和底部，待冲洗完成，打开高架水罐排污阀门将冲洗污水排至站内污水池。

(6)恢复高架水罐人孔盖，打开进水阀，启用高架水罐。

5.4.5 设备维护保养

注水站设备在长期使用过程中，机械的部件磨损、间隙增大，会直接影响设备的稳定性、可靠性，使用效益均会有相当程度的降低，甚至导致设备丧失其固有的基本性能，无法正常运行。为保证设备经常处于良好的技术状态，随时可以投入运行，减少故障停机日，提高设备完好率、利用率，减少磨损，延长使用寿命，降低运行和维修成本，确保安全生产，必须做到定期保养、强制进行，正确处理使用、保养和修理的关系，不允许“只用不养，只修不养”。

1)注水泵维护保养

(1)柱塞。先使柱塞位于外止点处，拆卸柱塞与十字头的连接卡箍，卸下液缸体前端法兰及闷头，然后从液缸体前端取出柱塞，检查确认柱塞表面光洁、无划痕、无变形弯曲，均匀润滑后装回复位。

(2)进液阀、排液阀。先拆下液力端缸体前端的法兰螺母，取下法兰，然后用专用工具取出进、排液阀，检查确认阀片、阀体无磨损，弹簧灵活好用，清洁后装回复位。

(3)盘根及总成。先使柱塞位于外止点处，拆卸柱塞与十字头的连接卡箍，卸下液缸体前端法兰及闷头，然后从液缸体前端取出柱塞后，松开填料箱压帽，用专用工具取出填料部件，检查确认总成内壁表面光洁、无划痕，更换盘根后装回复位。

(4)密封件。将密封件处螺栓卸下，松开法兰，取出密封件，检查确认密封件无变形、无毛刺、无划痕，清洁后装回复位。

(5)传动皮带。松开电机与主机之间的紧固螺栓、电机导轨与底座的连接螺栓后，旋转电机后侧的紧固螺栓，使皮带变松直至取下，检查确认皮带无磨损，接头牢固无松动，清洁后装回复位。

(6)曲轴箱。卸下大带轮、润滑油泵，松开后盖螺栓，取下后盖。松开连杆连接螺栓，取下连杆大头盖。将连杆与曲轴分离。松开曲轴两端轴承盖螺栓，卸下轴承盖，将曲轴从一侧取出。检查确认箱内滑道、拉筋无磨损、无变形、无异物，用干净的毛巾或用面团清洁后装回复位。

(7)曲轴。先拆下填料箱压盖、填料箱、浮动套(此时应注意保护浮动套内的骨架油封)，再松开大头螺栓，取下连杆盖，转动曲轴使之脱离连杆体，然后从机身侧孔用专用工具拆除十字头销，取出连杆、十字头，然后取出曲轴，检查确认曲轴表面光洁、无划痕、无变形弯曲，清洁后装回复位。

(8)曲轴箱机油玻璃窗。放出曲轴箱内机油，松开玻璃窗处紧固螺钉，取下玻璃窗，对其进行清洁后装回复位。

(9)曲轴箱润滑液检查更换。松开曲轴箱后端放油孔处螺塞，放出润滑机油。松开后盖处螺栓，取下后盖，将过滤盒取出、清洗。取下上盖，加入煤油，手动盘车3～4周，将煤油放出，然后用干净的毛巾或面团将油池清洗干净，然后将过滤盒、后盖、螺塞依次装配。加入润滑油至规定高度，装配上盖。

2)井口装置维护保养

井口装置是注水工作中非常重要的设备，在正常生产中起到关键性的作用。及时开展维护保养，可以确保井口装置良好的使用状况和安全性能。主要维护保养内容包括：

(1)每天及时清洁井口装置阀门卫生，每周对阀门开关活动 1 次。

(2)每季度对阀门维护保养 1 次。包括注黄油、密封性检查，附件维护保养，采气树清洁、防腐漆修复等，确保采气井口装置完整、无锈迹、不渗漏，阀门开关灵活、不内漏，附件使用正常、防腐完好。

(3)井口装置维护保养应现场填写记录表，记录表主要包含井号、井口装置及附件生产厂家、规格型号、维护时间、维护人、维护内容、存在问题、记录人等内容。

3)阀门维护保养

回注站阀门应定期进行检查和维护保养，主要检查和维护保养项目包括：

(1)密封面磨损情况。

(2)阀杆和阀杆螺母的梯形螺纹磨损情况。

(3)填料是否过时失效，如有损坏应及时更换。

(4)阀门在使用过程中，应经常保持清洁，传动螺纹必须定期润滑，发现故障时，应立即停止使用，查明原因清除故障。

(5)填料压盖的螺栓应均匀地拧紧，不应压成歪的状态，以免碰伤阻碍阀杆运动或造成泄漏。

(6)球阀、闸阀使用时，只做全开或全闭，不允许做调节流量用，以免密封面受冲蚀，加速磨损；闸阀和上螺纹截止阀内有倒密封装置，手轮旋至最上位置拧紧，可阻止介质从填料处泄漏。

(7)长期存放的阀门，应作定期检查，对外露的加工表面须保持清洁，清除污垢，存放时球阀应两端堵塞并处于开启状态，闸阀、截止阀、止回阀，通道的两端应堵塞并处于关闭状态，整齐地存放在室内通风干燥的地方，严禁堆置或露天存放。

4)容器及管道维护保养

容器和管道使用安全与其维护保养工作密切相关。做好维护保养工作，使其在完好的状态下运行，可提高容器和管道的使用效率，延长使用寿命。

维护保养的主要内容包括：

(1)检查防腐设施，保证其完好无损，要避免对表面造成不必要的碰撞，保持表面的光洁，从而减少各种电离、化学腐蚀。

(2)安全阀、压力表要经常擦拭清洁，确保其灵活、准确，并按时进行检查和校验。

(3)定期检查紧固螺栓完好状况，做到齐全、不锈蚀、丝扣完整，连接可靠。

(4)容器和管道因外界因素产生较大振动时，应采取隔断振源、加强支撑等减振措施。

(5)静电跨接、接地装置要保持良好完整，及时消除缺陷，防止故障发生。

(6)禁止将管道及支架作电焊的零线和起重工具的锚点、撬抬重物的支撑点。

(7)及时消除“跑、冒、滴、漏”。

(8)容器及管道的底部和弯曲处是系统的薄弱环节，这些地方易发生腐蚀和磨损，因此必须经常对这些部位进行检查。

5.4.6 注水井视吸水指数分析判断

注水井吸水能力可以用吸水指数来表示。吸水指数的大小表示地层吸水能力的好坏，吸水指数大表示吸水能力强；反之，吸水能力差。视吸水指数可以获得在不同压力下地层吸水能力的变化数据，从分层注水可以看出层间差异程度等，是对吸水指数的有效补充。

1)吸水指数

吸水指数是注水井在单位注水压差下的日注水量。

吸水指数 = 日注水量/(注水井流压 - 注水井静压)，单位：$m^3/(d \cdot MPa)$。正常注水时，不可能经常关井测注水井静压，可用测指示曲线的办法，求出在不同流压时日注水量后，按式(5-1)计算出吸水指数。

吸水指数：

$$J = 1/K = 1/\tan\partial \ = \Delta Q/\Delta P \tag{5-1}$$

式中　ΔQ——两种工作制度下日注水量之差，m^3；

ΔP——两种工作制度下流压之差，MPa。

为了掌握注水井吸水能力的变化，可以任意取两点日注水量之差与相对应的注水压力之差之比，计算出吸水指数：

$$J = (Q_2 - Q_1)/(P_2 - P_1) \tag{5-2}$$

式中　J——吸水指数；

Q_2、Q_1——任意两点的注水量，m^3；

P_2、P_1——Q_2、Q_1相对应的注水压力，MPa。

2)视吸水指数

实际生产中选取视吸水指数作为掌握注水井吸水能力的变化参数。视吸水指数是指注水井日注入量与井口压力的比值，即视吸水指数 = 注水井日注水量/注水井井口压力。

3)视吸水指数的录取及判断

(1)计算回注井视吸水指数需要录取日注水量、井口压力两个参数，井口压力无法控制，无法录取其相对应的日注水量，但是可以通过改变注水量(调整注水泵频率调节注水量)，录取其相对应条件下的稳定注水泵压。

(2)计算回注井视吸水指数每次至少录取3组注水量及其相对应的稳定注水泵压。

(3)用3组数据建立坐标点，如果3组数据建立的坐标点各测点线性关系好，相关系数在0.9以上，则求得的结果可作为视吸水指数，否则重新录取。

4)视吸水指数作用

根据生产需要，每口回注井每月录取1条视吸水指数作为对比之用。

5)判断标准

(1)曲线类型分析。

直线1反映地层吸水量与压力成正比，属于正常曲线，其斜率K的倒数即为视吸水指数。直线2出现在油层渗透性很差的情况下，产生这种情况的原因：油层渗透性很差，压力增高了，但注水量没有增加，可初步判断地层可能堵塞。直线3是一种不正常的曲线，不能应用，可能是仪表、设备等可能存在问题。折线4反映仪表、设备有问题，不能应用。折线5反映除仪表、设备有问题外，有可能与地层性质有关。这种情况可出现在地层条件差、连通性不好或不连通的油层，注入水不易扩散，油层压力升高，注入受到的阻力越来越大，造成曲线上翘。折线6表示有新油层在注入压力较高时开始吸水，或是当注入压力增加到一定程度，地层产生微小裂缝，使油层吸水能力增加，是正常曲线(图5-9)。

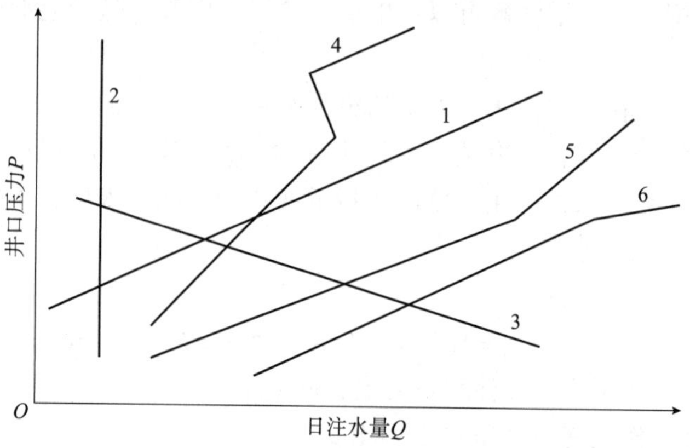

图5－9 测试时可能遇到的集中曲线的形式图

(2)单井曲线分析。

单井曲线分析存在以下情况(图5－10)：

①指示曲线右移，斜率变小，吸水指数变大，说明吸水能力增强。

②指示曲线左移，斜率变大，吸水指数变小，说明吸水能力下降。

③指示曲线平行上移，斜率未变，吸水指数未变，说明注水层的地层压力升高。

④指示曲线平行下移，斜率未变，吸水指数未变，说明注水层的地层压力下降。

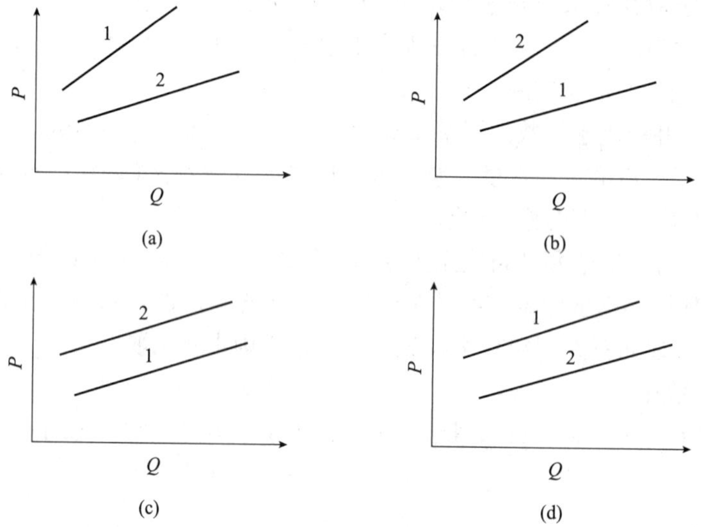

图5－10 两次注水指示曲线图

1—上次视注水指示曲线；2—近期视注水指示曲线

5.4.7 常见故障判断及排除

回注过程中会出现一些设备设施故障，如阀门故障、密封点失效、仪器仪表失真等，但经常出现的主要是注水泵运行过程中发生的故障，针对注水泵常见故障的产生原因及消除方法见表5－5。

表5-5　注水泵常见故障判断及排除

序号	故障名称	产生原因	消除方法
1	泵进出口压力表指针摆动加剧	压力表开关开启量过大	缓慢地调整压力表开关开启量
		泵的进、排液阀泄漏	更换故障进、排液阀
		进、排液阀密封圈泄漏	更换密封圈
2	泵的进、排液管道振动激烈	泵内存有气体	放泄泵内气体
		吸、排液阀泄漏	更换故障进、排液阀
		吸、排液阀密封损坏	更换密封圈
3	泵阀有敲击声	弹簧断裂	更换弹簧
		阀座、阀芯损坏	修磨或更换阀座、阀芯
		阀芯导向卡住	调整导向
4	柱塞填料泄漏严重	柱塞密封函处调节螺母太松	逐步调整调节螺母的压紧量
		填料磨损严重	更换填料
		柱塞拉毛严重	更换柱塞
5	柱塞温度过高	柱塞调节螺母压得太紧	适当调整调节螺母
		填料装配不当	重新安装
6	液缸体法兰处渗漏	法兰螺母松动	拧紧螺母
		密封圈损坏	更换密封圈
7	泵的运动机构有敲击声	连杆螺母松动	拧紧连杆螺母
		连杆轴瓦磨损过大	更换连杆轴瓦
		运动机构其他零件松动	调整松动的零件
8	润滑油温度过高	运动机构装配不良	重新装配、校准
		油质变坏或有污物	更换润滑油或滤清
		润滑不良	改善润滑
9	滚动轴承温度过高	轴承装配不良	重新装配、调整轴向间隙
		轴承内进入污物	清除污物
		润滑不良	改善润滑
		轴承出现疲劳蚀痕等缺陷	更换轴承

5.5　回注管理

回注管理是指气田产出水从处理到注入地层的过程管理，可有效保障气田产出水回注系统的安全运行，助力气田高效开发生产，主要包括管道巡护、回注井管理、注水泵管理等内容。

5.5.1 管道巡护

为及时了解发现回注管线、穿跨越、桁架、接头等在生产过程中所出现的问题、隐患，做好回注工作，对管道巡护工作任务、工作要求、注意事项作如下介绍。

1)工作任务

(1)负责管线所经阀室、穿跨越、桁架、悬索、隧道等配套工程的日常巡查，站场周边300m，管线、阀室周边100m，跨越周边200m范围内占压统计、上报、更新。

(2)负责管线配套工程的日常简单维护，管道沿线“三桩”(转角桩、里程桩、标志桩)、警示标识、水保设施的巡护，阀井、穿跨越、桁架编号喷涂更新。

(3)负责管线两侧100m以内的居民拆迁统计，管线周边村民安全教育宣传。

(4)巡检管线及穿跨越周边地质情况，管道抢修、道路状况，雨季加密巡检，发现问题及时汇报。

(5)巡检阀井内有无积水、仪表及工艺设备的运行情况，记录有关参数，发现问题及时汇报。

(6)现场做到“七清三无”：“七清”即管线走向清、管道埋深清、管线规格清、周边地质情况清、阀井基本知识清、应急处置程序清、故障判断清；“三无”即管道两侧5m内无深根植物、管道无占压、阀井周边无外人随意出入。

2)工作要求

(1)按规定着装上岗，配带工具用具齐全，熟练使用H_2S检测仪、空气呼吸器、PCM金属探测仪。

(2)巡线人员应该做到十清：管线设计基本情况(规格、设计输气量、压力等)清，管线材质情况清，管线走向清，管线埋深清，管线腐蚀情况清，阀室基本情况(位置、内部设施)清，阴极保护测试桩位置清，管线穿越、跨越(公路、铁路、河流)情况清，管线周围地形、地貌清，管线占压情况清。

(3)对管道重点区段要重点巡查，及时发现占压，对一切危及管道安全的行为进行坚决制止，并及时向上级汇报。

(4)定期组织巡线人员学习业务知识，巡线过程中向管道沿线群众宣传油气管道的重要意义，教育群众遵守管道保护条例。

3)注意事项

(1)巡线人员按要求穿戴劳保服装、防滑胶鞋、执竹棒或木棒，以防蚊虫叮咬、滑摔及蛇咬伤。

(2)巡线人员应两人以上结伴巡线，不准单独行动，以防发生人身伤害，巡线过程中保持通信畅通，发生突发事故及时汇报。

(3)巡线时遇雷雨要迅速关闭手机，禁止在高大建筑物下、大树下避雨以防止雷击，夏季巡线变动应避开高温时段，并带足饮用水及配发的防暑用品，以防止中暑。

(4)在巡线途中严禁下河洗澡以防发生溺水事故，严禁跨越、行走无防护装置的跨河管道以防摔伤；严禁搭乘非巡线用的其他任何交通工具(渡河所乘船只除外)，以防发生交通事故。

(5)巡线时要查看巡线道路上是否有电线以防触电，遇土石松动处应绕行以防砸伤。

(6)在巡线过程中遇村民时说话要和气，不随意摘拿村民种植的水果，防止造成工农纠纷，影响单位形象。

5.5.2　回注井管理

回注井的管理目标是按照地质配注要求，严格管控气田回注水水质，将合格的水注入特定地层，满足气田生产需要。回注水的水质控制指标按照《普光气田回注水质推荐指标及分析方法》(QZY－PG 039—2020)的标准执行。回注水水质监测按二级监测体系运行，定期监测。水质监测点为注水站的高架罐进口或高架罐出口、注水井口。

综合水质达标率计算方法：水质指标达标项数/水质监测指标总项数×100%。

1)日常维护保养

回注井井口装置日常维护保养工作以现场观测、阀门活动、除锈防腐等为主，主要内容包括：

(1)每天对井口装置至少进行 1 次验漏，观察井口有无异常情况，如是否有气体或液体溢出，井口装置是否完好无渗漏等。

(2)每周活动 1 次井口装置闸阀，对采气树 1#总阀和生产翼 2 个闸阀进行活动时，为了不影响生产，对这 3 个阀门活动全开全关总圈数的 1/3 后迅速恢复，其余阀门(包括表套和技套阀门)全开全关 1 次。

(3)对采气树进行防腐处理，保持清洁无污物、无锈蚀。

2)常规维护保养

回注井井口装置常规维护保养工作以现场观测、部件紧固、调整和采气树阀门轴承加注润滑脂为主，每季度进行 1 次常规维护保养，主要内容包括：

(1)阀门手轮、快速释放销钉、剪切销钉是否完好。

(2)阀门开关是否正常。

(3)阀门连接螺栓是否紧固。

(4)阀门法兰连接密封面是否完好。

(5)阀门轴承加注润滑脂。

3)周期巡查维护

周期巡查维护保养工作以深入检查、检测及调校、调整为主，其目的是保证系统在以后较长时间内，能够有效运行，每半年进行 1 次周期巡查维护保养，主要内容包括：

(1)常规维护保养(轴承加注润滑脂除外)。

(2)对阀门阀板加注密封脂。

5.5.3　注水泵管理

日常运行中，对注水泵的管理直接影响设备的使用寿命及正常运行。需定期对设备进行检查维护管理。应做到以下几点：

(1)对较长时间不使用的注水泵应储藏在干燥、清洁、通风的室内。

(2)定期检查和校正安全阀的释放压力，一般为额定工作压力的 1.05～1.1 倍。

(3)定期检测压力表的准确性，防止压力表失效，对泵的压力判断失误，而造成事故。

(4)定期检查易损件的损坏程度，及时更换。

(5)定期检查润滑系统过滤器滤网和强磁铁，对其进行清洗清理。

(6)定期检查润滑油油质，采用10W－40柴油机油(旧牌号14#稠化柴油机油)，新泵所加润滑油在工作500h后全部更换，以后可逐渐延长至3000h或根据油质进行适时更换。每次更换润滑油时应将曲轴箱及内部零件简单冲洗1次，加润滑油需经滤油网过滤。

(7)润滑油更换时，必须将旧油清理干净，防止污染新油，加快新油变质速度。

(8)定期检查皮带松紧度，对达到工作寿命的皮带进行更换，更换时必须采用同一批次同一型号的皮带。

(9)泵的大修周期为运行后12000h，对达到大修周期的泵必须进行大修检查并进行大修。

(10)冬天使用后，需进行防冻处理。有以下措施：停泵前，在蓄水池内添加防冻剂，使防冻剂流过设备所有流道。若没有防冻剂，则必须将泵头拆开，将泵头内液体排尽。

(11)当设备长期不使用时，需对整个泵进行防腐保养：将电源进线、出水管路、供水管路等管线拆除，所有流道、腔体及进水箱内的水排净。将泵内防锈油排出，并清理干净。泵内外清洗干净，泵可能锈蚀的表面做好防锈处理。设备置于室内通风、干燥处并盖上油帆布。

思考与练习

1. 回注井的管理要求是什么？
2. 进站阀组的作用是什么？
3. 柱塞泵的工作原理是什么？
4. 滚动轴承温度过高的原因及处理方法是什么？
5. 泵的运动机构有敲击声的原因及处理方法是什么？

第 6 章　生产测试工艺

生产测试是在气田开发过程中开展的产出剖面、井下取样、试井、工程测井和饱和度测井等录取气田开发动态资料的工艺技术，其测试结果对于掌握气田动态开发规律、指导开发方案调整具有重要意义，是气田开发调整方案的重要组成部分。由于普光气田海相高含硫气井生产测试工艺具有特殊性，本章重点介绍高含硫气井生产测试技术、测试装备及工艺。

6.1　生产测试概述

生产测试(开发测井)是指在油气井(包括采油气井、注水井、观察井等)自投产至报废的整个生产过程中，利用各种测试仪器进行井下测试、取样、化验分析，以获取油气田开发过程中动态气井产能、产出剖面、流体性质、气水界面和井筒状况等资料的测试技术，一般包括以下四个方面：生产剖面测井、注入剖面测井、开发井试井、工程测井。

1)生产剖面测井

生产剖面测井是指在油气井生产过程中，为了解每个小层的(油、气、水等)产出情况及温压变化所进行的各种测井。如测量气井的温度压力变化、体积流量、含水比、流体密度等参数来定量或定性解释采气井每个气层的产气量、含水率和产水量等。

2)注入剖面测井

注入剖面测井是指为了解注水井每个层段或单层的吸水情况而进行的测井。主要测量在一定注水压力条件下每个层段或单层的吸水量。

3)开发井试井

开发井试井是指为了解油气层物性而进行的测井。其主要内容包括产能试井、压力降落和压力恢复试井，落实气井产能和渗透率、地层压力等地层参数。

4)工程测井

工程测井是指为检查井下技术状况而进行的测井。其主要内容包括管柱深度、套管损坏(变形、破裂、错断和漏失)、井径变化、套管腐蚀及补贴效果、射孔质量、固井质量、管外窜槽位置、压裂酸化及封堵效果、出砂层位等。普光气田普光主体嘉四 - 五段存在膏岩层，投产初期部分开发井发生套变，开展工程测井可测取油管、套管井径和剩余壁厚等数据，对于及时掌握油管、套管变形情况，以及科学指导套变井防范措施的制定具有重要意义。

6.2 高含硫气田生产测试技术

普光气田生产测试包括开发井试井、产出剖面测井、含水饱和度测试、高压物性取样、工程测井等项目，其主要作用和目的如下：

(1)评价气藏当前地质压力水平，开展压力系统研究，划分流动单元。

(2)核实气井产能，确定气井合理工作制度，制订生产计划。

(3)从动态角度认识气藏储层特征，评价气藏非均质性。

(4)落实气藏、气井控制的动态地质储量，评价储量动用程度。

(5)评价气井井下管柱的腐蚀状况及缓蚀剂的防腐效果。

(6)落实边底水水侵状况。

6.2.1 开发井试井

开发井试井是一种通过改变油、气、水井的工作制度，开展产量、井下压力、井下温度等参数的测试，分析油、气层的特征，研究气(油)田开发规律的方法。它是掌握油(气)田动态的重要手段，是制订合理的开采制度和开发方案的重要依据，常用的试井方法结构见图6-1。

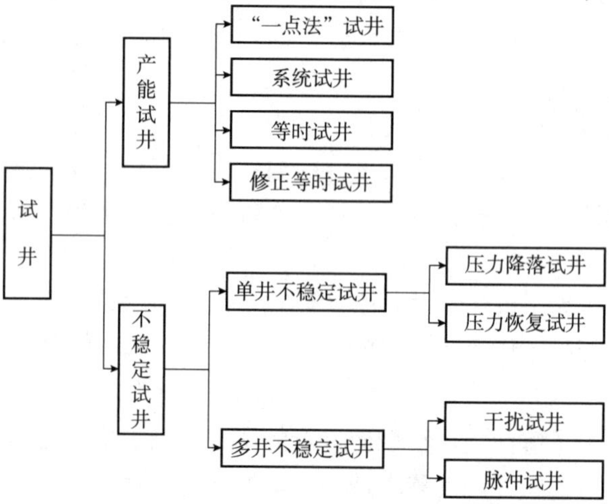

图6-1 气(油)井试井方法结构图

通过试井可以确定：地层压力；估算测试井的控制储量、地层参数；评价井底储层污染及酸化/压裂改造措施效果；探测测试井附近的油(气)层边界，包括断层特性的评价；判断井间连通性和进行注采平衡分析；描述油藏的非均质性。

1)产能试井

产能试井是指利用钢丝将压力计和温度计仪器组输送至目的位置，测试井下压力、温度、气(油)水产量等。气(油)田开发过程中应选择具有代表性的气井开展产能试井，目的是进一步核实气井产能。产能试井包括系统试井、等时试井、修正等时试井、“一点法”试井。

(1)系统试井又称为稳定试井，是一种通过改变气井的工作制度，即改变井底回压，使生产中流动达到稳定，以测取此时的井口压力、气量、水量，进而求出产气方程式和气井的无阻流量，从而了解气井产能大小的方法。稳定试井具有操作时间长、工作量大的特点。系统试井示意见图6－2。

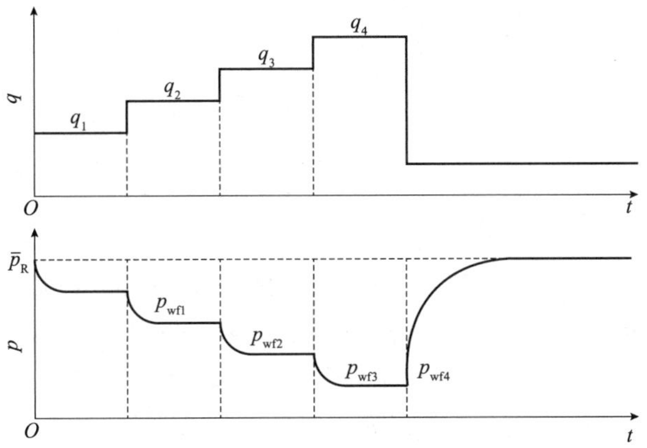

图6－2　系统试井示意图

(2)等时试井是一种以一个较小的产量生产并达到稳定后，测取此时的井底流压，然后增大产量，测取相应的井底流压，如此改变4～5个工作制度，测试每一个工作制度井底压力、气(油)水产量，并计算气(油)井无阻流量的方法。由于每个工作制度都要求关井恢复到稳定状态，使得关井恢复时间较长，整个测试时间较长。等时试井示意见图6－3。

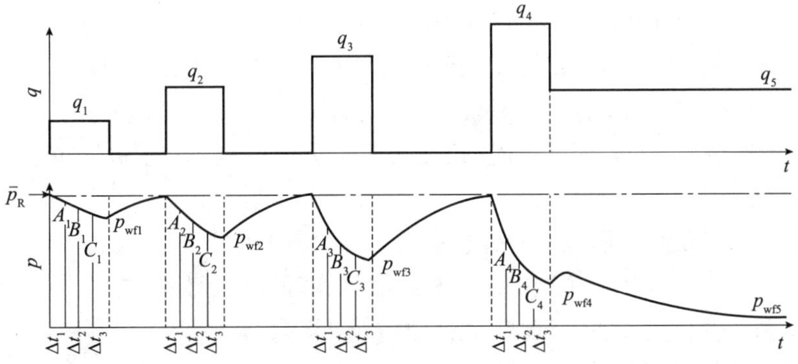

图6－3　等时试井示意图

(3)修正等时试井是指由一组不同的生产制度(一般为由小到大的四级产量)，相等的时间间隔交替开、关井(等时测试)，接着以合理产量持续生产至压力稳定(延续测试)，利用等时阶段的不稳定测试资料绘制不稳定产能曲线，确定气井二项式系数 B(或指数式 n)；过延续测试的稳定点做不稳定产能曲线的平行线，即可获得稳定产能曲线，由此确定二项式系数 A(或指数式 C)，从而建立气井稳定产能方程，求得无阻流量。最后关井进行压力恢复测试，求取储层物性参数。修正等时试井主要应用在气田开采初期，目的是落实新区气井产能，评价气井稳产能力，较适合中高渗气井；对于特低渗、低产井，由于难以确定等时工作制度，不宜进行修正等时试井。修正等时试井示意见图6－4。

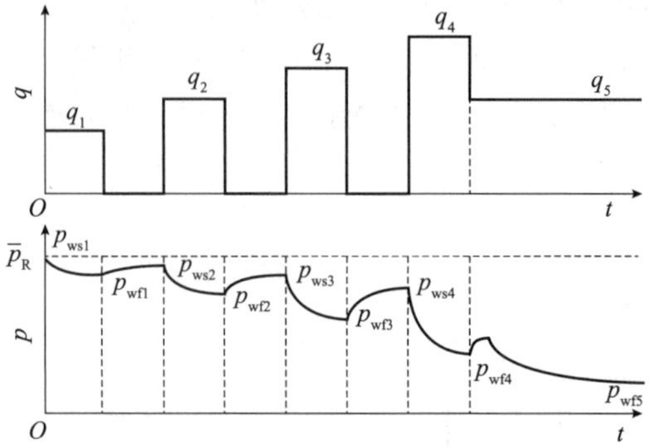

图6-4　修正等时试井示意图

(4)"一点法"试井也称"单点法"试井。"一点法"试井是一种以单一工作制度生产至稳定状态，利用获得的地层压力、产量和对应井底流压数据，代入适宜的经验产能公式计算无阻流量的方法。普光气田采用陈元千"一点法"求取气井产能，陈元千等学者根据16个气田16口气井的二项式产能方程系数统计，取：

$$a=\frac{A}{A+B\,q_{\mathrm{AOF}}}=0.25 \tag{6-1}$$

得到常用的"一点法"计算公式：

$$q_{\mathrm{AOF}}=\frac{6\,q_{\mathrm{ac}}}{\sqrt{1+48\left(1-\frac{p_{\mathrm{wf}}^2}{p_{\mathrm{R}}^2}\right)}-1} \tag{6-2}$$

四种产能试井方法有各自的特点和运用情况：系统试井适用于渗透率较高、在短时间内气井流压能达到稳定的气藏；而等时试井和修正等时试井可以缩短测试时间，适用于低渗透率、特低渗透率气藏；修正等时试井相比等时试井进一步缩短了测试时间；"一点法"试井能有效缩短测试时间，但应用前提是已经获得产能方程的相关系数。根据不同试气要求，普光气田选用修正等时试井进行长时间产能测试，采用陈元千"一点法"求取气井产能。

2)不稳定试井

由于天然气及储气层岩石具有弹性，因此，一口气井的开、关引起的压力变化不是瞬时传播到整个地层，而是按照一定的规律从井底开始逐渐向远处传播。压力随时间的变化情况受气层参数、流体性质、渗流状况以及边界条件等因素的影响。不稳定试井就是流体在地层中不稳定渗流状态下进行的试井。主要包括压力恢复试井、压力降落试井、干扰试井等。

(1)压力恢复试井，是指气井稳定生产一定时间后关井，连续监测井底压力随关井时间变化的试井方法。通过压力恢复试井资料解释，可以识别储层类型，判断储层边界，求取储层物性参数等。压力恢复试井的优点是恒流量更容易实现(因为流量为零)，但同时压力恢复测试有关井前的定流量很难做到、关井会造成产量损失等缺点。压力恢复试井示意见图6-5。

(2)压力降落试井，是指以一个稳定制度(定产量)生产，连续监测井底压力随时间变化的试井方法。可获取地层系数、表皮系数、湍流系数等，从而确定气井生产动态特性的影响因素压力降落试井示意见图6-6。

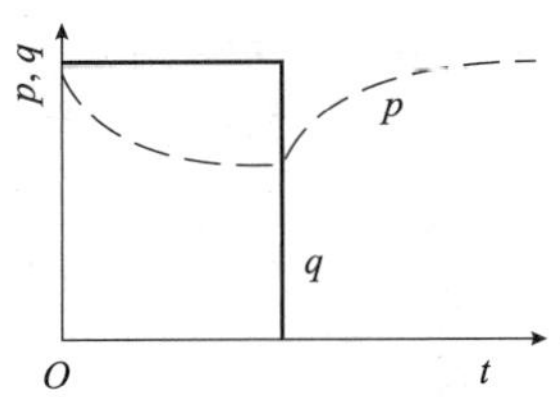

图6－5　压力恢复试井示意图

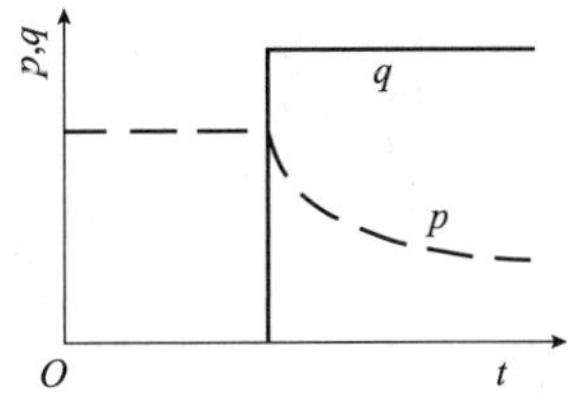

图6－6　压力降落试井示意图

实际情况是很难满足压力降落试井测试条件：一是因为测试时很难保证流量稳定，甚至基本稳定也很难满足，二是因为测试前井虽然处于关闭状态，但未必是静止的、稳定的。如测试井生产过、关井时间还不足够长，地层压力还未稳定；或测试井为新钻井，存在泥浆滤失，破坏了储层压力的稳定状态等。虽然压力降落试井现场实施存在一定的困难，但仍然是油藏边界探测的一种好方法，原因在于探测到边界的时间都比较长，从整个测试过程来看，短时间的产量波动对分析结果影响不大。

(3)干扰试井测试通常采取一口井压力激动，一口或多口井观察的方式，用高精度压力计测试观察井的压力变化，干扰试井监测的是与生产井有一段距离的储层压力变化，判断井间是否有干扰现象。因此干扰试井可以确定更大范围的储层物性(与单井测试相比)。干扰试井通常在气(油)田开采初期用来研究储层横向连通性。由于气(油)田开发规模不断扩大，故应建立观察井网，深入研究储层的连通性，确定不同区块的地层压力降。同时由于监测到的压力变化比生产井本身的压力变化要小很多，所以干扰试井需要高精度压力计，且能满足长时间测试需要。

6.2.2　产出剖面测试

产出剖面测试是指在气井稳定生产过程中，通过电缆将产剖测试仪器组合输送至投产层段，测试井下压力、温度、流体密度、流速等参数的工艺，其结果用于计算各产层产量，确定主要产气层段。其核心是采用井下流量计测取每个小层的产量，测试原理为油(套)管内径不变时流速与产量成正比，而某测点的产量等于该测点及以下所有气层产量的总和，可自下而上逐层计算产量，了解各产层产量和地层参数，找准产气、液层位，为储层改造提供依据、检查措施效果、验证疑难层。普光气田采取巨厚层多层合采的开发方式，储层纵向上非均质性严重，产出剖面不完善，通过产出剖面测试，明确不同层位的产出情况，有效指导了过油管射孔、连续油管喷射酸化等完善产剖方案的实施。

针对高含硫气井 H_2S 含量高、投产井段长、井下状况复杂等特点，采用耐高温、高压、高含硫工况的产气剖面测井仪，包括遥测伽马仪、磁定位仪、温度仪、石英压力仪、持水率仪、在线流量计、连续流量计、全井眼流量计和 X－Y 井径仪，技术指标见表6－1。同时形成了高含硫气井产出剖面测井解释软件及超深高含硫气井产气剖面测井技术。

表6－1　产出剖面测试仪器技术指标

名称	遥测伽马仪	磁定位仪	持水率计	在线流量计	连续流量计	全井眼流量计	X－Y 井径仪
直径/mm	43	43	43	43	43	43	43

续表

名称	遥测伽马仪	磁定位仪	持水率计	在线流量计	连续流量计	全井眼流量计	X-Y井径仪
长度/m	1	1	0.52	0.57	0.57	0.86	1.06
压力上限/MPa	100	100	100	100	100	100	100
温度上限/℃	175	175	175	175	175	175	175
分辨率	≥0.5cps/API	≤±10%	±1.0%	12ft/min	8.5~15.5ft/min	1.8~2.5ft/min	0.4mm
测量范围	2000cps	2000cps	0~60%	>3000ft/min	>3000ft/min	>3000ft/min	50~228mm

6.2.3 含水饱和度测试

含水饱和度测试是指采用电缆输送含水饱和度测试仪器组至目的层段，录取磁定位、自然伽马、井下压力、井下温度、流体密度以及热中子计数等参数，有效求取地层的宏观俘获截面的工艺。

针对高含硫气田储层变化识别难度大，对仪器分辨率动态测试范围、抗硫耐腐蚀性及耐温耐压指标要求高、高含硫气田储层饱和度监测长期依赖外商服务等问题，研发具有自主知识产权的高抗硫、多模式、三探头含水饱和度测井仪，耐温150℃、抗H_2S浓度15%、测量范围7.6~91c.u、测量误差≤3%，为流体组分复杂的碳酸盐岩气藏求取储层饱和度提供基础数据，满足普光气田高温、高压、高含硫气藏储层含水饱和度监测的需要，为高含硫气藏、页岩气藏、碳酸盐岩气藏以及高压低渗砂岩油气藏监测提供技术支撑。

6.2.4 井下高压取样

井下高压取样是采用钢丝作业装置输送取样器至目标位置(一般位于气水动液面以上50m)，对气(油)井产出流体进行井下取样。主要用于气藏开发初期，跟踪分析地层流体相态特征和流体组分变化规律，为落实气藏类型、开发对策提供关键参数。

高压物性化验主要开展单次闪蒸实验、恒质膨胀实验、热膨胀实验和定容衰竭实验。单次闪蒸实验：获取天然气组成、单次闪蒸气油比、体积系数和地层压力下天然气偏差系数、黏度、相对密度等参数。恒质膨胀实验：不同温度下天然气压缩系数、偏差系数、体积系数、黏度和密度等参数随压力的变化规律。热膨胀实验：不同压力下，天然气热膨胀系数随温度变化情况。定容衰竭实验：测定每一级的压力气体和液体的体积、组成、气体压缩因子和气液两相压缩因子、天然气中硫析出量、天然气采收率等数据。

高含硫气井井下取样环境苛刻，国内无成熟的高抗硫井下取样器，普光气田自主研发了SQ4高抗硫保真井下取样器(图6-7)，性能指标见表6-2。主要由四大部分组成，分别是取样室、N_2室、空气室和取样控制装置(时钟及触发装置)。取样室用于储存置换液及样品并在取样结束后储存地层样品；N_2室用于为储样室浮动活塞施加背压，以保证样品的单向性；空气室用于在取样点后储存从取样室被驱替进来的置换液；取样控制装置负责控制取样启动开关，在预定时间结束后打开取样启动开关，取样控制装置采用弹簧式机械时钟。

图6-7 SQ4高抗硫保真井下取样器组成示意图

表6-2 SQ4高抗硫保真井下取样器性能指标

外径/mm	长度/m	取样体积/mL	耐压/MPa	耐温/℃	质量/kg
38	4.6	600	70	150	15

6.2.5 工程测井

气(油)井生产过程中，油/套管腐蚀一直是生产过程中棘手的问题。高含硫气井的油/套管更易发生腐蚀穿孔、挤扁、断落等现象。利用工程测井进行井下技术检测是监测油/套管状况的主要手段。普光气田主要工程测井方法有多臂井径测井、电磁探伤、涡流电磁+静态磁聚焦阵列、井下扫描电镜等。

1)多臂井径测井技术

利用电缆输送多臂井径仪下入目标井段，主要录取多臂井径、伽马、磁定位、井下压力、井下温度等参数，确定套管的变形、错断、结垢、孔眼以及内壁腐蚀等情况。通过成像软件绘制套管变形的立体成像图和解释成果图。多臂井径仪包括24臂井径仪(外径Φ43mm)、40臂井径仪(外径Φ70mm)、60臂井径仪(外径Φ99mm)等系列。

2)电磁探伤测井技术

利用电缆输送电磁探伤测井仪至目标井段，主要录取电磁探伤数据、伽马、磁定位、井下压力、井下温度等数据，可检测油管和套管的厚度、腐蚀、变形破裂等问题，指示井下管柱结构、工具位置，也可以透过内层钢管探测外层钢管的壁厚和损坏(裂缝、错断、变形、腐蚀、漏失、射孔井段等)。电磁探伤测井理论基础是法拉第电磁感应定律，即当发射线圈输入直流电时，在油管和套管中便产生感生电流；当断开直流电后，在接收线圈中便产生随时间而衰减的感应电动势。测井时给发射线圈提供一个恒定的正负直流脉冲，在直流脉冲时间段内，仪器周围将产生一定的磁场强度。当油/套管因挤压变形、厚度变化或存在缺陷时，感应电动势(E)将发生变化。通过分析计算，确定挤压变形程度、裂缝尺寸、厚度减薄、孔洞大小等情况，评价油/套管井下技术状况。

3)涡流电磁+静态磁聚焦阵列套变监测系统

基于涡流电磁和静态磁聚焦原理，解决镍基油管响应弱，大尺寸套管衰减快等技术难题，普光气田自主研制了首套涡流电磁+静态磁聚焦阵列套变监测系统(图6-8)，实现了透过镍基油管对套管全井周三维展布的探测，为保障高含硫气田安全生产提供了保障，参数见表6-3。

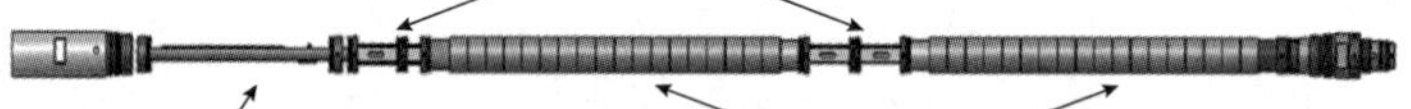

图 6-8　涡流电磁＋静态磁聚焦阵列套变监测系统示意图

表 6-3　自研阵列套变监测系统与国内外套管井电磁仪器参数对比

型号	DTS	MID-S	PAT	PIT	阵列套变监测系统
生产单位	国内厂家	俄罗斯	Schlumberger	Halliburton	自研
仪器外径/mm	43	43	43	50	43
记录曲线/条	23	253	8	8	360
测量层数/层	2	3	1	2	4
横向分辨率/mm	1.5	0.5	1	1	0.254
测量范围/mm	60~324	52~324	60~228.6	177.8	60~473.1
变形分辨率/%	无	无	无	无	5
角向分辨率/(°)	无	无	无	无	30

4）井下扫描电镜

井下扫描电镜是指利用电缆输送仪器组合之目标位置，通过观察油管表面有无坑蚀及点蚀等现象来监测气井油/套管腐蚀情况，通过扫描电镜 SEM 观察油管表面有无形成致密的腐蚀产物层。同时，根据能谱检测油管表面腐蚀沉积物，最终确定主要腐蚀产物。

6.3　生产测试设备及工艺

高含硫气井工况腐蚀性强，测试施工安全风险较大，故要求井口装置、钢丝/电缆和入井工具等具有抗 H_2S 和 CO_2 腐蚀能力，与常规油气井的测试工艺和安全防护措施区别较大。

6.3.1　测试工艺分类

根据测试方式，将生产测井工艺分为直读式测试和存储式测试两类。

电缆输送直读式测试是用电缆将测井仪器下放至井底后，上提过程中进行测量记录数据。存储式测试是用钢丝或连续油管将存储式测试仪器下放至井底录取并储存测试资料，待起出地面后再回放读取的测试方式。

6.3.2　井下测试仪器

1）井下永置式压力计

井下永置式压力计监测在国外应用比较普遍。主要应用于少数典型气井，实现气井全开发周期压力和温度的连续监测。普光气田目前有普光主体两口井的井下永置式压力计保持正常工作，连续录取气井井底压力，依据实测压力数据，建立流动压力计算模型，每月计算各生产井井底流压、了解气井生产压差，计算气井产能等。

2)井下电子压力计

针对普光气田地层流体性质及压力温度情况，主要采用应变压力计和石英晶体压力计两种井下电子压力计。测量井内流动压力和静止压力，一般用应变压力计，普光气田均使用较高精度的石英晶体压力计。石英是一种压电晶体，在受外力作用后，其内部正负电荷中心发生相对位移，因而产生极化现象。石英晶体是压力传感器，呈圆筒状，通过缓冲管与井管相连，石英晶体的上端与下端用垫圈密封，晶体中间抽成真空形成谐振腔。温度恒定时，谐振腔的谐振频率与压力大小有关。井筒压力改变时，谐振腔的频率将发生变化。

3)温度测井仪

温度测井仪由井下温度计和电子线路组成，生产测井常用的有普通井温仪、纵向微差井温仪、径向微差井温仪三种类型。井下温度计是温度测井仪的探头，其作用原理决定着仪器的工作方式，目前主要采用电阻温度计，原因是其精确度高而且测温范围大。电阻温度计采用桥式电路，利用不同金属材料电阻元件的温度系数差异，间接求出温度的变化。金属导体中的自由电子运动受热时互相碰撞的概率增高，因而电阻率发生变化。由于金属材料的温度系数越大，对温度越敏感，铂的温度系数约是康铜的800倍，所以温度计采用铂电阻作为灵敏臂，而采用康铜电阻作为固定臂，构成测温电桥。

4)自然伽马测井仪

岩石中的自然放射性元素主要是铀(238U)、钍(232Th)及其衰变产物和钾的同位素(40K)。火成岩的放射性较强，变质岩次之，沉积岩最弱。沉积岩中又以泥岩的放射性较强，砂岩、石灰岩、白云岩的放射性较弱，且随泥质含量的增加，放射性增强。因此，利用自然伽马测井有可能区分岩性，特别是从剖面中识别非泥质地层，并估计储集层的泥质含量。自然伽马测井(GR)记录的是地层所含放射性元素衰变时放出的伽马射线，单位是脉冲/min或API，后者是美国石油学会推荐使用的单位，以两倍于北美泥岩平均放射性的模拟地层为刻度标准，其GR测井值的1/200定义为API。这种刻度单位已被各测井公司普遍采用。常用的伽马射线探测器有放电计数管和闪烁计数器，普遍使用的是闪烁计数器。

自然伽马射线常用于划分岩性。在砂泥岩剖面，纯砂岩GR最低，黏土最高，泥质砂岩较低，泥质粉砂岩和砂质泥岩较高。即自然伽马随泥质含量的增加而升高。生产测井中主要用于校深。

5)磁性定位测井仪(CCL)

磁性定位测井又称套管接箍测井，由一个线圈和两块永久磁铁组成，磁性定位器的两块磁铁放置于线圈两侧，均以N极靠近线圈。由于在接箍处引起仪器内线圈磁通量的改变，其线圈便产生一个感应电动势，信号经电缆输送到地面仪器加以记录。通过信号对比，便可知接箍的深度。接箍信号形成过程示意见图6-9。

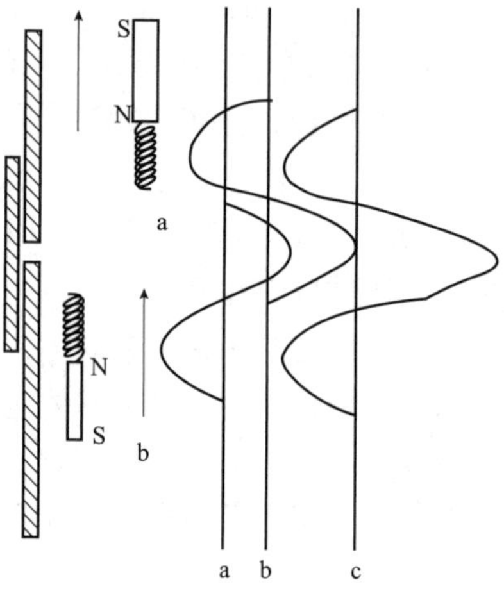

图6－9　接箍信号形成过程示意图

6）持水（气）率测井仪器

通过测量井内流体的相持率可以识别流体的性质，确定各相流体所占体积分数，求解油、气、水各产量。普光气田使用的有电容式持水率仪、探针式持水（持气）率计。

（1）电容式持水率计。利用油气与水的介电性质差异，水的相对介质常数为60～80，油气的相对介电常数为1.0～4.0，具有较高分辨能力。探头为同轴柱状电容器，振荡频率是流体电容率的函数，从而求取持水率。

（2）探针式持水（持气）率计。持水率探针共有6个，垂直于井轴方向分布，电动短节扫描各探针，精确测定低速水和烃的界面位置。持水率探针用于测量电导率，如果探针接触的是水（导电介质），则电路通路；如果接触油气，则电路短路，根据接通时间可计算出持水率（持气率＝短路时间/总时间）。其工作原理示意见图6－10。

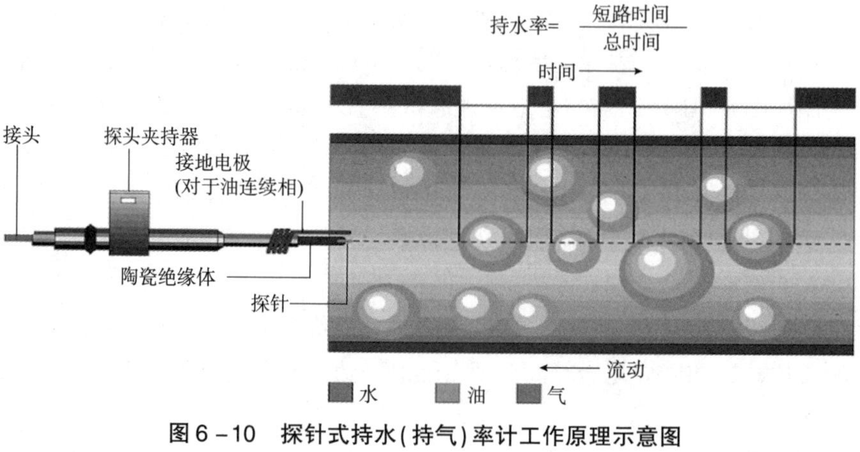

图6－10　探针式持水（持气）率计工作原理示意图

7）流动剖面测井仪器

流量计主要有涡轮流量计、示踪流量计和脉冲中子氧活化测井，普光气田主要采用涡轮流量计。常见涡轮流量计可分成连续流量计、全井眼流量计、伞式流量计和胀式流量计四种类型，普光气田主要采用连续流量计（图6－11）和全井眼流量计（图6－12）。

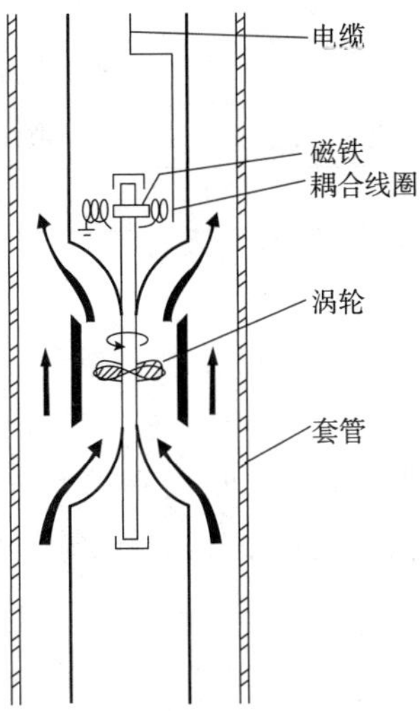

图6－11　连续流量计示意图

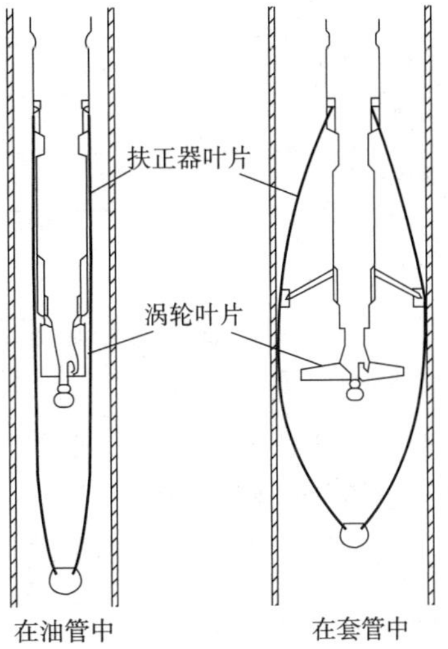

图6－12　全井眼流量计示意图

8)含水饱和度测井(中子寿命测井)仪

普光气田含水饱和度测井主要采用RST或PNN测试，其都是中子寿命测井的现场应用。中子寿命测井(Neutron Lifetime Log，NLL)也叫热中子衰减时间测井(Thermal Decay Time Log，TDT)。测井时，利用脉冲中子源发射高能快中子(14Mev)，脉冲照射地层，用伽马探测器探测经地层慢化产生的热中子被俘获放出的伽马射线(或直接探测未被俘获的热中子)，根据计数率随时间的衰减，进而计算热中子寿命和地层的热中子的宏观俘获截面，从而研究地层性质(特别是含油气性)的一种测井方法。在地层中，宏观俘获截面和热中子寿命主要与氯的含量有关及地层水矿化度有关。对于油气水层，气层的俘获截面最低，油层其次，水层最高。含水饱和度RST、PNN测井仪器指标对比见表6－4。

表6－4　含水饱和度RST、PNN测井仪器指标对比

参数	RST技术指标	PNN技术指标
长度/m	7	5.7
外径/mm	43	45
重量/kg	45.8	41.5
耐压/MPa	105	105
耐温/℃	150	150
探测方式	伽马射线/热中子	热中子
探测半径/cm	纵向分辨率40 横向分辨率：36(短)，80(长)	纵向分辨率30 横向分辨率：42(短)，72(长)
探测器效能/%		97
探测器误差/%	±2	±2
孔隙度范围/%	>10	>5
地层水矿化度/ppm		≥5000
测井速度/(m/min)	4.57~9.14	2~3

续表

参数	RST 技术指标	PNN 技术指标
适用范围	直井、大斜度井和水平井	直井、大斜度井和水平井
仪器现场刻度	无须刻度	无须刻度

9)井下测试仪器串

优化组合录取不同测试数据的测试仪器串可减少测试入井次数、缩短井下工作时间，提高测试效率，同时可有效避免因作业时间长、施工工序复杂及返工带来的施工安全风险。普光气田通过现场实践，形成了电缆直读式测试、钢丝存储式测试、连续油管输送存储式测试三类组合测试仪器串(图 6 - 13 ~ 图 6 - 15)，大大缩短了测试施工周期，降低了单井测试费用，减少了测试对生产的影响。

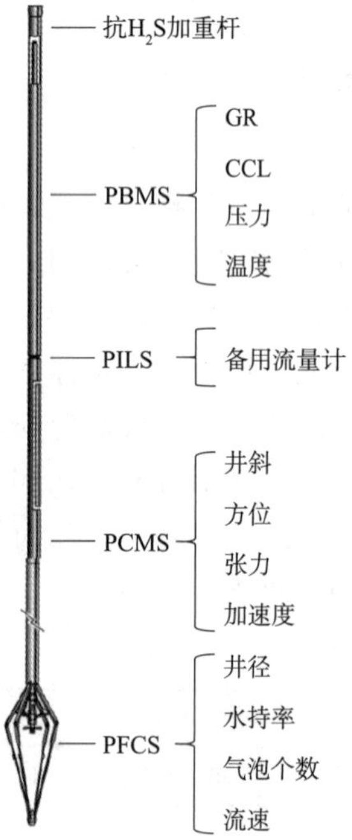

图 6 - 13　电缆直读式测试

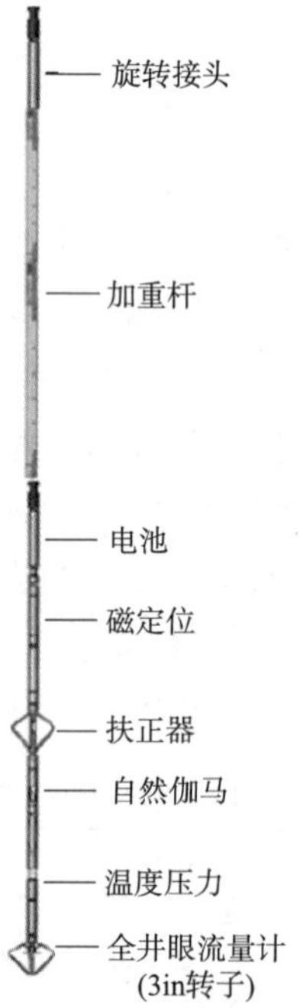

图 6 - 14　钢丝存储式测试

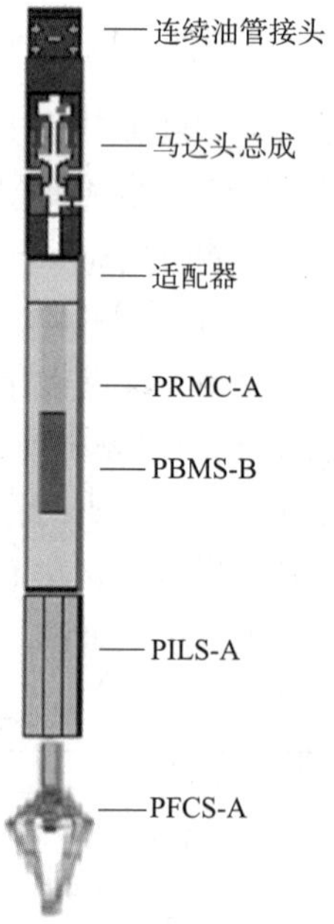

图 6 - 15　连续油管输送存储式测试

6.3.3　钢丝/电缆测试设备

根据普光气田特殊的地理环境和工况条件，采用的钢丝/电缆防喷作业系统包括测井绞车、KEA 高压防喷器、高抗硫钢丝、高抗硫电缆、抗硫高精度电子压力计等设备。

1)测井绞车

测井绞车是控制测井钢丝/电缆进行现场作业的动力设备，根据功能和用途又分为试井橇、钢丝试井车和电缆测井绞车。

(1)试井橇。

常用试井橇具有两种结构，一是整体式结构，主要由液压动力部分、绞车部分、仪器操作系统及各种辅助装置组成，均安装在同一个框架内。整体式结构可能对面积小或不规则井场摆放困难。二是分体式结构，主要有动力系统(除柴油机和液压泵外，还包括发电机、空气压缩机等辅助装置)、操作系统和绞车系统，且独立分开，通过高压液压管线连接控制。分体式结构可根据井场布局灵活摆放。

SLIMLINE 双滚筒绞车是普光常用的设备之一，满足直径 3.2mm 钢丝 7000m 作业要求。该设备为一体紧凑型，包括完整动力舱、操作驾驶舱和滚筒绞车舱。完整动力舱包括发电机组、柴油机组及部分液压系统，主要为起下钢丝/电缆及井下工具提供动力；操作驾驶舱包括控制面板、操作台等，主要提供钢丝电缆作业过程中的速度、张力、液压、电力等信息的显示与控制；双滚筒绞车包括双滚筒、机械测量头、排绳器、传动及光电传感器等，主要实现钢丝电缆的上装、起下及速度、深度、张力等参数的测量。试井橇筒绞车技术指标见表6－5。

表6－5　试井橇筒绞车技术指标

操作温度范围/℃	－20 以上
运输尺寸(长×宽×高)/mm	3340×1350×2330
运输质量/kg	4000
最大承重/kg	10000
发动机功率/kW	4 汽缸 59kW(79hp)
级别	Zone 2 (ATEX)
工作时间/h	33%负荷运作，可以工作大约 24h
发电机液压系统额定功率/kW	0.6
柴油机	59kW(79hp)
柴油油箱容量/L	90
耗油量/L/H	钢丝起下过程中约 9
适用绞车滚筒	SC06 及 BC06
测量深度误差/m	3000±1
平均最大拉力(平均在 ID 和 OD 之间)/kg	3815
标定最大速度(平均在 ID 和 D 之间)/(m/min)	344
标定最小速度(平均在 ID 和 D 之间)/(m/min)	9.38

(2)钢丝试井车。

试井车是一种油田专用装置，适用于各种型号规格的钢丝进行试井作业。试井车配合不同的井下仪器可以进行井下测压、测温、测井斜度、井底取样、探测砂面、清蜡及小型打捞等井下作业。具有传动结构简单、工作平稳、噪声小、操作方便灵活、可靠性高以及维护容易等优点。

ES5163TSJ3 试井车为单滚筒试井车，滚筒容量为 10000m^3，适用于直径 2.0～3.5mm 规格的钢丝试井作业，其主要组成及作用如下：

①汽车底盘。主要作用是为绞车提供动力，装载并移运试井绞车、钢丝、仪器及其他有关配套设备。

②车厢。以东风 EQ6752ZTV 客车为基础，设为两舱布局，前舱为操作舱，后舱为试

井设备室，安装有试井绞车、液压系统、钢丝计量装置、操作台、电控箱、仪器架、防喷管架、挡绳架等试井设备。

③取力系统。主要作用是将汽车底盘发动机输出的动力经取力器、传动装置传递给液压油泵，驱动液压系统工作。

④液压系统。主要作用是将取力系统输出的动力传递给绞车系统。液压系统包括液压油泵、液压马达、控制阀件、主要液压仪表、液压油温度控制器、散热器、油箱、管线接头及其他辅件等。

⑤绞车系统。主要用于测试作业过程中提升和下放井下仪器，以满足井下仪器不同位置及运动的要求。

⑥气路系统。以汽车底盘备用储气罐作为气源，为仪器压紧装置、绞车换挡控制以及取力器换挡机构等提供压缩空气源。主要包括减压阀、气路开关、换挡气缸、取力器 控制阀、滚筒离合器控制阀、气压表、气路管线和接头等。

⑦电气系统。为底盘直流电系统，可为行车照明、车内直流照明、车载直流空调、发动机水暖风机、钢丝电缆测量系统等直流用电设施提供电源。也可根据汽车底盘结构及用户的要求配装车载交流发电机或设置外接电源插座，为车上提供交流电源。

⑧测量系统。主要用于测量绞车钢丝的运动速度(仪器的起下速度)、仪器的下井深度、钢丝张力等参数，并且能够显示、报警、调节和控制等。包括钢丝测量头、机械计数器、智能计量面板等。

⑨辅助设施。包括车载空调、电暖风机、水暖风机、通信对讲机、灭火器材、挡绳架、防喷管架、井下压力计架、绕线轮、小吊车、文件柜、工作台、工具箱、急救箱等设施。

鉴于普光气田普遍井深在5000～6200m，试井车滚筒功率及钢丝缠绕容量要求满足直径3.2mm钢丝7000m作业要求，计数轮要满足计数精度。钢丝试井车实物见图6－16。

图6－16　钢丝试井车实物图

(3)电缆测井绞车。

电缆测井绞车是一种油田专用装置，主要用于中途测试和试井。利用下入井内的测量仪器和地面计算机系统对井下参数进行地面直读，并将信号进行转化和处理。通常用于产气剖面、含水饱和度、电缆射孔、下电缆桥塞、测斜、井径测井等作业，也可进行井下温度和压力梯度测试等作业，实物见图6－17。

图6-17 电缆测井绞车实物图

电缆测井绞车主要由以下几部分组成：

①汽车底盘。主要作用是为绞车提供动力，装载并移动绞车、电缆仪器及其他有关配套设备。

②车厢。通过副车架与汽车底盘固定在一起，主要用于安装各种工作部件，并为操作人员提供工作场所。车厢采用双舱式结构，分为操作舱和绞车舱。操作舱内安装有测井仪器、操作台、电控箱、双向冷暖车载顶式空调及各种辅助设施等；绞车舱内主要安装有绞车系统、液压系统、排绳控制系统、喷油控制系统、仪器架、测量系统以及其他辅助装置；在车厢后部还设有柴油发电机舱和工具舱等，在车厢中后部设置了液压发电机舱。

③传动系统。主要作用是将汽车底盘发动机输出的动力经取力器、传动轴、液压系统、减速器、链条传递给绞车系统，从而驱动滚筒工作。

④绞车系统。主要用于测试作业过程中提升或下放电缆，满足井下仪器不同位置及运动的要求。

⑤控制系统。主要用于对测井绞车的各个工作机构进行控制，以使其满足作业工况的要求，包括电气控制系统、减速器控制系统、发动机控制系统、滚筒控制系统、刹车控制系统、排绳控制系统、喷油控制系统及压力控制系统等。

⑥液压系统。主要用于为绞车系统传递动力，并且为液压排绳系统提供动力。绞车液压系统包括变量液压油泵、液压马达、控制阀件、液压仪表、温度控制器、散热器、油箱、蓄能器、管线接头及其他辅件；液压排绳系统主要包括辅助泵、液压油缸、四方向控制阀、蓄能器、泄荷溢流阀及管线接头。

⑦气路系统。气源来自汽车底盘备用储气筒，主要用于对取力器、电缆喷油装置、仪器压紧装置、绞车刹车机构、减速器换挡机构等进行控制。主要包括减压阀、气路开关、刹车气缸、刹车手柄阀、刹车按钮阀、气路管线和接头等。

⑧电气系统。包括外接交流电源、发电机交流电系统、车身交流用电器和交流电控制系统，以及车厢内直流照明、车上直流用电器和直流控制系统等。

⑨测量系统。电缆测量系统包括测量头、测量面板，主要用于对绞车电缆的起下速度、下井深度、电缆张力等参数进行测量，并能够报警和控制等。

⑩辅助系统。包括空调、灭火器、绕线轮、天地滑轮、滑环等。

普光气田井深普遍在5000~6200m，测井车滚筒功率及钢丝缠绕容量要求满足直径8mm或11.8mm电缆7000m作业要求，计数轮要满足计数精度要求。绞车整体指标见表6-6。

表6－6 绞车整体指标

操作温度范围/℃	－20以上
运输尺寸(长×宽×高)/mm	9850×2550×3965
整备质量/kg	27870
最大总质量/kg	28000
发动机功率/kW	311
最高车速/(km/h)	90
接近角/离去角/(°)	22/12
最小转弯直径/m	21.5
驱动形式	6×4
适用电缆直径/mm	8
滚筒容绳量/m	8000
提升能力/kN	65(瞬时)
滚筒速度/(m/h)	30～8000

2)井口防喷装置

普光气田钢丝/电缆作业井口采用KEA抗硫高压防喷装置，包括防喷盒、捕捉器、防掉器、闸板防喷器、防喷管等。

(1)防喷盒。

防喷盒(图6－18)，由盘根密封和密封脂密封两部分组成，主要作用是对钢丝进行静态或动态密封。盘根密封主要是通过盘根盒内的盘根对钢丝进行静态或动态密封，以防止防喷器内气体外渗。密封脂密封主要是通过注脂口向流管内注入密封脂，用以密封流管内壁与钢丝间的环形空间。

防喷盒既可手动控制也可液压控制，适用于多种规格的钢丝，而无须调整。操作工具内，有一个由快速单向阀控制的防喷塞，一旦发生钢丝断裂，可提供一个单向的金属对金属的密封，关闭井筒。

(2)捕捉器。

捕捉器(图6－19)安装在防喷管的顶部，可自动捕捉到电缆头，防止当电缆或钢丝断裂时工具掉井，从而起到防护作用。捕捉器的可靠性极高，捕捉机构是机械的而无须液体压力，只有当释放电缆头时，才需要加液压。以前的捕捉器仅适用于单一尺寸的打捞颈，但现在的捕捉器可用于捕捉25.4～38.1mm的颈径。

捕捉器有两种类型，第一种捕捉器上下均为由壬，它可以方便地连入防喷管串中，适用于钢丝作业；另一种捕捉器直接与防喷管中的下部油管/套相连，减少了注入头与捕捉器间的一道由壬连接，更重要的是，这种结构提供一个速度单阀，当发生电缆断裂时，可自动密封高压液体，适用于电缆作业。

(3)防掉器。

防掉器(图6－20)用于防止防喷管内的仪器串意外掉到落井中，有手动和液控两种驱动方式，内径63.5～171.7mm。当工具串上提进入防喷管后，防掉器自动关闭并保持常关状态，以防止工具串掉落入井。

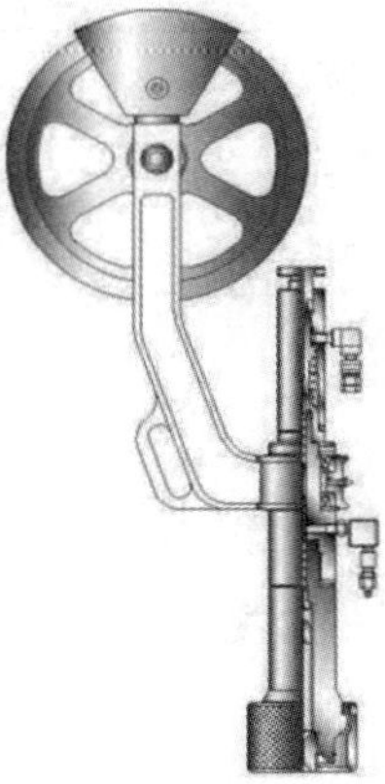

图6－18　防喷盒

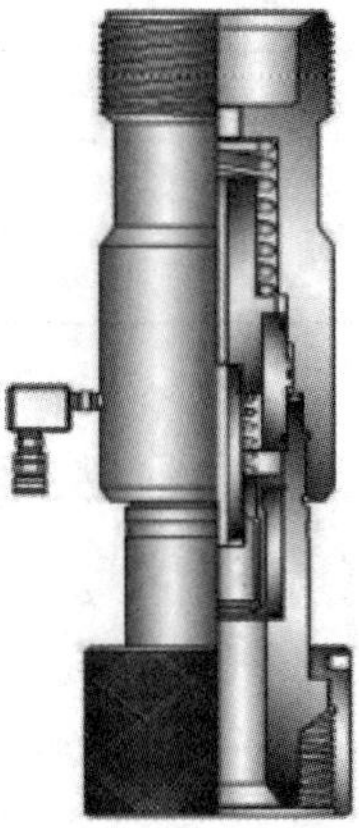

图6－19　捕捉器

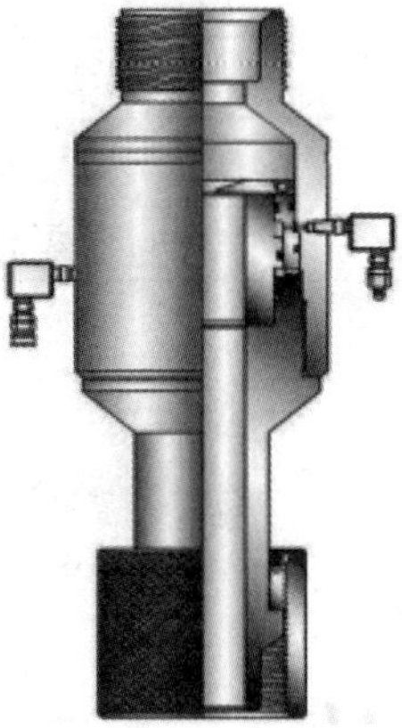

图6－20　防掉器

(4)防喷器。

防喷器用于高压情况下静态密封钢丝/电缆。防喷器可分为单闸板、双闸板(图6－21)和三闸板(图6－22)结构，通过两个相对的导向闸板相互挤压完成钢丝/电缆密封。当作业井中含有H_2S、压力大于35MPa时，必须使用液压驱动的防喷器。液压防喷器可用于任何形式的液压源(最大压力21MPa)，必要时也可手动操作。通常情况下，防喷器内径为63.5～162.1mm，钢丝作业采用双闸板防喷器，而电缆作业采用三闸板防喷器。

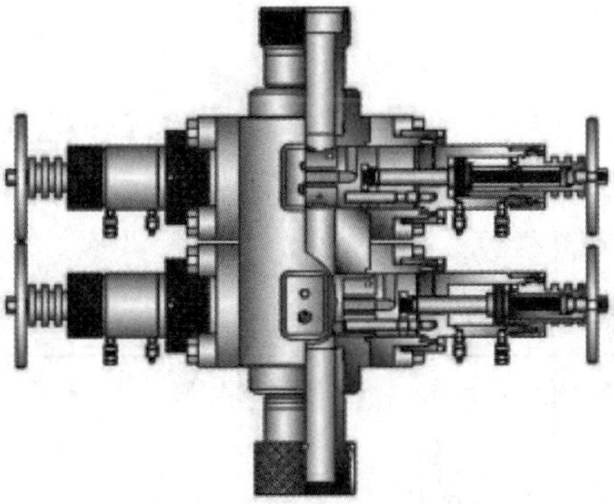

图6－21　钢丝双闸板防喷器

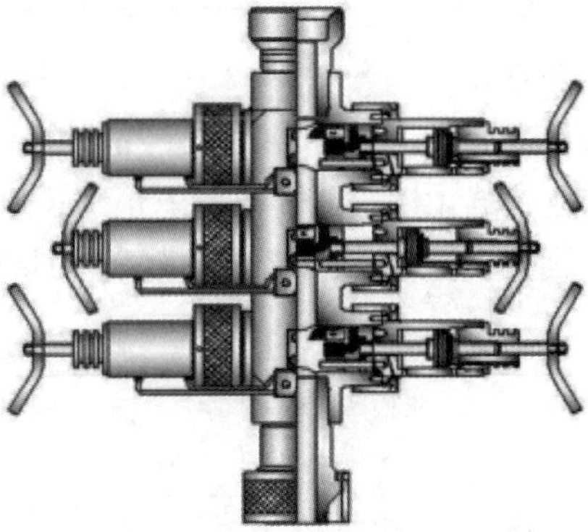

图6－22　电缆三闸板防喷器

(5)防喷管。

防喷管(图6－23)有多种规格，可满足不同压力、不用直径工具串的施工需要。并配有标准的由壬接头，有双密封、整体接头、细长型三种类型。当工作压力大于35MPa时，多选用前两种。这两种均有泄压孔(下防喷管)，其中整体接头为免维护防喷管。防喷管技术指标见表6－7。

表6－7　防喷管技术指标

材质	L80
耐压/MPa	70
防喷管内径/mm	76

续表

材质	L80
防喷管长度/m	2.43/1.52/0.91
井口适配器	$3\frac{1}{16}$in 15K API BX154 法兰

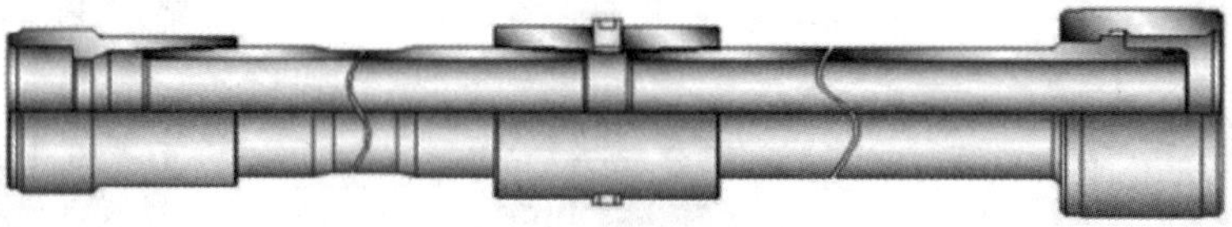

图6-23 防喷管

3)钢丝优选

目前国内生产的钢丝大多不抗硫或抗硫级别很低，不能满足普光高含 H_2S、中含 CO_2 腐蚀性气藏测试要求。普光气田采用 SUPA75 高抗硫钢丝，机械性能见表6-8。

表6-8 SUPA75 钢丝机械性能

直径/mm	型号	长度/m	最小破裂拉力/kg	推荐安全拉力/kg	防腐性能	生产厂家
3.0	SUPA75	7643	920	550	良好	BRIDON 国际有限公司

4)抗硫电缆

普光高含硫井选用外径 8.03mm 的高抗硫防硫电缆，耐温指标为 246℃；该型号的电缆能够在高含 CO_2、H_2S 环境下正常工作，抗 H_2S 浓度可达 30%，满足在高含硫气井进行产气剖面测井施工的要求。表6-9为抗硫电缆性能参数。

表6-9 抗硫电缆性能参数

电缆型号	平均外径/(in/mm)	空气中重量/(kg/km)	清水中重量/(kg/km)	长度/m	温度上限/(℉/℃)	抗断强度/kg
1-H-314K	0.316/8.03	288	246	8000	475/260	4050

6.4 生产测试安全控制及技术要求

6.4.1 生产测试安全控制技术

针对高压、高含 H_2S 气井测试装置的动、静态密封系统要求极高，安全控制难度极大等问题，应用了绳缆(钢丝)输送动态密封防漏设备和连续油管输送动态密封防喷设备，高含 H_2S 余气处置技术，动态气密封压力达 50MPa，实现了测试过程中的零泄漏。

1)防喷装置动态密封控制技术

配备不同黏度的密封硅脂，根据外界环境温度选择黏度适当的密封硅脂。外界温度较高时选择使用黏度较大的密封脂，外界温度较低时选择使用黏度相对较小的密封脂。也可根据环境温度的变化选择两种密封硅脂混合使用，以确保达到密封的要求。作业过程中，密封硅脂注入压力结合钢丝(电缆)起下速度保持在气井井口压力的1.5～2倍；严格控制钢丝(电缆)起下速度不得高于2000m/h；根据普光的“三高”特性，配备双注脂管线+双空压机+双气控管线，做到动密封的一用一备，确保井控安全。

(1)钢丝输送动态密封防漏设备。针对钢丝作业中由于盘根磨损导致的封压效果变差的风险，采用“盘根密封+注脂流管+内嵌式防喷塞”的三级防泄漏工艺，见图6-24，动态气密封压力达50MPa。

(2)电缆输送动态密封防漏设备。“双注入端口+双注脂橇+多流管”动态密封控制系统见图6-25，动态气密封压力达50MPa，确保了普光超深高含硫气井电缆测试的防泄漏控制。

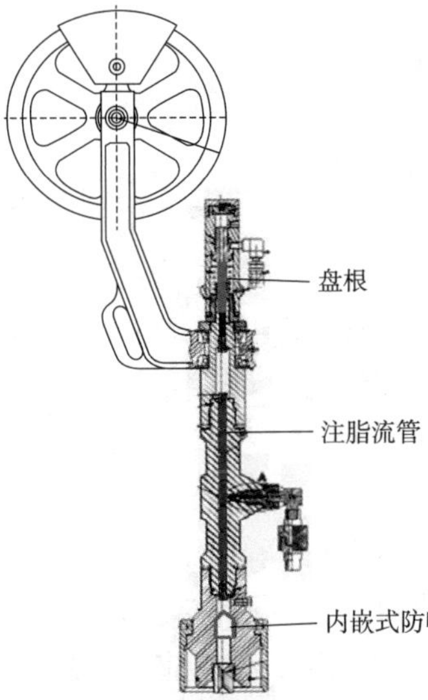

图6-24 钢丝输送动态密封防漏系统装置图

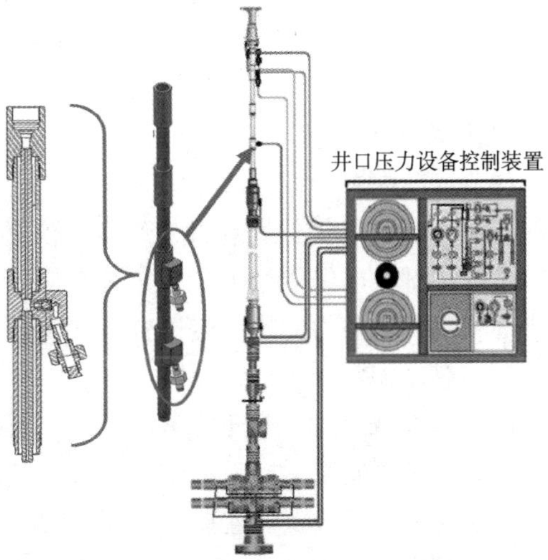

图6-25 电缆输送动态密封防漏系统装置图

(3)连续油管输送动态密封防喷设备。采用了双防喷器+双防喷盒+双药剂注入的防喷防腐蚀工艺技术，同时地面配套多功能辅助流程，实现连续油管作业过程中的紧急压井、泄压点火和放喷等功能。

2)防喷管快速泄压及余气处理技术

防喷管快速泄压是指井下工具进入防掉器后，关闭采气树地面安全阀、开启笼套式节流阀，通过地面放空火炬系统将防喷管压力泄至常压(图6-26)。余气置换技术是指泄压完成后关闭采气树测试闸门，向双闸板防喷器试压管线泵入试压液，利用试压液将防喷管内余气置换至碱水池中进行中和处理，实现余气的快速无害化处理。

6.4.2 生产测试技术要求

普光气田分年度制定气藏动态监测方案，重点监测项目包括钢丝静压/流压测试、产能测试、压力恢复测试等和电缆含水饱和度测试、产气(油)剖面测试等两大类。通过规范气井生产测试现场管理、资料验收等要求，保障生产测试作业安全及录取资料真实可靠。

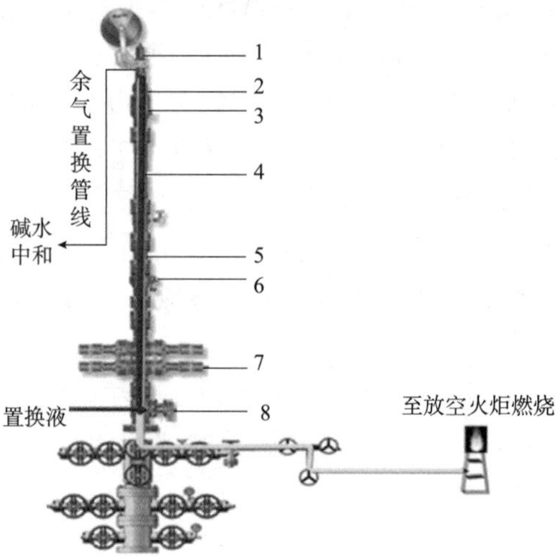

图6-26 防喷装置余气快速泄压流程

1—防喷盒；2—化学注入短节；3—捕捉器；4—防喷管；5—防掉器；
6—整体测试短节；7—防喷器；8—三通

1)现场管理

(1)设备要求。

所有与含 H_2S 天然气接触的设备、仪器仪表、密封件(包括防喷器、防喷管、防喷盒、试井钢丝和试井电缆等)应采用抗 H_2S 应力开裂材料。地面仪器、下井仪器、绞车动力、绞车面板和井场条件的检查应符合标准要求。

(2)施工过程。

①测井设备摆放。应充分考虑风向，根据井场环境进行布局。

②井口装置安装拆卸。各防喷装置连接牢固且密封良好，并安装防掉器短节；防喷管安装长度应大于下井仪器连接总长度，并有一定的富余空间，耐压级别应大于最大关井压力；防喷管串上端应拴上四条紧固防喷的安全缆绳，且在防喷管串安装完成后用地锚紧固；测井过程应安装电缆、钢丝清洁装置。

③井口防喷设备试压、泄压。试压时应保证生产井口测试阀门处于关闭状态；试压液选择，夏季周边气温在25℃以上时可选择50%清水和50%乙二醇混合的试压液，其他季节使用100%乙二醇试压；防喷装置安装好后，高压试压按额定工作压力试压，低压试压按额定工作压力的0.5倍试压；若防喷装置工作压力远大于地层压力，则高压试压可以井口最大关井压力的1.5倍为高压试压标准，低压试压为高压试压的0.5倍即为井口最大关井压力的0.75倍，但不得低于管线外输压力；试压时应稳压15min，无压力降为试压合格，发生压力降为试压不合格，不合格的需整改后重新试压直至合格；试压完成后应将防喷管内压力释放至与井口压力平衡，防喷管内释放出的试压液应回收至回收桶内，回收桶内试压液应用NaOH溶液进行中和稀释。

④电缆、钢丝控制。起、下速度要均匀，并实时监控上行下放速度、仪器深度、张力的变化，及时发现、处置遇阻、遇卡问题；仪器下至2500m时停车，以后每增加1000m时应停车1次，进行绞车制动力测试，观察仪器运行滞后情况；每下放500m应上提50m，以释放扭矩，防止打扭；下井仪器在油管内上下行速度应小于2000m/h(33m/min)，过地

面安全阀、井下安全阀、封隔器、喇叭口、造斜段等复杂井段时应将速度降低至200m/h (3.3m/min)以下，下井速度除要满足以上要求外，还应根据地面张力控制速度，以防仪器漂浮和井口动密封失效；当气井工作制度发生变化时，如调产、关井等情况，应向防喷装置内泵注乙二醇，并且不少于15min。

⑤仪器操作。操作仪器前先确认地面安全阀和井下安全阀是否屏蔽，确认屏蔽后操作人员缓慢打开井口测试阀门直到完全开启，并记录下阀门的开启圈数；按照测井项目要求合理选择采集参数，并实时监控仪器运行情况；资料录取及技术要求应满足《川东北酸性天然气井试井技术规范》(Q/SH 0172—2008)中第7章的规定；仪器地面配接工作就绪，人员处于安全位置后方可供电，地面检查完成后应立即关闭电源；在井口进行仪器装、卸操作时，不得供电。

2)资料验收

(1)测井资料质量应符合《石油测井原始资料质量规范》(SY/T 5132—2012)中的要求。

(2)施工日报包括但不限于施工实际测试过程、测试时间段、测试深度和特殊情况。

(3)试压曲线包括但不限于仪器直读记录试压时间、试压压力的数据。

(4)测井数据包括但不限于地层深度、不同工作制度下(各产层转子转速、持水率、井径、流温梯度和流压梯度等)数据、压力恢复数据、静温梯度、静压梯度和含水(气)饱和度。

(5)解释报告的内容应符合Q/SH 0172—2008中第11章的要求，包括单层产量、地层压力、地层温度、井底流压、单层产能评价和无阻流量、地层渗透率、表皮系数和测试层段含水(气)饱和度评价等。

思考与练习

1. 生产测试的作用及目的是什么？
2. 高含硫气田生产测试技术包括哪些？
3. 取样器由哪些部分组成？
4. 防喷装置动态密封控制技术是指什么？

第 7 章　井　　控

在石油天然气勘探开发过程中，地层流体(油、气、水)一旦失去控制进入井内，就会导致井喷或井喷失控。含 H_2S 气井发生井喷时，如果处理不当，极易引起井喷失控着火、井场爆炸等灾难性事故，甚至会危及周围群众生命财产安全，给国家、企业造成重大经济损失和不良社会影响。本章主要介绍井控基础知识、钻完井井控、生产井控、环空带压井井控管理，重点介绍普光气田高含硫气井的井控措施和做法。

7.1　井控概述

井控就是通过各种工艺措施、借助各种专用设备，对油气井内的流体压力进行有效控制，也称油气井压力控制。井控的主要目的是通过遏制井侵、溢流、井涌等井喷初期现象，避免发生井喷、井喷失控等事故。

7.1.1　井喷形成的机理

充分认识井喷形成的机理，了解流体及其力学性质，掌握井控装备的基本功能和参数，对搞好井控工作是很有帮助的。井喷形成的根本原因是压力失衡，即地层压力大于井底压力，导致地层流体进入井筒，并在井筒内上窜喷出井口。气井的地层流体主要为天然气，气体有溶解、膨胀和易燃易爆的特性，在钻井、作业过程中易形成井喷。

1)气体的来源

气井钻井、作业过程中，井筒内气体的来源主要有四个：岩屑气侵、浓度扩散、重力置换、压力差条件下的侵入。

①岩屑气侵。在钻开气层的过程中，随着岩石的破碎，岩石孔隙中的天然气被释放出来而侵入作业流体，侵入天然气量与岩石的孔隙度、含气饱和度、井径、机械钻速和气层的厚度等有关。

②浓度扩散侵入。气层中的气体透过泥饼向井内扩散，侵入作业流体，扩散进入井内的气体量主要取决于钻开的气层表面积、浓度差和泥饼性质。

③重力置换侵入。当钻到大段的气层、特别是大裂缝或溶洞时，由于作业流体密度大，与气体产生重力置换，天然气被作业流体从地层中置换出来，在井底容易积聚形成气柱。

④压力差侵入。井底压力小于地层压力时，气体由气层以气态或溶解状态大量地流入和渗入作业流体。

2)气体对压力的影响

气体具有可压缩性或膨胀性，当压力增大时，其体积减小，反之则体积增大。在钻井作业过程中，若有少量的气体进入井筒侵入作业流体，在其向上运移的过程中，体积会随着所受作业流体液柱压力的减小而增大，使井筒内压力系统由正平衡逐渐转为欠平衡，导致溢流的发生。欠平衡状态会导致更多气体进入井筒，若不及时关井，气体向上运移时体积膨胀，造成井底压力进一步降低，则会加剧溢流的发展。特别是井底的高压气体运移至井口附近时，由于体积急剧膨胀，将会使溢流急剧加速，很快造成液柱压力迅速降低，形成井喷。

由于气体的膨胀性，气侵作业流体返到地面时可能呈现密度大幅降低的情况，此时不能以地面气侵作业流体的密度乘以井深来简单计算作业流体液柱压力，因为气侵作业流体的密度在不同深度是不同的。其中气侵对井底作业流体压力减少的绝对值都是很小的。这表明，地面气侵很严重的作业流体，看起来好像有大量气体侵入作业流体，但是实际上井底只有少量的气体侵入作业流体。确立这种认识对于正确估量井底天然气侵入的程度是十分必要的。

综上所述，仅仅由于气侵，井底作业流体液柱压力的减少是非常有限的。但是如果没有及时有效地除气，让气侵作业流体重新泵入井内，且继续不断地受到进一步气侵，则井底作业流体液柱压力将不断下降，最终会失去平衡，导致井喷。

3)气体积聚溢流和井喷条件

由于较长时间停钻、停泵，造成侵入井底的气体非均匀分布，气体在井筒内聚集形成气柱，气柱在井筒内上升或被循环作业流体推着上行时体积会增大膨胀。

4)井喷形成的过程

井喷是地层流体进入井筒后逐渐发展形成的，分为井侵、溢流、井涌、井喷和井喷失控等阶段。

(1)井侵。在钻井过程中，少量地层流体(如钻屑气)不可避免地进入井眼系统，使钻井液密度及井底压力有一定程度的降低，但没有出现负压差，这一现象称为井侵。

(2)溢流。如果井侵不能及时消除、井漏或因地层压力升高而没有及时上提钻井液密度，造成井底压力低于地层压力，使较多的地层流体进入井内，这一现象称为溢流。关井前进入井内地层流体的体积称为溢流量，通常用钻井液池液面增量来计量。

(3)井涌。溢流入井后，因其密度通常较低，再加上气体滑脱、膨胀的特性，极大地降低井底压力，更多的地层流体进入井内，推动钻井液自动外溢，严重时从喇叭口溢出，这一现象称为井涌。

(4)井喷。如果井涌发现较晚或关井不及时，钻井液将快速上喷，喷出转盘面甚至到二层平台，这种现象称为井喷。根据中石化的规定，井喷即为事故。

(5)井喷失控。井喷发生后，因各种原因无法关井而造成长时间井喷甚至爆炸着火的现象，称为井喷失控。根据中石化的规定，井喷失控为特大事故。

7.1.2　井控的基本原理

压井是井控的主要方法，即向压力失衡的井内泵入高密度压井液，始终保持井底压力略大于地层压力，重建和恢复压力平衡作业。要正确实施压井时的压力控制，必须了解压井的基本原理。

1)井控基本压力关系

井内流体有关井时的静止状态和压井时的循环状态两种，各状态下立压、套压和井底压力之间的关系也有不同。

(1)关井状态井内压力关系。

当关井后，压井液停止流动，溢流也停止侵入。钻柱内压井液液柱压力与地层压力的差值作为立管压力表现出来。环空内流体液柱压力与地层压力的差值作为套管压力表现出来。由于此时环空流体已不再是单一的压井液，它包括一部分溢流。由于溢流密度低，使环空一侧压井液液柱压力减少。因此，环空一侧的地面压力将高于钻杆一侧，关井套压大于关井立压。井内压力的表示方法如下：

$$P_{立压} + P_{液柱} = P_{套压} + P_{环空液柱} = P_{地层} \quad (7-1)$$

(2)压井时井内压力关系。

压井循环时，在关井时的压力关系中又增加了重浆液柱压力和流动摩阻，使地面压力发生相应的变化。由于摩阻与流动方向相反，只使其上游的压力增加。了解了这个规律我们就能在压井循环时控制好地面压力，达到保持井底压力不变的目的。

(3)原浆循环时立压的控制。

原浆在钻柱内下行时，钻柱内的钻井液密度不发生变化，因而其液柱压力也保持不变。要实现井底压力平衡地层压力，必须有一个关井立压作用在钻井液柱顶部。要使钻井液以一定速度循环，必须给钻井液提供额外的泵压——低泵速循环压力。因此，要保证在实现井底压力和地层压力平衡的前提下让钻井液在低泵速下循环起来，就要保持循环立管压力等于关井立压加上低泵速循环压力即初始循环立压，就可以保持井底压力不变。增加的泵压的绝大部分作为摩阻消耗在钻柱内，此时的环空摩阻则作用在井底。原浆循环时，只需保持循环泵压不变，即可保持井底压力不变。

(4)原浆循环时套压的变化。

套压的变化随溢流量、溢流性质及压井方法的不同而有很大的区别，它虽不是压力控制的主要对象，但是在压井过程中也要随时关注其变化情况，因为一方面立压通过节流阀调节，这势必引起套压变化；另一方面它能直接反映某些井下情况，过高的套压可能压漏地层或超过井口承压能力。对于气体溢流，随着溢流上升，为保持并底压力不变，必须允许其适当膨胀。因气体向上运移体积增加，从而使环空内钻井液液柱压力减小，这样环空必须施加更大的节流压力。因此，溢流循环出井的过程中，套压是逐渐升高的。当气体到达井口时，套压达到最高。随着气体的排出，套压急剧下降。为防止气体到达套管鞋或井口时压漏地层，有必要估算最大套压。

(5)重浆循环时立压的控制。

重浆在钻柱内下行时，重钻井液液柱高度逐渐增加，原浆的液柱高度逐渐减小，总的液柱压力在不断增加。为保持井底压力不变，立管压力应从初始循环立压逐渐减小从而使井底压力保持不变。

$$初始循环立压 \approx 低泵速压力 + 关井立压 \quad (7-2)$$

重浆在钻柱内下行时立压的变化为：

$$P_{立压} - P_{钻柱内摩阻} + P_{钻柱内液柱} = P_{井底} = P_{地层} \quad (7-3)$$

当重钻井液到井底时，重钻井液的液柱压力已足以平衡地层压力，因而此时立管压力即终了循环立压，只是用于克服重浆循环的阻力，只要保持此压力不变，即可保持井底压力不变。

终了循环压力≈低泵速压力×压井钻井液密度/原浆密度　　(7-4)

重浆在环空上返时立压的变化为：

$$P_{立压} + P_{钻柱内摩阻} + P_{钻柱内液柱} = P_{井底} = P_{地层} \quad (7-5)$$

(6)重浆循环时套压的变化。

重浆在钻柱内下行时，环空套压的变化取决于所采用压井方式。重浆入井时，如果环空有溢流，则套压变化规律与原浆循环时相同。如果没有溢流，则套压保持不变，从而使井底压力保持不变。此时：

$$P_{套压} + P_{环空摩阻} + P_{环空内液柱} = P_{井底} = P_{地层} \quad (7-6)$$

当重浆进入环空后，如果环空有气体溢流，随着重浆的循环，虽然环空内重浆段高度增加，但气体膨胀明显，其总的液柱压力仍将减小。为保持井底压力不变，必须适当增加套压，前提是保持当前的立压不变，即随着重浆在环空上返，溢流逐渐排出，套压降为零。

当重浆进入环空后，如果环空无溢流，或者溢流为液体，随着重浆的循环，环空内重浆段高度增加，总液柱压力增加。为保持井底压力不变，必须适当降低套压，即随着重浆在环空上返，套压逐渐降低，前提是保持当前的立压不变。当重浆返至地面时，套压降为零。

2)压井原理

以气井作业为例，常规压井方法是通过循环井内压井液，利用地面节流阀产生的阻力和井内压井液液柱压力来平衡地层压力，即U形管原理。为了更好地理解常规压井原理，我们可以设想井筒中安装了四块压力表。从理论上讲，压力表应该安装在井筒压力系统中关键的地方，以指导整个压井作业。四块理想的压力表可放置位置如下：

(1)地层处：显示地层压力。

(2)井底：显示井底压力，维持足够的井底压力以防止更多的地层流体进入井内。

(3)套管：位于或接近套管的顶部，显示套管压力，防止套压超过地面设备压力极限。

(4)油管：显示油管压力，监控井下条件变化情况。

以上为理想状态，通常情况下只有油管压力表和套管压力表可以在地面上找到。但是，这些压力对于井底常压法来说是重要的。但它们可以利用油管与套管压力表来监控，要做到这一点，就需要了解U形管原理和循环系统的基本压力关系。

要正确实施井底常压法压井，就必须充分了解井底压力、油管压力和套管压力之间的关系，而能够描述三者关系的最好方法就是U形管原理。

图7-1为U形管示意图，用来表示井眼内油管的压力情况。油管内部用A侧来表示，而环空可用B侧表示，其底部相当于管柱底部。A侧底部的压力等于B侧底部的压力，该压力可被认为是井底压力。

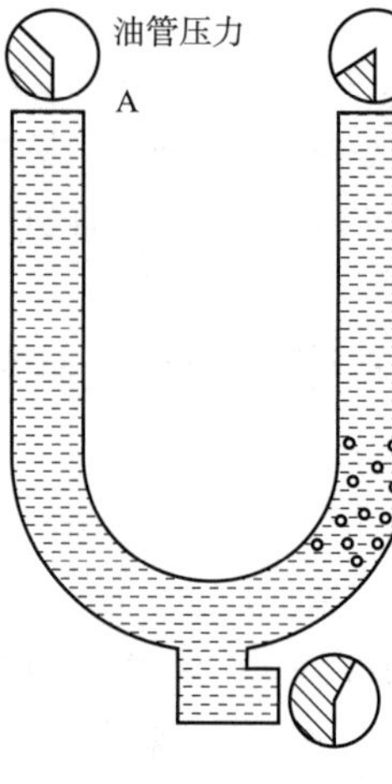

图7－1　U形管示意图

在静止情况下，$P_{井底}=P_{液柱}+P_{地面}$，而U形管底部相连通的地方，其压力一定是相等的，即：

$$A侧：P_{A井底}=P_{A液柱}+P_{A地面} \quad (7-7)$$

$$B侧：P_{B井底}=P_{B液柱}+P_{B地面} \quad (7-8)$$

$$P_{地层}=P_{A井底}=P_{B井底} \quad (7-9)$$

当U形管内充满同一流体时，由于两者液柱压力都相同，因而地面压力也相同。这相当于管柱在井底时开井的情况，管柱和环空的液面都静止在井口，而油压和套压都为零。

当U形管的两侧分别注入不同流体时，情况就不同了。这时，两侧的液柱压力和地面压力都不相同，只有井底压力相同，这种情况就相当于井底发生溢流的情况。井内发生溢流是因为地层压力大于作业流体液柱压力，当关井后，作业流体停止流动，当井口压力达到一定程度时，溢流也停止侵入。井底的欠平衡压力作为油管、套管压力表现出来。由于此时环空流体已不再是单一的作业流体，它包括一部分溢流，由于溢流比重低，使环空一侧作业流体液柱压力减少。因此，环空一侧的地面压力将高于油管一侧，即关井套压大于关井油压。

7.2　钻完井井控

钻完井井控包括钻井作业、完井(修井)作业过程中的井控，是指在钻井作业、完井作业施工过程中采取一定的方法控制地层压力，以保持井内压力平衡和作业施工的顺利进行。根据井涌规模和采取的控制方法的不同，井控分为三级。一级井控是指采用合理的压井液和技术措施保持井底压力稍大于地层压力，防止出现溢流。二级井控是指在产生溢流的情况下，使用井口控制设备，按照一定的操作程序来控制溢流，并建立起新的井底压力平衡，恢复正常循环，使之重新达到一级井控状态。三级井控是指井喷失控后，使用适当的技术和设备进行压井作业，重新恢复对井的控制过程。

在高含 H_2S 气井井下作业过程中，受地质、井况、施工工序等各种因素的影响，一旦发生井涌和井喷甚至井喷失控，会给公众的生命财产带来重大损失，也会给周边环境造成严重污染。因此高含 H_2S 气井的钻完井作业应采取可靠的井控装备、井控工艺等技术措施，做好一次井控，控制二次井控，杜绝井喷失控。

7.2.1　井控装备

钻完井井控装备由井口防喷器组、防喷器控制系统、井控管汇、内防喷工具及井控辅助设备组成。

1）液压防喷器及其组合

井口防喷器组由环形防喷器、闸板防喷器、旋转防喷器等组成。

（1）环形防喷器。

环形防喷器主要由顶盖、壳体、胶芯、活塞等组成，同时配备液压控制系统操控，按照密封胶芯的形状可分为锥形胶芯环形防喷器、球形胶芯环形防喷器和组合胶芯环形防喷器，见图7-2。三种防喷器特点对比如表7-1所示。当关井时，高压油从壳体下部油口进入活塞下部的关闭腔，推动活塞上行，活塞推动环形胶芯向井眼中心聚集、环抱钻具或全封闭井口。

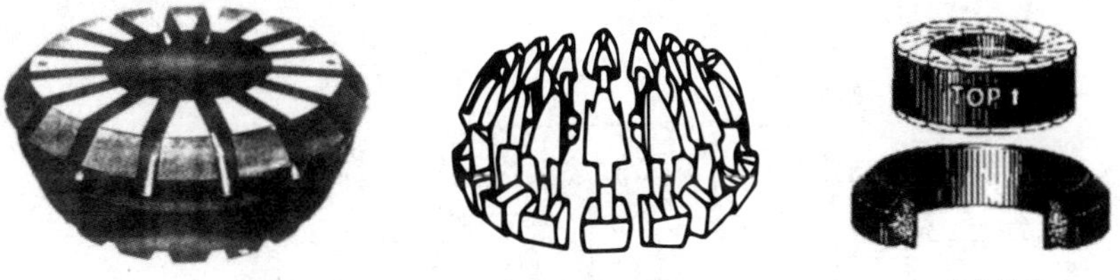

(a)锥形胶芯　　(b)球形胶芯　　(c)组合胶芯

图7-2　环形防喷器胶芯

表7-1　三种防喷器特点对比

项目	锥形胶芯	球形胶芯	组合胶芯
内部结构	简单	简单	复杂
胶芯封零效果	好	好	差
胶芯使用寿命	短	长	长
胶芯更换方法	井内无钻具时直接更换		
	切割法（井内有钻具）	切割法（井内有钻具）	无法更换（井内有钻具）
外观尺寸	较高，径向小	较低，径向大	偏小
重量	中等	较重	最轻

环形防喷器可用于密封各种形状和尺寸的方钻杆、钻杆、钻杆接头、钻铤、套管、电缆等与套管之间的环形空间。当井内无钻具时，能全封闭井口，即封零。使用钻具有减压调压阀的液压控制装置或缓冲储能器控制的情况下，能通过18°台肩的无细扣对焊接头，进行强行起下钻作业。环形防喷器只是关井时的一个过渡设备，不能用来长时间封井，如需长时间封井应采用闸板防喷器。

(2)闸板防喷器。

闸板防喷器主要由壳体、侧门、闸板总成、油缸总成、铰链部分、锁紧机构等组成。根据每套所装闸板的数量可分为单闸板、双闸板和三闸板防喷器，见图7－3、图7－4。当高压油进入左右油缸关闭腔时，推动活塞、活塞杆，使左右闸板总成沿着闸板室内导向轨道，分别向井口中心移动，达到封井的目的。当高压油进入左右油缸开启腔时，左右闸板总成分别向离开井口中心的方向移动，达到开井的目的。闸板开、关方向由换向阀控制。

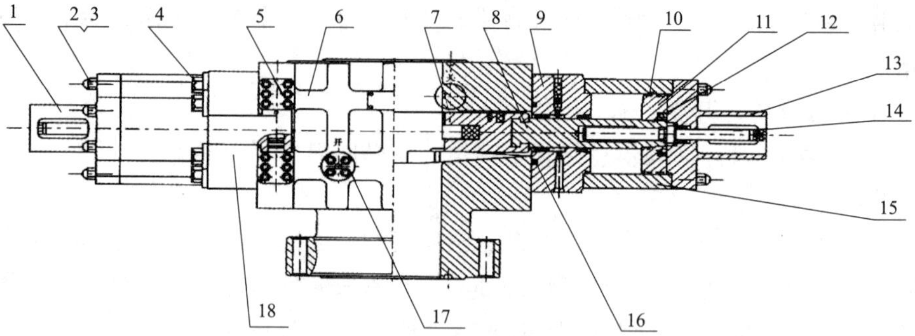

图7－3 单闸板防喷器结构示意图

1—左缸盖；2—盖形螺母；3—液缸连接螺栓；4—侧门螺栓；5—铰链座；6—壳体；7—闸板总成；8—闸板轴；9—右侧门；10—活塞密封圈；11—活塞；12—活塞锁帽；13—右缸盖；14—锁紧轴；15—液缸；16—侧门密封圈；17—油管座；18—左侧门

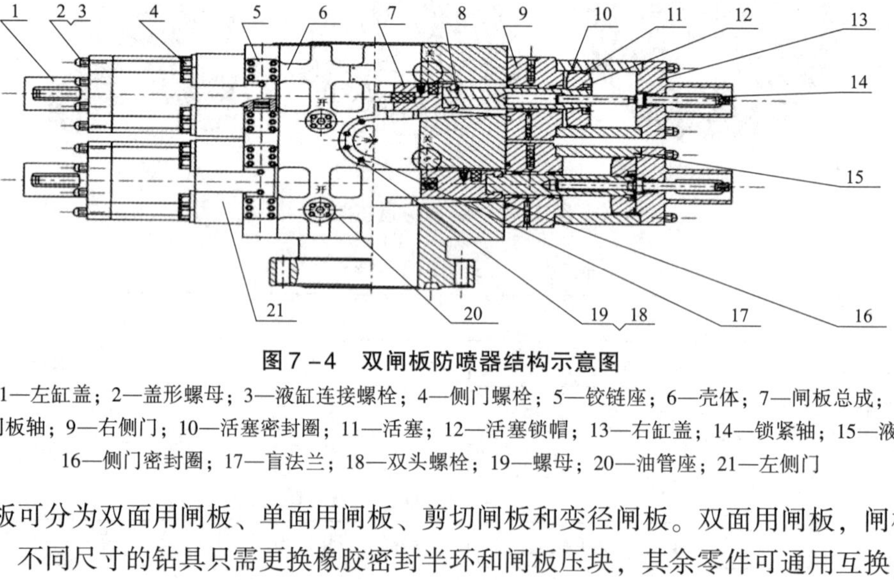

图7－4 双闸板防喷器结构示意图

1—左缸盖；2—盖形螺母；3—液缸连接螺栓；4—侧门螺栓；5—铰链座；6—壳体；7—闸板总成；8—闸板轴；9—右侧门；10—活塞密封圈；11—活塞；12—活塞锁帽；13—右缸盖；14—锁紧轴；15—液缸；16—侧门密封圈；17—盲法兰；18—双头螺栓；19—螺母；20—油管座；21—左侧门

闸板可分为双面用闸板、单面用闸板、剪切闸板和变径闸板。双面用闸板，闸板上下面对称，不同尺寸的钻具只需更换橡胶密封半环和闸板压块，其余零件可通用互换；单面用闸板不可翻转使用；剪切闸板可切断井口钻具并全封井口；变径闸板适用于一定范围内不同尺寸的钻具和套管的密封。根据闸板锁紧方式可分为手动锁紧闸板和液压锁紧闸板两种。手动锁紧闸板只用于关闭闸板，不能打开闸板。打开闸板时应手动解锁到位，再液压打开闸板。

不同闸板防喷器有不同功用。井内有管柱时，使用规格配套的半封闸板防喷器可封闭套管与管柱之间的环形空间，使用剪切闸板防喷器可切断钻具达到封井的目的；井内无管柱时，使用全封闸板防喷器能全封闭井口。在闸板防喷器封闭情况下，可通过下部四通或壳体旁侧出口所连接的管线，进行钻井液循环、节流放喷、压井等作业。

(3)旋转防喷器。

旋转防喷器，又称旋转防喷头、旋转控制头，是欠平衡钻井专用井控设备。旋转防喷器胶芯内径尺寸小于方钻杆和钻杆外径。当方钻杆、钻杆通过时，胶芯在自身弹性作用下包紧钻具，同时在井下压力的作用下，又获得一个助封力，增加了密封的可靠性。带动胶芯旋转的旋转体与相对静止的轴承外壳之间有一道动密封。两道密封同时起作用，封闭钻柱与套管之间的环形空间，防止井内流体窜上钻台。

旋转防喷器系统由旋转防喷器，冷却、润滑动力装置，司钻控制台，密封胶芯组成。旋转防喷器由底座、液压卡箍、大直径高压密封元件、现场测试装置(包括压井传感器、试压塞等)、高压动密封旋转轴承总成等组成。

旋转防喷器安装在井口防喷器组的顶部，作用是封闭钻具与井壁之间的环空，在要求的井口压力条件下允许钻具旋转，实施带压钻进作业；允许带压进行短起下作业；与强行起下钻设备配合可以进行带压强行起下钻作业。

(4)防喷器组合形式。

不同压力和流体性质的钻完井作业需采取不同的防喷器组合形式。具体组合形式须满足相关的作业井控管理规范。常用的防喷器组合形式包括以下三种：高含硫、高压地层和区域探井钻井井口防喷器应配备剪切闸板。

①14MPa 防喷器组合形式，见图 7－5。

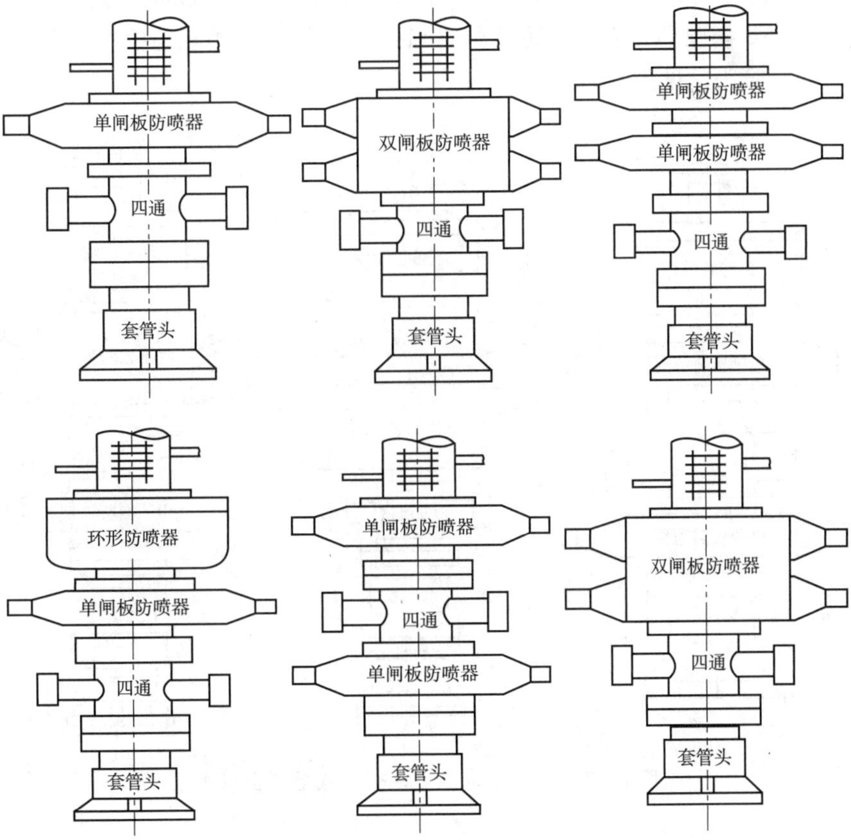

图 7－5　14MPa 防喷器组合形式

②21MPa 和 35MPa 防喷器组合形式，见图 7-6。

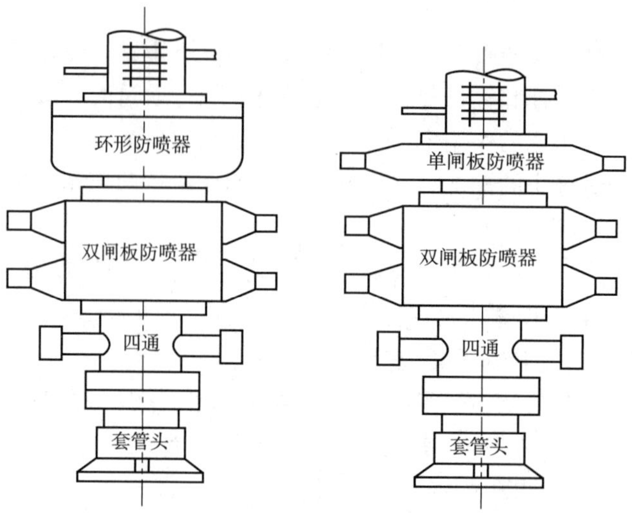

图 7-6　21MPa 和 35MPa 防喷器组合形式

③75MPa 和 105MPa 防喷器组合形式，见图 7-7。

(5)普光气田高含硫气井防喷器组合。

普光气田原始地层压力(40～80MPa)，防喷器组合压力等级为 70MPa 或 105MPa，防硫级别为 EE 级，安装双四通、四条放喷管线，放喷管线通径 103mm。防喷器组合顺序为(从上至下)：环形防喷器 + 双闸板防喷器(半封 + 剪切) + 双闸板防喷器(全封 + 半封) + 双钻井四通 + 套管头，见图 7-8。

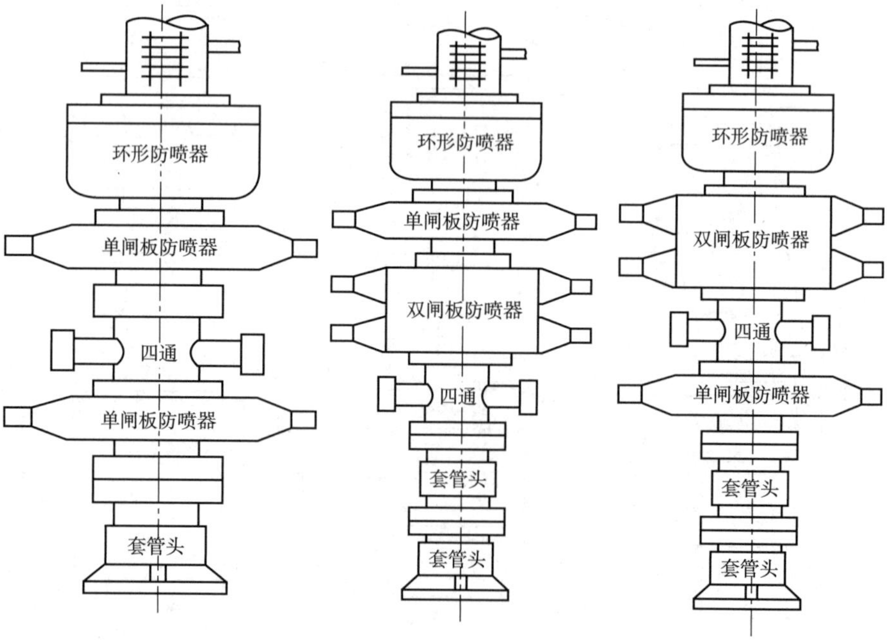

图 7-7　70MPa 和 105MPa 防喷器组合形式

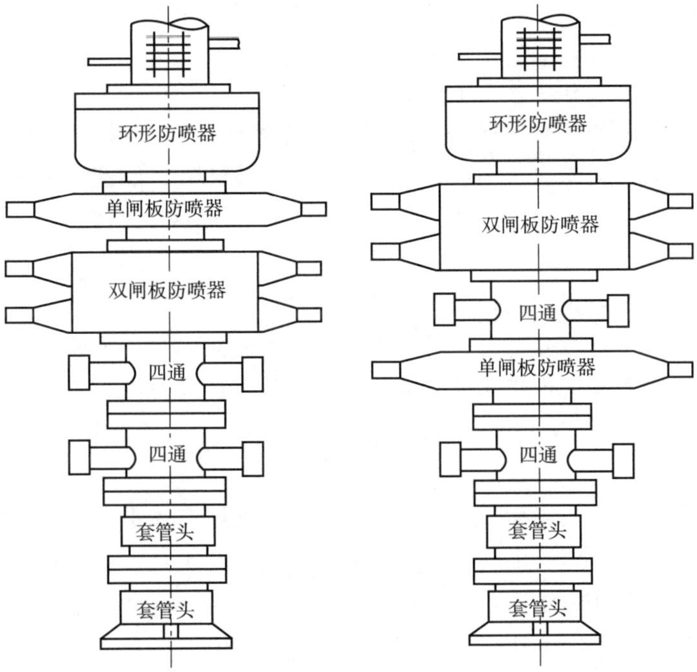

图7-7 70MPa和105MPa防喷器组合形式(续)

2)防喷器控制系统

防喷器控制系统是用于关闭和开启防喷器和液动平板阀的控制装置。平时将液压能储存起来，需要时能提供足够压力和排量的液压油，通过控制阀件和管汇把液压油准确迅速地输送到防喷器和液动平板阀的液缸，达到关闭、开启防喷器和液动阀的目的。

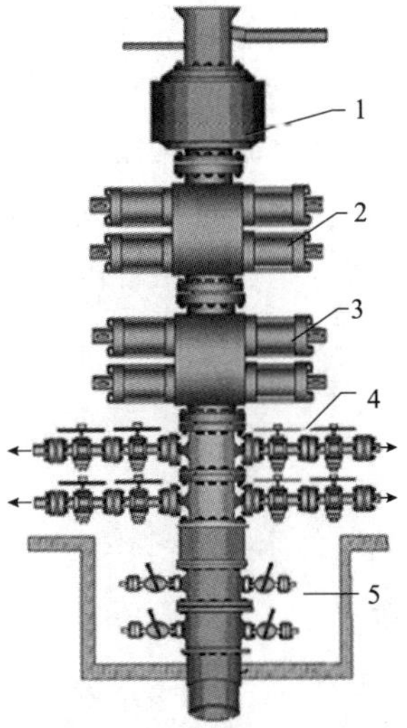

图7-8 普光海相井防喷器组合示意图

1—环形防喷器；2、3—双闸板防喷器；4—双钻井四通；5—套管头

防喷器控制系统主要由远程控制台、司钻控制台、控制管缆、液控管线及报警系统四部分组成。远程控制台又称储能器装置，主要由油泵组、储能器、管路及各种控制阀件和橇座及油箱四部分组成。司钻控制台安装在钻台上，方便司钻对防喷器遥控。主要由各种气转阀、气源压力表、储能器压力表、汇流管压力表、环形压力表、气源总阀、管路及操作面板等组成。控制管缆是用于连接远程控制台与司钻控制台之间的气路。控制管缆由护套及多根管芯组成，两端装有连接法兰，分别与远程控制台和司钻控制台相连，连接法兰之间用橡胶密封垫密封。液控管线是用来连接远程控制台与井口防喷器组之间的，对防喷器进行控制。大多采用高压耐火软管线，用管线排架将其固定，特点是连接简单、方便。报警系统可以对远程控制台的蓄能器压力、气源压力、油箱液位和电动泵的运转进行监视，当上述参数超过设定的报警极限时，可以在远程控制台和司钻控制台上给出声、光报警信

号，提示操作人员采取措施，确保地面防喷器控制装置可靠工作。

3)井控管汇

井控管汇由节流管汇和压井管汇两部分组成。

节流管汇是控制井涌的必备设备。在防喷器关闭条件下，利用节流阀的启闭控制一定的套压，以维持井底压力略大于地层压力，避免地层流体进一步流入井内。此外在实施关井时，可用节流管汇泄压以实现软关井。通过防喷阀的大量泄流作用，保护井口防喷器组。

当不能通过钻柱进行正常循环时，可通过压井管汇向井中泵入钻井液，达到控制油气井压力的目的。全封闸板封井口时，可通过压井管汇向井内泵入重浆以平衡井底压力；可利用它所连接的放喷管线进行直接放喷，释放井底压力；也可以用来挤水泥固井作业及向井口注入清水和灭火剂。

4)内防喷工具

内防喷工具主要用于当发生溢流或井涌时，防止地层流体沿钻柱水眼向上喷出。若在井控作业中，水龙带、高压管汇损坏，可关闭钻具内防喷工具，进行更换或修复。内防喷工具形式较多，主要有防喷防溅双作用单流阀、方钻杆上下旋塞、钻具回压阀等。

(1)防喷防溅双作用单流阀。

双作用单流阀接在方钻杆下端，具有防喷和防溅双重作用。主要由外壳和芯子总成两部分组成。外壳由上、下接头组成，芯子总成由活塞、中心杆、活塞保护套、上下扶正环、弹簧、芯筒组成。

当井下出现溢流时，停泵后单流阀活塞在井下液流的推动下自动进入密封座封闭水眼，起到防止井喷的作用。需要恢复循环泥浆或压井，随时可以开泵，只要泵压大于井内压力，即可恢复循环。正常钻进接单根时，停泵后单流阀活塞在弹簧的作用下，进入密封座封闭水眼，阻止方钻杆内泥浆下泄，具有防溅作用。

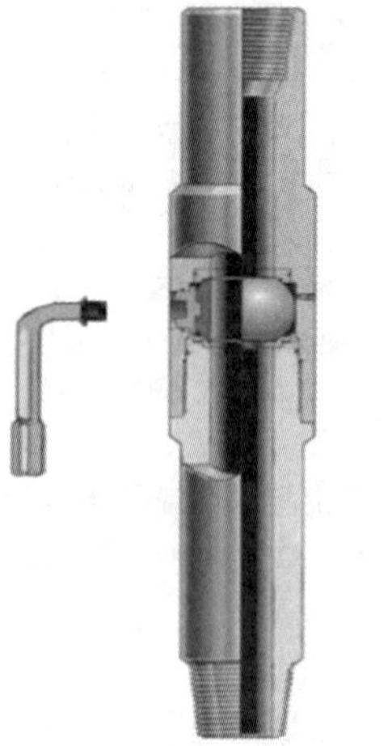

图7－9　方钻杆旋塞阀结构图

(2)钻杆上、下旋塞阀。

方钻杆旋塞阀(图7－9)是安装在方钻杆上的手动控制阀，是防止钻柱内喷的有力工具之一。可分为方钻杆上部旋塞阀和下部旋塞阀。上部旋塞阀连接在水龙头下端和方钻杆之间，下部旋塞阀连接于方钻杆下端和方钻杆保护接头之间。钻井液可无压力降地自由流过方钻杆旋塞阀。专用扳手按指示要求转动90°即可实现开关。

用弹簧支撑球座使球定位，并使之有一定的预紧，球与球座的密封件紧密接触，当打开时水眼畅通，关闭时球面将水眼全部封住，内部压力作用于球体上，使球与球座处于高压密封状态。

(3)钻具止回阀。

按结构形式分，钻具止回阀有蝶形、浮球形、箭形、投入式等。使用中安装在钻具的预定部位，只允许钻柱内的流体自上而下流动，而不允许其自下向上流动，从而达到防止钻具内喷的目的。根据现场使用经验，一般将钻具止回阀放在钻台上备用，需要时再连接到钻柱上。但是在含 H_2S 井钻井过程中，应在钻具中加装回压阀等内防喷工具。

(4)钻具旁通阀。

钻具旁通阀是一种备用安全阀，在钻头喷嘴被堵死无法循环的情况时，打开钻具旁通阀可恢复正常的钻井液循环。一般情况下，在钻开油气层前将钻具旁通阀接在钻柱预定位置。

当发现钻头水眼被堵而无法解堵时，卸掉方钻杆投球后再接方钻杆使球落至钻具旁通阀阀座处，小排量开泵。只要泵压升高至一定压力值就能剪断固定销，使阀座下行直到旁通孔全部打开，泵压随机下降建立新的循环通道。

7.2.2 钻井井控工艺

钻井井控，即钻井过程中油气井压力控制技术，是保障油气井钻井安全的关键技术。由于钻井井眼中裸露地层段长，缺少套管，地层油气易形成井侵、井涌，同时不同层段间喷、漏矛盾突出，故钻井井控难度大。钻井井控主要立足一级井控，预防二级井控。实际操作中应做好溢流的监测和预防以确保一级井控；一旦发生溢流，立即按照关井程序关井并进行压井，是做好二级井控的关键。

1)溢流监测

(1)钻井液池液面上升。正常钻进时，钻井液循环是相对封闭的体积固定系统，钻井液池液面上升，钻井液体积增加，增加量可能来自地层流体或加入了新钻井液；钻井液池液面下降，可能是发生了井漏。

(2)钻井液返流速度增加。溢流推动钻井液上返，导致钻井液返出速度增加。一般情况下，流速增加早于钻井液池面上升，可根据这一重要的信号进行溢流检查。返速仪必须随时处于可靠工作状态。

(3)起下钻灌液量异常。由于循环系统是相对封闭的，钻井液总量在一定程度上保持稳定，起下钻时灌液量及排出量应与起出或下入管子的体积相同。如果不相同，预示着溢流或井漏的发生。

(4)停泵后井口外溢。侵入井内的地层流体推动环形空间的钻井液向上并使钻井液继续排出，通常这种显示可用来检查其他警报信号。但简单依靠这种显示并不能准确判断溢流是否发生。需结合以下几种情况也会导致停泵后井口外溢：钻柱内钻井液比环形空间里的钻井液重，可能产生U形管效应；由于油基钻井液压缩性更好，停泵后油基钻井液比水基钻井液继续流动的时间长一些；钻井液少量漏失后地层返吐，钻井液流出。

2)可能出现溢流的信号

当发生溢流时，在地面可以观察到一些信号。若能及时识别和解释这些信号，并采取相应的措施，就可对其控制并防止井喷的发生。如果下述现象之一出现，不能作为异常高压的信号，但如果这些现象连续同时出现，将是有价值的信号。

(1)机械钻速突然加快。在钻井中，影响机械钻速的因素较多，但在其他条件和因素保持不变的情况下，井底压力与地层压力之间的压差对机械钻速起着主要作用。即压差越大，机械钻速越低；压差越小，机械钻速越高。因此，在钻进过程中一旦出现钻速加快，就有可能是溢流最初期的表现。

(2)后效持续增加。钻井后效是指钻进过程中，停泵导致地层侵入井筒内的气体上移速度减慢产生聚集的现象。起下钻和接单根的后效可以认为是地层压力增高的现象。如果后效持续不断增加，可认为是地层压力增加。

(3)扭矩及起钻阻力增加。当欠平衡钻进某些页岩段时，由于泥页岩膨胀和坍塌，扭矩和起钻阻力增加，同时导致下钻不到底，这是地层压力升高的一个信号。但是单纯靠扭矩和起钻阻力增加来判断是不准确的，还有可能是由于页岩水化地层变化、钻头磨损或井斜过大引起的。

(4) d_c 指数变化。d_c 指数是在消除钻压、钻头直径、转盘转速、钻井液密度等影响因素的情况下，反映地层可钻性的一个综合指标。在泥岩段，$d-H$ 曲线已经成功运用于预测异常地层压力。在正常压力地层，d_c 指数随井深的增大而增大，但在压力过渡带，d_c 指数减小，低于预期的数值。此时钻井队通常适当加重钻井液，保持井下压力平衡。

(5)岩屑尺寸和形状改变。正常压力地层的页岩岩屑小、圆而扁平，异常高压地层岩屑长而棱角分明。当井底压差减小时，岩屑倾向于崩离井底。井底压差减小，页岩中流体膨胀引起微裂缝并产生掉块，岩屑形状的改变常伴随岩屑总量的增加，说明异常高压已经出现。

(6)氯根含量及钻井液性能变化。比较进出口钻井液滤液中氯根含量的变化提示地层压力增加的可能。此外由于地层流体侵入，钻井液基本性能也会发生变化，如密度降低，黏度、切力、滤失量的变化。

(7)页岩密度变化。正常情况下，页岩密度随井深增加而增加；当钻遇异常高压地层时，页岩密度将会减少。

(8)温度变化。异常高压层的地温梯度总是高于正常压力地层，这种温度增加常发生在钻遇交界面之前，可以作为异常压力的早期信号。但由于钻井液温度只能在地面检测，会受到外部环境的影响。

3)溢流预防

溢流的发生标志着一级井控的失败。做好溢流预防是确保一级井控的关键。主要工作包括：使用密度适当的钻井液；随时保持井筒充满；随时监控现用钻井液总量，尤其在起下钻等工况下；随时监测地层压力变化和井内返出钻井液密度、体积和流速的变化并立即采取正确措施。

4)关井程序

根据关井方式的不同可分为软关井和硬关井，软关井即发现溢流关井时，先打开节流阀一侧的通道，再关闭防喷器，最后关闭节流阀的操作程序；硬关井即发现溢流或井涌，立即关闭防喷器的操作程序。

软关井可避免“水击”现象，但是具有关井程序较复杂、时间长、地层流体侵入量较大等缺点，适用于井涌速度高，井口承压能力较低，裸眼段有薄弱地层等情况。硬关井程序简单、时间短、地层流体侵入量少，但是会产生水击，适用于井涌速度不高，井口装置承载能力高的情况。

水击现象：硬关井时，液流通道突然关闭，使液流速度急剧变化，将引起系统中流体动能的迅速变化而产生“水击效应”。

常规关井程序根据不同工况分为四种，即正常钻进时发生溢流的关井程序、起下钻杆时发生溢流的关井程序、起下钻铤时发生溢流的关井程序、空井时发生溢流的关井程序。

5)溢流处理

溢流一般采用常规压井方法进行控制。常规压井是一种根据U形管原理，利用地面节流阀产生的阻力和井内钻井液液柱压力，使井底压力始终保持略大于地层压力的状态，从而重建和恢复压力平衡的方法。

(1)压井基本原则。

①整个压井过程中，应始终保持压井排量不变。

②采用小排量压井，一般压井排量为钻进排量的1/3~1/2。

③压井液储备量一般为井筒有效容积的1.5~2倍。

④通过控制井口回压(立压、套压)，达到井控目的。

⑤保证压井施工的连续性。

(2)一次循环压井法(工程师法)。

工程师法适用于井口装置承压及地层破裂压力较低的情况。关井等候配制压井重钻井液，然后开启节流阀并开泵注入压井液；在一个循环周期内用重钻井液将原来钻井液替出，恢复地层-井眼系统的压力平衡。此方法压井时间短，井口装置承压小，对地层施加的压力也小。但是在压井时，要求现场加重材料必须充足，以确保其具备快速加重能力。

压井要求：

①根据关井录取到的资料计算压井所需数据，绘制出立管压力控制进度曲线，配制压井钻井液，加重时要定时测量钻井液的密度，确保加重钻井液密度均匀。

②缓慢开泵，调节节流阀保持套压等于关井套压；调节泵速使排量达到压井排量并保持排量不变，此时立管压力等于初始循环立管压力；泵入压井液，调节节流阀使立管压力在短时间内由初始循环立管压力降到终了循环立管压力；在压井液从井底返至地面的时间内，调节节流阀，保持立管压力始终等于终了循环立管压力不变，当压井液返至井口时，套压降为零，压井结束。

(3)二次循环压井法(司钻法)。

司钻法适用于井下易卡钻的情况。发现溢流关井后，先用原钻井液循环一周排除井内受污染钻井液。然后用配制好的重钻井液进行第二次循环，建立地层-井眼系统的压力平衡。此方法从关井到恢复循环的时间短，容易掌握。

压井要求：

①根据关井录取到的资料计算压井所需数据，绘制出立管压力控制进度曲线，作为压井施工的依据。

②用原钻井液循环排除溢流。缓慢开泵，迅速打开节流阀，调节节流阀使套管压力保持关井套管压力不变，一直保持到达到压井排量；排量逐渐达到压井排量时保持不变，调节节流阀使立管压力等于初始循环立管总压力，并在整个循环周保持不变，调节节流阀时，注意压力传递的迟滞现象，液柱压力传递速度大约为300m/s，3000m深的井需20s才能把节流变化的压力传递到立管压力表上；溢流排完停泵关井，控制套压等于关井套压并保持不变；在排溢流的过程中，应配制加重钻井液，准备压井。

③加重钻井液压井。缓慢开泵，迅速打开节流阀，调节节流阀使套管压力保持关井套管压力不变，直到达到压井排量；排量逐渐达到压井排量并保持不变，在加重钻井液从井

口到钻头这段时间内，调节节流阀，使控制套压等于关井套压并保持不变，立管总压力由逐渐下降到终了循环立管总压力；加重钻井液出钻头返至环空，调节节液阀，控制立管压力等于终了循环立管总压力并保持不变，待加重钻井液返出地面，停泵、关井，此时若控制套压和关井套压为0，则说明压井成功；开井循环，调整钻井液性能，恢复生产。

(4)边循环边加重法。

边循环边加重法适用于已储备了一定的压井液，且井下有易卡钻地层的情况。

压井要求：

①发生溢流关井取得有关数据后，立即缓慢启动泵，调节节流阀使套压等于关井套压；保持套压不变，调整泵速达到压井排量，此时立管压力等于或接近初始循环立管压力。

②边循环边加重钻井液，逐步将钻井液密度提高，密度每提高一次，当到达钻头时，则循环立管压力降低。

③当钻井液密度提高，并到达钻头后，立管压力应降低，此后保持立管压力不变，直到压井液到达井口，压井结束。

6)含硫气井溢流处理工艺

H_2S 气体随溢流循环出井后，有 H_2S 泄漏风险，因此司钻法、工程师法、边循环边加重法不适用于高含 H_2S 的情况。针对高含 H_2S 气井特点，应采用高含硫井压回法压井，可以避免有毒有害气体对装备和人员的伤害，同时可降低操作难度、提高压井成功率。该法压井装备简单，但是需要井筒具备可以实施有效压回的地层条件。

(1)工艺方法。

以最大允许关井套压作为施工的最高工作压力，挤入压井钻井液。挤入的钻井液可以是钻进用钻井液或稍重一点的钻井液，挤入的量至少等于关井时钻井液罐增量，直到井内压力平衡得到恢复，见图7－10。

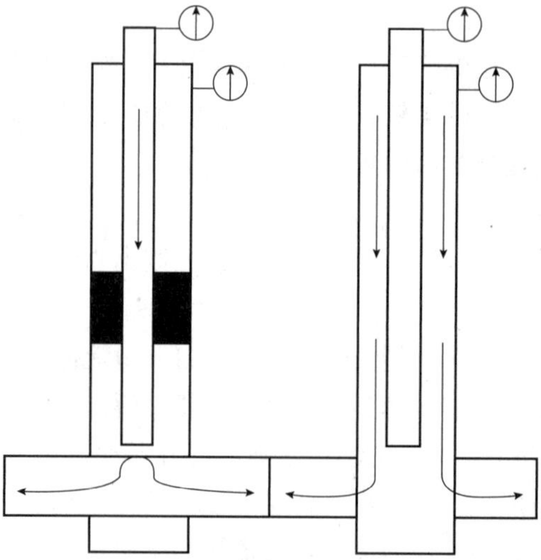

图7－10　压回法压井示意图

(2)压井工艺流程。

①在溢流关井以后，确定立管压力，若通过套管挤压，确定套管压力。

②为确保压井作业安全，可以先用压井液将钻杆内气体推出钻杆。

③缓慢开泵，通过压井液从环空将地层流体反挤回去。对于高压、高含硫气井，压回法需要强行将压井液推注地层，在发生溢流前，现场必须储备好加重钻井液，其储备量必须达到井眼容积的1.5~2.5倍。

④一旦地层流体开始进入地层，泵压会突然升高，压力可能会大大高出关井压力，但不可超过套管抗内压强度的80%和井口设备的额定工作压力。

⑤一旦压井液开始进入地层，泵压会突然升高，此时应停泵。

⑥关井，检测压回法效果。若能检测到地面压力，表明气体上窜速度超过了压井液将气体压回的速度，此时须用顶部压井技术做进一步处理。

7.2.3　完井作业井控工艺

完井作业井控是指钻井完成后投产作业阶段实施的井控，所采用的井控设备及压井原理与钻井井控基本相同。这里重点介绍高含硫气井完井作业井控工艺。

1)套管井射孔井控

普光气田高含硫套管井采用油管传输一次性全部射孔方式，射孔后地层含硫气体进入井筒，在起射孔管柱时易上窜形成溢流甚至井喷。针对普光气田套管井射孔过程中的风险，井控措施主要有压井工艺、屏蔽暂堵压井工艺、起枪井控工艺和射孔工艺等。

(1)屏蔽暂堵压井工艺。

屏蔽暂堵就是射孔后在压井液中加入一些颗粒材料对地层漏失进行堵漏，避免地层含硫气体进入井筒。这些颗粒材料在气井投产以后可通过酸化作用去除，重新建立近井筒流通通道。工艺措施为：若射孔后发生漏失，则边灌注泥浆压井液边上提管鞋至产层以上50~100m；循环顶替酸溶暂堵浆$10m^3$至筛管位置，关闭环空，油管挤注暂堵，小排量循环测后效，至无漏失、气体上窜速度$<10m/h$，起出射孔管柱。屏蔽暂堵浆性能要求：酸溶蚀率≥85%；暂堵层承受的压差应大于井底压力与地层压力差值的1.25倍；保持热稳定性的温度大于目的储层温度；根据储层状况及前期漏失情况优化暂堵材料粒径和浓度。

(2)起枪井控工艺。

主要是加强起射孔管柱的井控要求。起枪前应大排量循环压井液，并测量循环压井液中气体的含量，无异常现象后，方可上提射孔管柱；如压井液中气体含量较高，应继续循环，并调整压井液的比重，待异常消失后，再上提射孔管柱。射孔管柱起下速度不应超过0.5m/s，且须保持速度均匀；操作时平稳，不应猛提、猛放、猛刹及溜放、蹾射孔管柱。射孔管柱上提过程中，应随时补充压井液，以保证足够的液面存在。作业队应指派专人监督井口槽面有无压井液外溢，如有溢流应立即报警。枪身起至井口附近进行短起下和洗井作业，起至井口进行吹扫作业去除枪身内气体，再进行拆卸作业。

2)裸眼井完井作业井控

高含硫裸眼水平井完井投产工艺技术复杂，安全风险高，高含硫天然气窜至井筒不仅能引起溢漏、井涌等井控风险，也可能导致钻具、套管氢脆断裂的工程事故，一旦发生高含硫天然气泄漏或井喷失控，将造成周边环境严重污染，甚至危及周边居民生命安全。对裸眼井作业须全过程、全方位、多层面地进行安全控制，这是高含硫气井井控的关键。

（1）“三级安全隔断”完井管柱。

裸眼井段井壁不规则、井径较大，分段完井工具尺寸较大、数量多，完井管柱下入时一旦遇卡、遇阻，容易引发井控事故。因此，采用了“三级安全隔断”分段完井管柱。一是水平分段管柱底部安装有隔断球座及浮鞋实现反向隔断，防止 H_2S 进入油管，确保分段管柱安全下入；二是分段管柱顶部安装悬挂封隔器，在管柱下入到位后液压坐封封隔器，将环空隔断，确保上部井筒井控安全；三是回接管柱中安装井下安全阀，通过井下安全阀关断实现井口作业井控安全。

（2）钻塞过程中井控。

钻穿裸眼段顶部水泥塞（或固井附件）时，裸眼井段的气柱在井筒中上升或被循环的作业流体推着上行。随着温度、压力的变化，更多气体会从钻井液中溢出，在井口附近聚集膨胀，从而推动其上部的钻井液外溢，严重时将发生井喷。主要井控措施包括：

①防喷措施。调整钻井液密度钻开油气层，以保证井筒内压力的平衡。采用少下分段的方法将气柱分开循环带出井口，防止长段气柱在返出井口时，发生井喷。使用复配胶液及时将返出的钻井液性能调整至设计范围，以利于排气。

②防漏措施。每次循环遵循排量由小到大的原则，防止操作不慎憋漏地层。钻开油气以后，根据循环气测显示全烃值10%以下，观察无溢流的情况下，再适当下调钻井液密度，适当降低井筒内的液柱压力；在进入裸眼通井阶段，利用边循环边划眼的方法缓慢下放钻具，将井筒内稠化钻井液完全稀释，防止因钻具下放过猛或钻井液太稠而憋漏地层；并加入4%的油溶暂堵剂（SCL）和4%的沥青类封堵材料（FT－1）对井壁进行封堵和润滑。在保证钻井液携砂正常的情况下，尽可能下调钻井液黏度保持其较好的流变性。

③防塌措施。裸眼通井时，使用油溶暂堵剂和沥青类封堵材料，提高地层的承压能力和降低滤失量；利用聚合物降失水剂（LP、COP－LFL），控制钻井液中压失水在3mL以下，形成良好的泥饼；根据实际情况，及时调整钻井液密度，使之对井筒产生适当的正压差：一方面提供有效应力支撑井壁，另一方面有助于快速形成薄泥饼，还预防了井涌溢流的发生；起下钻时控制起下速度，平稳操作，减小钻具对井壁的撞击，采用合理的流变参数和排量，避免水力冲蚀井壁。

④防卡措施。钻井液中保持6%左右的防卡润滑剂CGY含量，使SCL、FT－1等材料与液体润滑剂复配，保证井下摩阻和扭矩在正常范围内。

⑤井筒净化。为保证井筒清洁，防止水泥块上返困难，每钻塞50m，用 $20m^3$ 黏度为 $120s^{-1}$ 的钻井液清洗井筒1次。在裸眼通井过程中，为防止井筒在钻井液中长期浸泡出现垮塌和掉块，钻井液的黏度应始终保持在 $70 \sim 80s^{-1}$，保证钻具在井下的安全畅通。

3）井控预警监测

井控预警监测是高含硫气井作业过程中溢流监测的重要手段，通过监测泥浆气侵情况、气体上窜速度等参数，对井筒溢流进行预警，早发现早处理，具有直观性、及时性、可靠性的特点。普光气田高含硫气井在起射孔管柱、下生产管柱时可能发生溢流、井喷和 H_2S 溢出事故。为确保气井作业处于安全可控状态、提高作业效率，引入NLS综合录井仪，投产作业过程中实时监测井内气体活跃程度、工程参数及 H_2S 溢出情况，形成了一套高含硫气田投产作业录井预警监测技术。主要内容包括：泵排量确定、迟到时间确定、井筒气顶深度确定、静止时间确定、气体上窜速度计算、异常情况报告。为了预防发生气侵、井涌事件，在作业过程中监测烃类气体上窜速度，并控制气体上窜速度≤30m/min，且预计起下钻时间在安全周期内才能起钻，保证裸眼井完井作业的安全。起下钻过程中要及时灌注压井液，保持井筒液面高度。循环洗井、压井过程中，对液体性能及时检测调整，随时关注压井液溢、漏情况，对异常情况及时控制处理。在钻遇气层井段，或使用大直径井下工具时，要严格控制起、下钻速度，平稳操作等。

4）含硫气井放喷试气井控

高含 H_2S 气井放喷作业风险较大，在放喷过程中，酸液返排量大，火不易点燃，存在人员中毒的风险；且放喷过程中地面流程压力高，放喷管线易出现冲蚀刺漏、气嘴刺坏、冰堵等复杂情况，造成井控事故的可能性增加。为保证放喷作业的井控安全，措施及要求如下。

（1）放喷流程。

①预测产气量≤$40\times10^4m^3/d$，放喷管线和测试管线应用当量内径 Φ62mm 抗硫管线；$40\times10^4m^3/d$≤预测产气量≤$80\times10^4m^3/d$，放喷管线和测试管线应用当量内径 Φ76mm 抗硫管线；预测产气量≥$80\times10^4m^3/d$，放喷管线和测试管线应用当量内径为 Φ108mm 抗硫管线。

②安装两个不同方向的放喷管线和测试管线，其夹角为90°~180°，主放喷口为施工季节常风向的下风向。

③放喷管线和测试管线上尽量用不小于120°的锻造钢制弯头，禁止使用活动弯头和高压软管，禁止使用焊制弯头。

④含硫油气井放喷管线出口距离井口应不小于100m，放喷管线出口应具备不少于三种点火装置，其中至少应有一种有效自动点火装置，且放喷口设置长明火。

（2）放喷作业。

含硫气井放喷与控制的主要井控设备为采气井口及地面放喷流程，放喷前应仔细检查采气树、地面流程的各部分，确保安全可靠。放喷时放喷池内加碱，中和残酸液至pH值为8~9，避免人身伤害及环境污染。放喷排液过程中派专人值守紧急关断阀，若发生流程冰堵、常明火熄灭等意外现象，立即关断，保证放喷排液作业安全。放喷期间加强井口、管汇台、放喷口的监测，发现温度、压力等参数异常，及时处理。放喷期间密切关注各级环空压力，准确判断环空是否窜气。若出现窜气，应及时处理。放喷点火、更换油嘴或倒换流程等作业应尽可能在白天进行。放喷期间若遇6级以上大风或能见度小于30m的雾天、暴雨天，应暂停放喷。放喷期间当井场及周围500m范围内 H_2S 浓度超过20ppm，应立即停止放喷。

7.3 生产井井控

生产井井控是指气井正常生产及采取的测试、增产措施过程中的井控工艺，主要包括生产过程中的气井压力控制和测试、增产措施过程中的压力控制。

7.3.1 井控装置

1)井口控制装备

普光气田生产井井口控制装备根据功能主要分为采气井口、控制系统和多功能生产辅助流程三部分。这三部分协同作用，具有的主要功能包括：保持气井安全平稳生产；在生产过程中利用井口装置、控制装置、监测装置和多功能生产辅助流程等实现压力控制，保证安全平稳生产；及时发现异常。在生产过程中对气井井况进行实时监测以便尽早发现异常并处置；便于生产技术措施的实施。如加注溶硫剂、环空保护液和泄压等措施，维护正常生产；预防泄漏。主要通过监测仪表，及早发现压力、温度异常及气体泄漏等，总结出生产管理规律，维持安全生产；处理复杂情况。利用井口装置、控制装置、监测装置和多功能生产辅助流程实现压井和修井，恢复正常生产。

(1)采气井口装置。

井口装置作为控制流体的方向、压力、流量的关键装备，要具备远程控制井口阀门开关的性能以应对紧急情况。普光气田采气井口装置及部件的材料为 HH 级，内堆焊 Inconel 625 镍基合金，满足了抗 H_2S、CO_2腐蚀要求，并采用金属密封，井口密封可靠。井口装置主要有采气树、油管头、套管头、背压阀及取送工具等部分，即由悬挂密封部分、调节控制部分和附件组成。

①安全阀。

采气树主通道上设置有一个 SSV，用于应急关井。地面安全阀包含一个活塞腔和一个与压缩弹簧相连的活塞，以及液压管线控制阀板机构。当外部液压油压力进入活塞腔，在压力作用下液压活塞向前移动，带动阀杆向前运行，最终阀板开启使气流通过，同时压缩弹簧，弹簧蓄能。当外部泄压后，安全阀活塞腔内的液压油通过回油管线回油箱，液压压力释放，弹簧储存的势能释放，推动液压活塞后移，同时带动阀杆和阀板后移，关闭 SSV。

在完井管柱距离井口 80～100m 处，设置有一个 SCSSV，用于地面发生事故或灾害影响安全时实现井下应急关井。SCSSV 包含一个与压缩弹簧相对的活塞，井内压力作用于阀瓣机构。SCSSV 液压管线内的液压油进入活塞腔，推动活塞下行，压缩弹簧，顶开阀瓣，打开 SCSSV。保持 SCSSV 液压管线的压力，SCSSV 即保持开启状态。活塞腔内的压力释放后弹簧回弹，活塞向上运动，使得阀瓣重新回到关闭的位置。

②背压阀及取送工具。

井口装置是控制气井压力并引导气流走向的设备，在天然气生产中起着极为关键的作用。气井生产阶段，井口装置处于长期不间断工作状态，其中采气树一号主阀在安装后不间断承压，其渗漏的可能性要远大于其他阀门，由于一号主阀位于采气树最下端，在渗漏后需要更换或关井维修；更换采气树时同样需要关闭气井，封闭井内压力，用背压阀控制气井压力是一种安全、便捷的更换采气树阀门的良好方法。单向、双向背压阀分别见图 7－11、图 7－12。

采气树背压阀是拆装防喷器和安装、修理采气井口封闭油管内井压的装置，通过送取工具将其安装在油管挂中，将整个流通通道截断，达到安全控制油管内流体压力的目的，见图 7－13。背压阀通常可用于采气树整体试压、临时封井、更换采气树阀门等工作。

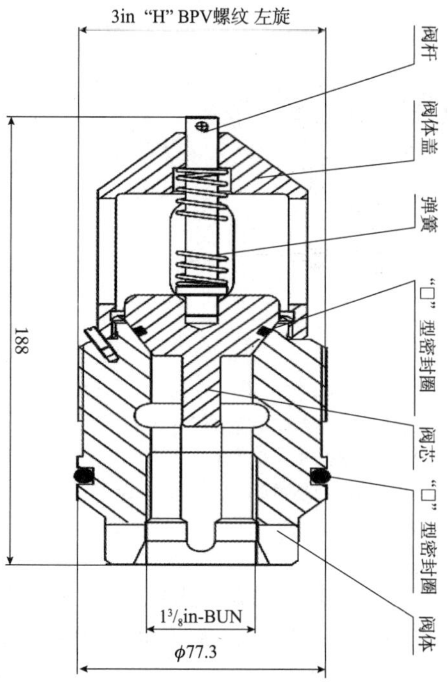

图7-11 单向背压阀

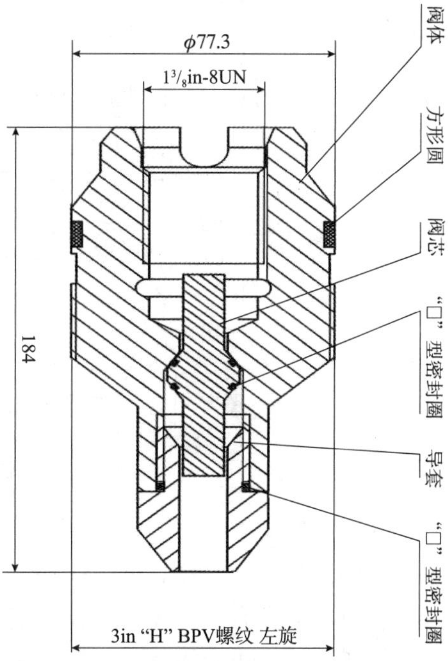

图7-12 双向背压阀

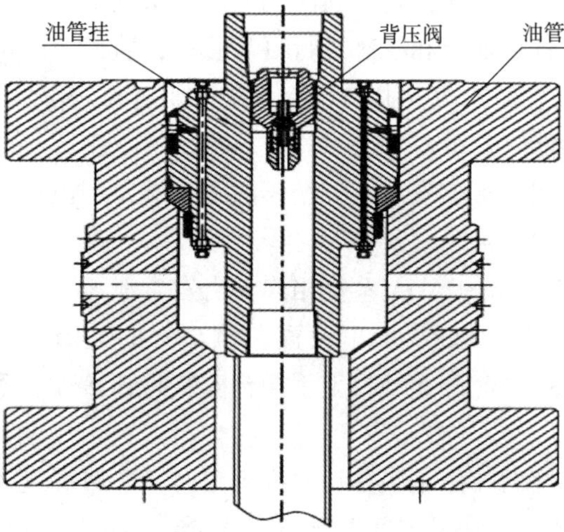

图7-13 背压阀安装位置示意图

背压阀取送工具主要结构包括：送入/取出头、下支体、截止阀、压力表、工作仓、提升杆等，见图7-14。背压阀取送工具主体为HH级材质，承压能力达到70MPa，工作杆具有贯穿通孔，通过截止阀与化学泵注管线连接，具备泵注液体的通道。其中下支体底部为标准API 6A法兰，兼容与3 $^{1}/_{16}$in 70/105MPa法兰连接。

高含硫气井井口背压阀取送工具通过下支体与采气树闸阀进行法兰连接。根据作业需要，将背压阀等配套部件与提升杆连接，并通过手动操作提升杆调整位置及取送。在压力平衡管串开启的情况下，可提放、旋转提升杆实现背压阀取送。

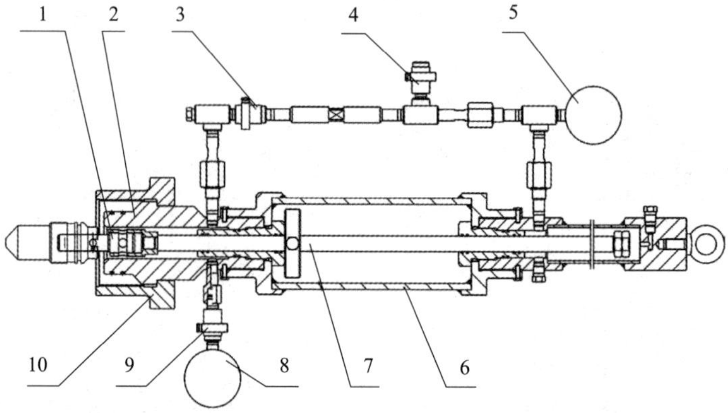

图7－14　高含硫气井井口背压阀取送工具结构示意图

1—送入/取出头；2—下支体；3、4、9—截止阀；5—压力表；
6—工作仓；7—提升杆；8—压力表；10—油壬螺母

(2)井口控制装置。

井口控制装置由井口控制柜、SCSSV 和 SSV 组成。普光气田每个海相酸气平台均采用一套井口控制柜对所有 SCSSV 和 SSV 进行控制和操作。井口控制柜安装在距井口 20～30m 范围内，用于对 SCSSV 和 SSV 实现有效控制。

井口控制系统是通过井口安装的压力传感器、气体探测器和易熔塞，对异常高压、低压、气体泄漏和火灾作出快速反应，自动关闭安全阀，系统也可实现就地手动控制。系统可对开井和关井时所需的各种功能和状态进行自动监控，监控信号可传输至数据采集与监视控制(SCADA)系统。高含 H_2S 气井井口控制系统主要由 SCSSV、SSV 以及地面安全控制系统构成，可实现以下功能：

①现场紧急关断。控制面板上安装有安全阀的手拉阀，当出现特殊情况时，用来进行关断 SSV 和 SCSSV。

②远程关断。通过 RTU 与 SCADA 系统相连，当发生泄压关断、保压关断、单元关断时，均可实现 SSV 关闭。单元关断界面里设置有 SCSSV 的关闭触发按钮，通过触发该按钮，可实现远程关断 SCSSV。此外，站控室手操台安装有 SCSSV 远程关断按钮，也可实现远程关闭 SCSSV。

③易熔塞关断。易熔塞的作用是当井口发生火灾时，环境温度迅速上升至易熔塞的熔点，使之熔化，先导控制液压油从易熔塞溢出，先导压力泄压，SSV 和 SCSSV 均关闭，SCSSV 在 SSV 关闭后延迟 0～90s 关闭，时间可根据现场情况调节。易熔塞熔化温度：FST 井口控制柜(127±5)℃；Cameron 井口控制柜 160°F(71.1℃)。

④高低压限压关断。高低压控制阀组的作用主要是使集输管线在设计压力范围内安全运行。当输气管线压力低于或高于高低压限位阀的设定压力时，高低压控制阀组的低压阀或高压阀动作换向，使先导压力控制回路连接到高低压限位阀出口管线，先导控制回路管线泄压。因此，SSV 液控回路上的气控三通阀或液控三通阀失压而动作换向，使得地面液控回路泄压；SSV 因自身反向弹簧压力而关闭(输气管线压力低于或高于高低压限位阀的设定压力都会导致 SSV 关闭)。

⑤系统自动稳压。当环境温度发生变化时，系统控制回路压力也会随温度变化而发生

变化，当压力低于某个设定点时，液压泵自动补压到设定压力；当压力高于某个设定点时，溢流阀自动泄压，使安全阀在正常压力范围内保持开启状态。

(3)多功能生产辅助流程。

多功能生产辅助流程是成功控制井涌、实施气井压井、加注环空保护液、加注井筒溶硫剂等作业的必须设备。其主要包括节流管汇、压井管汇、防喷管线、放喷管线等，其中节流管汇由节流阀、平板阀、汇流管、三通和压力表等部件组成，压井管汇由单流阀、平板阀、三通和压力表等部件组成。主要技术参数为压力级别70MPa(10000psi)、材料级别EE、管线外径65mm、壁厚≥6.45mm、丝扣连接、与管汇台采用法兰连接。

其中通过节流管汇可对油套、技套、表套流体进行观测、适时放喷点火，对油套环空加注环空保护液、加注 N_2、加注柴油等作业；可通过节流管汇的泄压作用，降低井口套管压力，保护油层套管；可通过节流阀泄压，降低井口压力，实现“软关井”；起分流放喷作用，将溢流物引到井场外，保护人员安全；可通过压井管汇挤注压井。

2)作业井控装置

气井生产过程中需开展动态监测和增产稳产措施等作业，测取动态监测资料、减缓气井产能递减、恢复停产井气井产能。动态监测方面普光气田开展了钢丝、电缆、连续油管输送生产测试，增产稳产措施方面普光气田开展了连续油管冲洗解堵、电缆深穿透射孔、井筒溶硫等。此外，普光气田陆相和通南巴开展了带压下完井管柱。这里重点介绍连续油管作业、钢丝/电缆作业、带压下完井管柱等作业井控装置。

(1)连续油管作业。

为满足高含硫气井井控安全、H_2S 防护需要，采用70MPa EE级连续油管井控装置。从上到下依次是注入头(带鹅颈架)、防喷盒、防喷管、全封闸板、剪切闸板、卡瓦闸板、半封闸板防喷器，井口装置示意见图7-15，主要参数见表7-2。要求施工中与流体接触的实体均为抗 H_2S 材质，密封件为抗硫橡胶，具有耐酸性流体的接触腐蚀。连续油管内防喷工具采用70MPa单流阀。

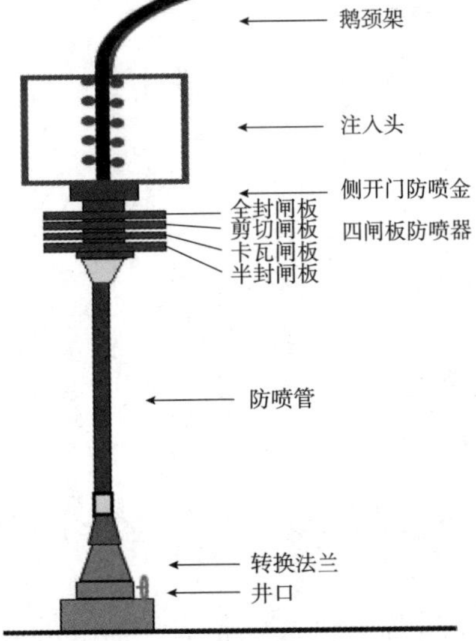

图7-15 井口装置安装示意图

表7-2 井口装置构件主要参数

名称	压力等级/MPa	备注
注入头(带鹅颈架)	—	与连续油管尺寸适配
防喷盒	70	动密封压力
防喷管	70	长度可调节
防喷器	70	EE 级
采气树	70	HH 级

(2)钢丝/电缆作业。

常用70MPa EE 级抗硫级别井口钢丝/电缆防喷装置，自上而下组装顺序为：防喷盒+防喷管+防掉器+双闸板防喷器/三闸板防喷器+井口适配器，其中钢丝采用双全封闸板防喷器，电缆采用三闸板防喷器(半封+半封+剪切)，防喷装置配备远程液压控制系统、注脂泵。井控装置构件参数见表7-3，组配示意见图7-16、图7-17。与流体接触的实体均为抗 H_2S 材质，密封件为抗硫橡胶，且须配备远程液压控制系统、注脂系统，防喷盒具备盘根和注脂流管密封功能。

表7-3 井口防喷装置构件参数

设备名称	耐压/MPa	内径/mm	数量	备注
防喷盒	70		1	材质抗硫
防喷管	70	76	长度满足测试要求	
防掉器	70	76	1	
闸板防喷器	70	76	1	
井口适配器	70	76	1	

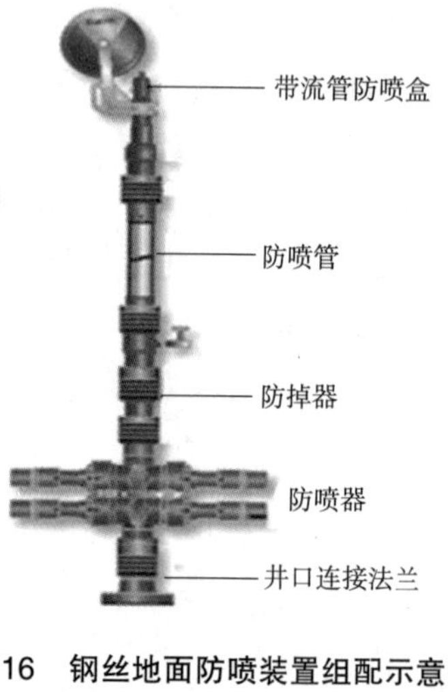

图7-16 钢丝地面防喷装置组配示意图

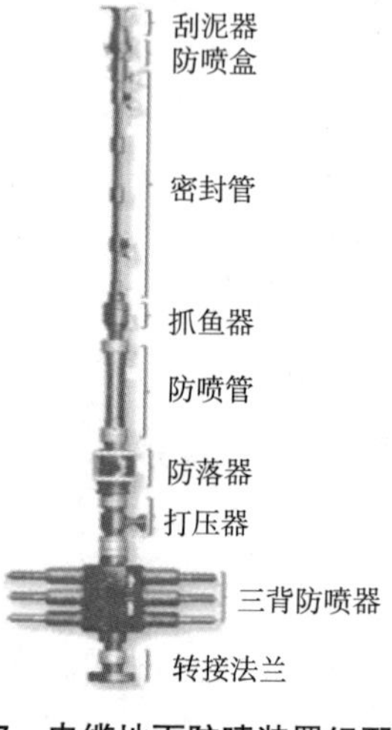

图7-17 电缆地面防喷装置组配示意图

(3)带压下完井管柱。

页岩气/致密气井作业主要为带压下管柱作业。带压作业是指利用带压作业装备与管柱堵塞工具的控制，实现气井井口带压状态下的施工作业，常用于陆相气井下入完井管柱及措施施工中，以实现减轻近井筒压井泥浆污染，保护储层的目的。带压作业井控装备见图7－18。

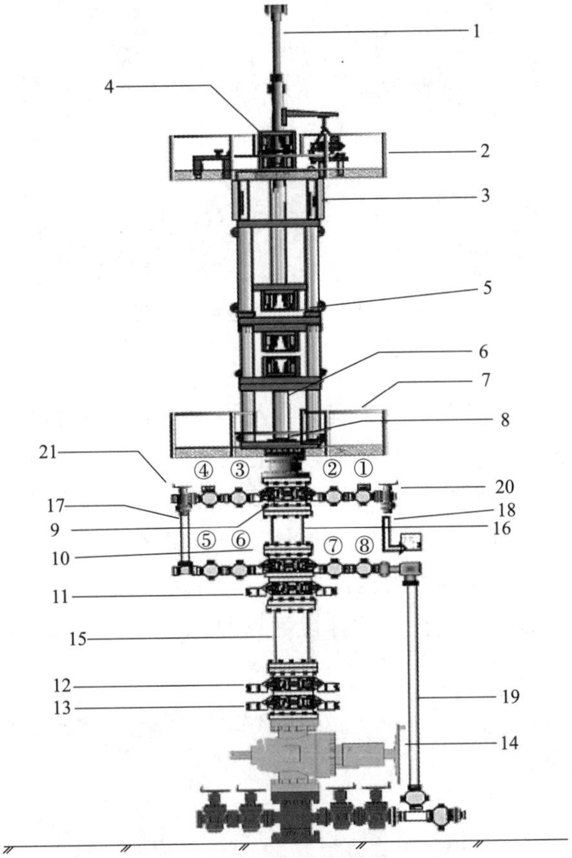

图7－18 带压作业井控装备图

1—桅杆；2—操作平台；3—液缸；4—游动卡瓦组；5—固定卡瓦组；6—工作窗；7—工作平台；8—环形防喷器；9—上工作防喷器；10—下工作防喷器；11—上安全防喷器；12—下安全防喷器；13—剪切防喷器；14—井口大闸门；15、16—升高短节；17—平衡管汇；18—放喷管汇；19—压井管汇；20、21—针阀；①、④—液动旋塞阀；②、③、⑤、⑥、⑦、⑧—手动旋塞阀

带压作业设备主要包括动力系统、提升和下压系统、防喷系统、压力平衡系统、卡瓦系统以及配套的装置。其中井控动态密封主要由闸板防喷器组、环形、安全卡瓦、防喷器组成，主要作用包括强制关闭井口、防止井喷等。

①闸板防喷器组。

三闸板防喷器由全封井闸板、半封井闸板和安全卡瓦闸板组成，全封井闸板用于空井筒时关井，半封井闸板用于密封油套环空，卡瓦闸板用于在紧急情况下卡住井内管柱，确保安全。

闸板防喷器的工作原理为当液控台操纵液压油进入油缸关闭腔时，液压油推动活塞向中心移动，闸板关闭，丝杠跟随活塞和锁紧轴一起移动，闸板关闭后，可右旋锁紧丝杠，使丝杠外移，直至丝杠移到与止推轴承相接触，达到液压关闭后手动锁紧的目的。要使闸板开启时，将锁紧丝杠左旋松开，利用液压换向阀从活塞前部进油，推动活塞后移，打开闸板。闸板防喷器剖面见图7－19。

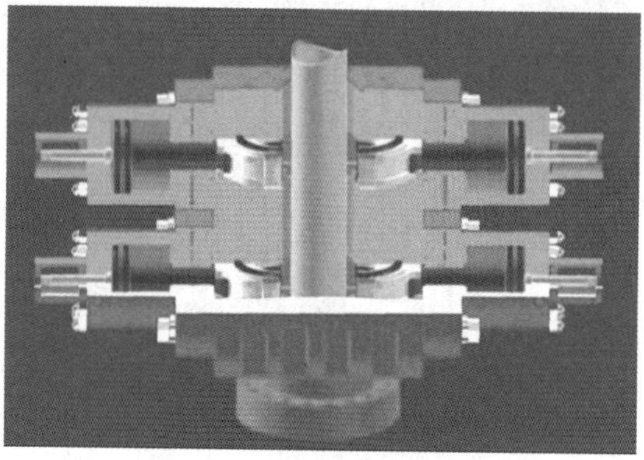

图 7－19　闸板防喷器剖面图

②环形防喷器。

环形防喷器用于起下油管过程中密封油管及套管环空，确保井内流体不喷出，主要由顶盖、壳体、筒形胶芯组成。钢骨架与筒形胶芯硫化在一起，起支撑作用，密封胶圈实现壳体与筒形胶芯所形成的环形腔体的密封。当高压液压油注入环形腔体时，筒形胶芯发生变形，内径变小，抱紧井内管柱或在空井筒情况下实现全封井，井内高压流体不能喷出。在加压动力系统的作用下，控制好液压油压力，管柱可实现静止或上下移动而不溢流。当高压液压油泄压后，筒形胶芯因自身的弹性而恢复原状，内径变大松开管柱或打开井口，解除密封，见图 7－20。

图 7－20　环形防喷器

③卡瓦系统。

卡瓦系统由双向双作用液压缸、上游动卡瓦和下固定卡瓦等组成。用于当油管自身重量小于井内液体作用于油管的上顶力时，提放管柱，以保证管柱安全起下。

将连接两个双级双作用液压缸的下横梁牢固固定在套管短节上，上横梁固定上卡瓦，液压缸体中间同套管升高短节、井架分别相连，以保持液压缸的稳定性。当井内管柱可能上顶时，起下管柱主要是靠双级双作用液压缸带动受液压控制的上卡瓦往复运动，同固定在套管上部的下卡瓦交换卡住油管来实现的。

7.3.2　井控工艺

井控工艺是指气井生产过程中开展维护措施等作业的井控要求，主要包括连续油管作业、钢丝/电缆作业、带压下完井管柱、溶硫剂解堵、带压更换采气树等。

1)连续油管作业

(1)连续油管检查。作业之前，须检查连续油管的使用情况，如新旧程度、使用次数、使用环境、椭圆度、腐蚀程度、冲蚀情况、壁厚、鼓胀情况、缩径情况、有无裂口、有无齿痕以及焊缝情况等，若存在严重影响施工安全的因素则必须更换。连续油管接头及各类工具连接位置有斜坡过渡带，气举工具最大外径与井内管柱最小间隙应大于4mm。下井之前必须对连续油管及其接头进行拉力测试，抗拉强度达到要求并稳定5min为合格，缓慢卸掉注入头拉力后检查连续油管接头的延伸情况，确保接头完好方可进行下步工作，否则更换接头，重新进行拉力测试直至合格。分别对井口、防喷器、防喷盒、防喷管及地面管线进行试压，稳压30min、压力降小于0.5MPa为合格，最后对单流阀进行功能测试。

(2)连续油管起下要求。初始下放速度小于10m/min，过井下安全阀后，管柱下放速度不大于15m/min，遇复杂井段(如变径接头、完井工具、造斜点等位置)时提前50m下放速度控制在10m/min以内。每下入300m，上提15~30m，记录悬重等参数，检查连续油管是否遇阻遇卡。管柱上提初始速度不大于5m/min，直井段上提速度不大于20m/min。遇复杂井段(如变径接头、完井工具、造斜点等位置)时提前50m上提速度控制在5m/min以内。距离井口150m左右，放慢上提速度，离井口50m将上提速度降至5m/min。根据悬重变化按照夹紧力调节曲线及时调整夹紧力、链条张紧力和注入头驱动压力，并根据井深位置适时校核悬重。上提过程中密切观察悬重变化，出现连续油管遇卡情况不得强行提拉，可通过反复活动连续油管，最大上提拉力应小于其屈服载荷的80%。暂停作业时将连续油管提至安全位置，关闭并锁定防喷器，同时适当提高注入头的夹紧力。

2)钢丝/电缆作业

为保证作业过程安全，首先需要严格按照试压要求对井控装置试压。作业防喷装置采用整体试压，试压介质采用-35℃防冻液或乙二醇；每次卸开防喷装置或更换部件后都要对井口防喷装置进行试压；井口防喷装置先试低压5MPa，再试高压(前期最高关井油压1.5倍)，每次试压要求15min压力不降为合格。

为做好施工过程井控，施工单位要制定详细的应急预案，应急预案包括防井喷失控、防H_2S泄漏和防火灾爆炸等项目。施工前按要求开展井控演习。施工过程严格落实坐岗观察制度，安排专人坐岗观察井口。

3)带压下完井管柱

带压作业的主要井控内容围绕确保作业过程中的井下压力得到安全控制，防止井涌和井喷展开，主要包括确保使用的井下工具和管柱适合带压作业环境，能够承受井下压力，避免工具失效或管柱损坏导致的井控问题；确保井口密封系统完好，包括防喷器、闸板防喷器、环形防喷器等设备，能够在作业中随时关闭井口，防止流体无控制地逸出；制定并演练应急预案，确保在井控异常时能够迅速启动应急程序，包括关闭防喷器、控制井口压力、启动备用系统，定期对井控设备进行维护和检查，确保其处于良好工作状态，能够随时投入使用等内容。

带压作业下完井管柱作业实践包含以下三个关键井控步骤：

(1)下完井管柱前对井控设备进行全面检查和维护，确保设备处于良好工作状态；制定详细的应急预案，包括各种可能的风险和应对策略，确保在紧急情况下设备可靠，确保能够迅速采取正确行动。

(2)下完井管柱过程中通过节流压井装置或其他井口控制设备，维持井口压力略高于井筒压力，以防止井涌和井喷，使用压力计和传感器实时监测井筒压力，确保井筒压力在安全范围内，避免因压力异常导致井控事故；需要控制下入速度和力度，避免因操作过快或过猛导致井筒压力波动，影响井控安全；根据井筒压力变化，通过节流压井装置调整井口压力，保持井口压力与井筒压力的平衡。

(3)详细记录下完井管柱的各个参数和操作过程，并及时上报相关信息，为后续作业提供参考。

带压作业的井控是一个系统工程，需要从设备、技术、操作、管理等多个层面进行综合考虑和控制，以确保作业的安全性和效率。在整个作业过程中，持续的监控和严格的管理是防止井控事故发生的基石。

4)溶硫剂解堵

采用站场 EE 级 70MPa 多功能生产辅助流程进行泵入，采气树 HH 级 70MPa；泵入前加注流程按照关井油压 1.5 倍试压。施工环境温度较低时，节流、压井管汇、放喷管线应采取防堵、防漏、防冻措施，保证管内畅通，液罐、配液设备、管线应清洗干净，闸门开关灵活，密封可靠。泵注至稳定状态，卸压前，要检查采气井口的各部分连接紧固情况。采气树的闸门操作：开井时，应遵循先内后外的原则；关井时，应遵循先外后内的原则。紧急情况下，可直接关液控安全阀或井口总闸门。采用挤注法泵入施工作业，压力异常升高至 35MPa 停止施工。平稳泵注，避免压力出现较大波动。

5)带压更换采气树

采气树在使用过程中如出现腐蚀、泄漏、机械故障等而又无法在线修复的情况，则需要进行整体更换。常规采气树更换作业需要进行压井，压井作业不仅时间长、耗资大，而且作业后容易造成地层污染，导致气井减产，甚至停产，影响整个气田产能。带压更换采气树可以节约大量费用，对气层保护及安全环保具有重大意义。

(1)井下安全阀封堵。通过关闭井下安全阀，截断井内流体通道，控制井内流体外泄，从而达到控制气井的目的。其阀板与阀座之间采用球面、曲面或锥面配合，全金属密封，具有良好的高压气密封性能。但这种密封方式密封面较窄，存在受井筒内积存硬杂物影响导致密封不严，造成气体泄漏的可能性。因此，完全利用井下安全阀来封堵井筒气流不能保证施工的绝对安全。

(2)背压阀封堵。因为井下安全阀不能确保施工绝对安全，因此有必要在井口设置另外一道安全屏障。利用带压送取工具将背压阀拧入油管悬挂器内的背压阀座面，封堵油管。背压阀利用井下压力实现密封，压力越大，密封越好。普光气田采用双向背压阀，既可以封堵井下压力，也可以满足采气树整体试压的要求，同时具有上下平衡压力的功能，以便施工完安全取出。施工完毕，反序操作，即可退出背压阀及取送工具。

(3)N_2置换隔离。N_2置换，就是向井筒注入大量液氮，将井筒内高含硫天然气顶回地层，从而实现井筒隔离。液氮顶替量应大于在更换采气树作业时间内可能泄漏的气量。注液氮前先要向油管内注入一定量的无固相隔离液，然后再顶替液氮，隔离井筒内的含硫天然气。

7.4　环空带压井井控

普光高含硫气井均采用带永久式封隔器生产管柱，正常情况下油套环空充满环空保护液，含硫天然气无法进入油套环空，但是部分井存在 H_2S 侵入油套环空的现象。一旦 H_2S 进入环空，将造成封隔器以上碳钢套管腐蚀开裂，导致严重风险。

国内外大量气井在开发过程中出现环空带压的现象，有的含硫气井环空带压占比达到20%，环空带压已是气田开发普遍存在的问题。环空带压的主要原因是完井管柱上丝扣的渗漏、完井工具密封失效以及油套管腐蚀穿孔等，导致含硫天然气窜入环空。

环空带压风险治理难度大，特别是气密封丝扣泄漏，难以准确封堵以消除环空带压风险。因此，针对环空带压的气井，做好日常井控管理意义重大。普光气田经过多年对环空带压的治理，按照分级管控、精准施策理念，建立了高含硫环空带压气井风险分级和管控技术规范。

7.4.1　风险分级管控

为了方便现场管理和制定针对性管控措施，将环空带压气井根据风险大小不同进行分级并制定不同的管控措施。

1)环空带压风险诊断

标准风险分级参考《中国石化生产安全风险分级管控和隐患排查治理双重预防机制管理规定》，并结合俄罗斯阿斯特拉罕高含硫气田环空带压风险分级方法及《陆上油气井环空压力管理推行标准》(API RP 90—2—2016)标准，考虑了井筒完整性、环空中介质压力、pH 值、H_2S 含量和 H_2S 分压等因素确定，依据以下判定依据将高含硫环空带压气井分为低风险井、一般风险井、较大风险井以及重大风险井四类，见图7－21。

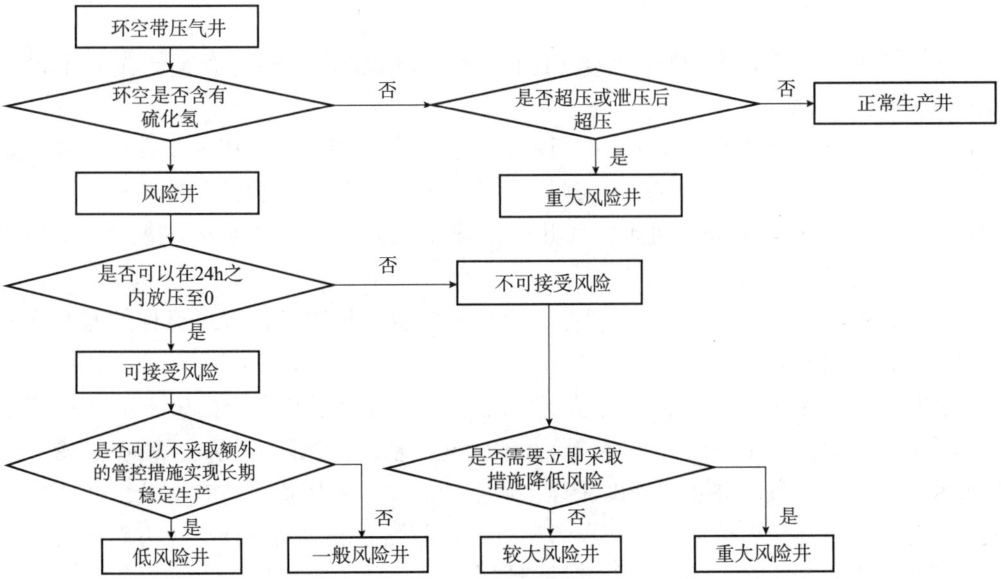

图7－21　环空带压气井风险分级流程图

第一判定依据：是否含有 H_2S。

用以区分正常生产井和风险井，含 H_2S 即是风险井。环空带压不含 H_2S 气井中，若环空压力超过环空带压限压值且无法通过泄压控制在环空带压限压值以内，说明气井压力来源十分充足，窜漏通道已经建立，泄漏量极大且无法通过泄压手段将气井控制在环空带压限压值范围内，存在管柱破裂、引发地表或地下井喷的风险，划分为重大风险井。

第二判定依据：是否可以在 24h 内放压至 0MPa。

如果可以 24h 内放压至 0，可认为环空中屏障未失效，泄漏较小、安全状态可控。

根据这一判定依据可以区分可接受风险和不可接受风险。可接受风险分为低风险和一般风险，不可接受风险分为较大风险和重大风险。

第三判定依据：

(1)在可接受风险的情况下，以“是否可以不采取额外的管控措施实现长期稳定生产”作为低风险井和一般风险井的判定依据。

低风险井可以执行现有管理程序、保持现有安全措施完好有效，防止风险进一步升级。一般风险需要设置可靠的监测报警设施或高质量的管理程序。

如果稳态条件下压力低于环空限压值并且不含 H_2S，一般就可以在此状态下长期稳定。如果达到稳态时环空压力高于限压值或油套含 H_2S，表明泄漏量较大，无法维持长期稳定，必须升级管理。另外，根据 NACE MR0175 标准，抗硫钢均须通过 720h 即 30d 的抗硫实验，由于环空压力可以泄放至 0，渗入的 H_2S 量有限，至少 30d 内管柱不会出现硫化物应力腐蚀风险。综合以上两点原因，选定“30d 内是否发生环空压力过高”或“油套环空含 H_2S”作为区分低风险和一般风险的临界值。

(2)在不可接受风险的情况下，以“是否需要立即采取措施降低风险”作为不可接受风险中较大风险井和重大风险井的判定依据。

这一判定依据用于区分的较大风险和重大风险。按照《中国石化生产安全风险分级管控和隐患排查治理双重预防机制管理规定》：具有较大风险时在役装置应当采取措施降低风险，重大风险时在役装置应当立即采取措施降低风险。

2)环空带压分级管控

(1)低风险井：属于可接受的风险。执行现有管理程序、保持现有安全措施完好有效，防止风险进一步升级。

此类风险井泄漏量较小，安全状态可控，维持气井现有的管理程序及安全措施就能安全生产。但仍需要采取安装环空压力实时监测系统、环空流体取样监测等监检测手段，安装具备气井压井、环空泄压等功能的气井生产辅助流程，保证现有安全措施长期完好有效，防止风险进一步升级。

(2)一般风险井：属于可容忍的风险。可进一步降低风险，设置可靠性的监测报警设施或高质量的管理程序。

此类风险井泄漏量相对较大，维持气井现有的管理程序及安全措施不能长期安全生产，可适时采取措施降低风险。此类风险井的管理要求比低风险井更高：需要加密环空取样监测频率；需要安装气井生产辅助流程，环空压力接近限压值时进行泄放，防止环空压力超过环空带压限压值；安装的环空压力实时远程监测系统应具备环空压力超压自动报警功能；维持气井稳定生产，不宜进行产量调整。

(3)较大风险井：属于不可容忍的风险。

此类风险井泄漏量大，应当采取措施降低风险。此类风险井的管理要求比一般风险井更高：应当采取环空堵漏等措施降低风险；加注环空保护液时，要求保证 H_2S 分压小于该材质所处环境下的开裂极限；维持气井稳定生产，不得进行产量调整；所安装的数据采集与远程控制系统应具备环空压力超压自动报警功能。

(4)重大风险井：属于不可容忍的风险。

此类风险井环空串通且含 H_2S，泄漏量大，需要立即采取措施控制风险，宜采取井下作业等工程技术措施，降低气井风险等级。

7.4.2 环空压力管控

为了避免油套压差过大破坏井口装置、管柱和井下工具，环空压力应控制在合理范围内，因此，每口环空带压气井需要确定一个套管限压值。当气井环空压力超过限压值时，需要及时泄放环空压力，确保井控安全。

1)限压值计算

各层环空最大许可压力在取值时应取该层环空中最薄弱段的强度值。如果各环空之间有相互窜通的情况，应把窜通的环空视为同一环空。

(1)考虑井口装置的承压等级。

考虑井口装置的最大允许环空带压值的计算公式如下：

$$P_1 = 0.8 \times P_w \tag{7-10}$$

式中 P_w——井口装置安装之后，井口支撑外层套管的额定压力或最大测试压力(密封测试或套压测试等)，MPa。

(2)考虑完井设备的最大允许环空带压值计算公式如下：

$$P_2 = 0.8 \times (P_{cc} + P_{dn} - P_{up}) \tag{7-11}$$

式中 P_{cc}——封隔器的额定压力，MPa；

P_{dn}——封隔器下端流体的压力，MPa；

P_{up}——封隔器到井口的环空静液柱压力，MPa。

(3)考虑地层的承压能力。

考虑地层承压能力的环空最大允许带压值计算方法是基于钻井时套管鞋处通过地层完整性测试(FIT)或泄漏测试(LOT)所得到的最小地层破裂梯度(FG)，或者地层流体液柱压力梯度(MWG)来计算。但该计算方法仅适用于被评价环空与地层连通的情况。

考虑地层承压能力的最大允许环空带压值计算公式：

$$P_3 = 0.8 \times H_c \times (FG - MWG) \tag{7-12}$$

式中 H_c——套管鞋垂深，m；

FG——破裂压力梯度，MPa/m；

MWG——地层流体液柱压力梯度，MPa/m。

(4)套管限压值。

套管限压值取 P_1、P_2、P_3、P_4、P_5、P_6、P_7 中的最小值。

考虑油管抗挤最薄弱点的计算公式：

$$P_4 = 0.8 \times (P_{tc} - \Delta P_{wc}) \tag{7-13}$$

考虑油层套管抗内压最薄弱点的计算公式：

$$P_5 = 0.8 \times (P_{ab} - \Delta P_{wb}) \tag{7-14}$$

考虑油层套管抗挤最薄弱点的计算公式：

$$P_6 = P_{ac} - \Delta P_{wc} \tag{7-15}$$

考虑技术套管抗内压最薄弱点的计算公式：

$$P_7 = P_{bb} - \Delta P_{wb} \tag{7-16}$$

式中 P_{tc}——考虑腐蚀、磨损、冲蚀、高温带来强度衰减后的油管最薄弱点的抗挤毁强度，MPa；

P_{ab}——考虑腐蚀、磨损、冲蚀、高温带来强度衰减后的油层套管最薄弱点的抗内压强度，MPa；

P_{ac}——考虑腐蚀、磨损、冲蚀、高温带来强度衰减后的油层套管最薄弱点的抗挤强度，MPa；

P_{bb}——考虑腐蚀、磨损、冲蚀、高温带来强度衰减后的技术套管最薄弱点的抗内压强度，MPa；

ΔP_{wb}——抗内压最薄弱点管内与管外流体的压差，MPa；

ΔP_{wc}——抗挤最薄弱点管外与管内流体的压差，MPa。

2）环空压力泄放

当油套环空压力达到限压值时，应对气井油层套管安装高含 H_2S 气井泄压装置进行泄压。泄压时，泄压管线出口应点长明火，泄放气体需要完全燃烧，避免 H_2S 泄漏。泄放后，环空压力应低于限压值 70%，高于限压值 30%，避免频繁泄压导致漏点扩大。

7.4.3　环空流体及套管状态监测

针对环空带压井，采用多种技术手段对液面位置、环空流体成分、套管腐蚀和变形量等参数进行监测，及时掌握环空带压情况及变化趋势，为进一步做好环空带压井控管理提供基础数据。

1）环空液面监测

为了确定环空保护液在井筒中的位置，研究监测环空保护液漏失速率，确定环空保护液加注量，需要对环空液面进行监测。

井筒环空液面监测技术的原理是通过井口声呐发生装置向井筒环空发射声呐脉冲波后，遇到液面产生回声反射，反射信号经过计算机软件识别处理后自动计算出环空液面高度。该技术采用的设备主要有环空液面监测仪、压力脉冲枪、N_2 瓶等，具有设备安装简便、操作简单、测量精度高、可带压监测等特点。因此，利用环空液面监测技术可在线实时获取环空液面高度，有效监测井筒液位变化情况，为井漏动态分析提供数据支持。

通常，配套使用环空保护液加注和液面监测的相互验证，一般首次应用该项技术时使用该方法进行验证。

2）取样化验监测

为了监测油套环空流体性质，分析油套环空状态变化，需要定期对油套环空流体进行取样分析。

(1)主要监测指标。

环空流体为气体时，主要监测指标包括 H_2S 含量、CH_4 含量、CO_2 含量等；环空流体为液体时，主要监测指标包括 pH 值、矿化度、氯离子含量等。

(2)气体组分分析。

普光气井产出含有较高浓度的 H_2S，分析任务主要包括现场滴定和实验室气相色谱仪分析，将两部分数据结合，最终得出气样组分数据及 H_2S 的相关指标。

①分析流程，见图7－22。

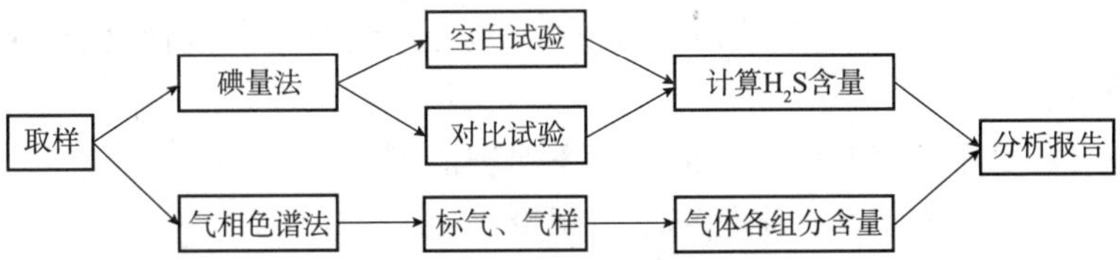

图7－22　气体组分分析流程

②分析方法及原理。

分析方法参考《天然气　含硫化合物的测定　第1部分：用碘量法测定硫化氢含量》(GB/T 11060.1—2010)中碘量法进行测定。其原理是用过量的乙酸锌吸收气样中的 H_2S，生成硫化锌沉淀。加入过量的碘溶液以氧化生成的硫化锌，剩余的碘用硫代硫酸钠标准溶液滴定。

(3)产出水分析。

产出水主要包括气井水和套管液，分析项目包括 pH 值，Cl^-、Ca^{2+}、Mg^{2+}、${CO_3}^{2-}$、${HCO_3}^-$、${SO_4}^{2-}$、铁、锰等矿化度。其主要流程见图7－23。

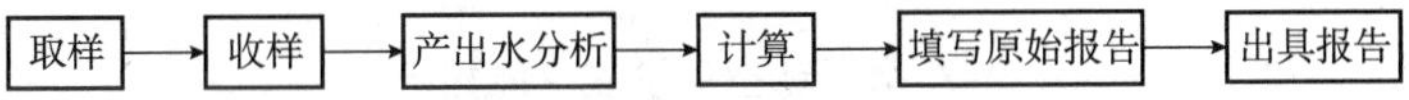

图7－23　产出水分析流程图

矿化度指阴阳离子的总浓度(油田中矿化度一般指碳酸根、碳酸氢根、氯离子、硫酸根离子、钙离子、镁离子和钾钠离子含量的总和)。

硬度一般指 Ca^{2+}、Mg^+ 等二价阳离子的浓度。

pH 值一般用酸度计进行测定。

3)套管腐蚀和变形情况监测

普光气田部分气井因环空含 H_2S 对套管腐蚀严重，需要监测套管腐蚀和变形情况，以评估气井井筒完整性及其安全风险。普光气田采用一体化永久式完井管柱，难以通过动管柱作业开展套管监测，尤其是气井套管持续变形，过油管监测评价套管的变形情况显得尤为重要。

普光气田采用可透过油管三维扫描监测套管变形的监测技术，形成了静态磁聚焦阵列套变监测系统和三维成像解释方法，实现了透过镍基合金油管定量监测套管毫米级三维变形，解决了高含硫套变井安全评估的问题。

静态磁聚焦阵列套变监测系统基于静态磁原理，磁密度传感器阵列放置于极性相对的多个磁极子中间，根据磁极子分布，以及几何尺度的选择，产生磁场聚焦穿透油管到达套管；套管距离轴心的距离将直接影响到磁场密度场的角分布，基于霍尔效应的传感器阵列可测得该角区域内磁密度变化，从而间接得到与套管的相对距离；再通过对信号的差分放大和后处理算法对套管变形和偏心进行三维成像。

为了提高仪器测量精度，采用了2组48个传感器阵列探头m1和m2，其中m1传感器采集近磁场信号，主要反映油管信息；m2传感器采集近磁场和远磁场信号，主要反映套管信息。

7.4.4 环空保护措施

环空保护液具有的作用包括减轻套管头或者封隔器承受的压力，同时起到一定的密封作用，防止封隔器刺漏；降低油管和环空之间压差；抑制油管和套管腐蚀、阻垢倾向，使其具备抗腐蚀性和稳定性。

针对环空渗漏量小的气井，可以加注环空保护液中和H_2S，防止H_2S对套管腐蚀。若环空漏点较大，必须进行堵漏，降低环空泄漏量。

1)加注环空保护液

环空保护液是充填于油管和油层套管的流体，一般用泵车连接多功能辅助流程加注到油套环空之间。通过环空取样监测到环空流体为气体时，说明环空中保护液未加满，需要补充环空保护液，或者取样化验显示环空保护液性能不达标(pH <9)时，也需要加注环空保护液。

根据流体连续相的性质，可分为油基和水基环空保护液两类，其中水基环空保护液又分为有机盐和无机盐两种。普光气田采用无固相水基体系，主要成分：无固相有机酸盐+缓蚀剂+抑制剂+除硫剂+其他，具有杀菌、防垢、除氧、中和酸性气体和缓蚀等功能，满足气井油管、套管的长期防腐要求。环空保护液一般以井筒保护液为基液再加入添加剂配制而成，也可以采用有机酸盐体系新配。环空保护液性能指标见表7-4。

表7-4 环空保护液性能指标

项目	指标
外观	均一液体
pH值	9.5~14
密度/(g/cm³)	1.02~1.30(可调)
热稳定性/℃	130
碳钢挂片腐蚀速率/(mm/a)	<0.076
基液悬浮固体含量/(mg/L)	≤10
稳定性	72h无沉淀

2)环空堵漏

环空堵漏是针对油套环空漏点较大的气井环空保护液漏失快，需要采取措施进行堵漏，主要通过加注堵漏剂的措施实现。堵漏剂是一种在环空保护液中均匀分散的耐高温抗硫微粒，采用水泥车泵注的方式将堵漏剂注入套管环空，并在正压差及重力作用下沉降至漏失通道，然后在井内漏失通道高温条件下交联固化，达到密封性好、抗压差能力强、性能持久稳定的封堵效果。微粒堵剂的密度范围为0.90~1.55g/cm³(可调)，在环空保护液中均稳定存在，经过长期放置无团聚或解聚现象，呈现低密度上浮、悬浮、高密度沉降三种状态。微粒堵剂的粒径可调，通过调整单体配比和合成反应条件能有效控制微粒粒径范围(10～600μm)。微粒堵剂能在丝扣缝隙处形成封堵层，高温和低温条件下都具有良好的封堵性能，在环空保护液中加热老化后无结块固化现象。

思考与练习

1. 井控的基本原理是什么？
2. 高含硫采气井控与传统井控的区别是什么？
3. 高含硫气井井控的重点是什么？
4. 页岩气井为什么采用带压下管柱，井控措施是什么？
5. 高含硫环空带压气井环空液面监测的目的是什么？

第 8 章　常见生产问题处理

普光高含硫气田天然气具有极高的腐蚀性和剧毒特征，气田生产风险大，安全管控难度大。在长期的气田开发生产过程中，由于硫沉积、水合物的影响和设备密封件的老化、失效，生产运行时难免会出现一些设备故障和生产难题。为提高处理同类故障的能力，选取了普光气田开采过程中部分具有代表性的常见问题及处理措施以供参考。

8.1　井口设备常见故障

8.1.1　FMC T3 型笼套式节流阀故障

笼套式节流阀安装在采气树生产翼外侧闸阀与井口镍基闸阀之间，用于调节气井产量。普光气田使用的笼套式节流阀主要类型有两种：一是外套 - 笼套式（FMC T3 型和 Cammon - cc20）；二是笼套 - 柱塞式（Cammon - cc30HP）。FMC T3 型笼套式节流阀（图 8 - 1）主要由阀体、阀座、阀杆、笼套、手轮、阀位指示器、密封组件等部件组成。其工作原理是，通过一个可以拆卸的圆柱筒，在一个固定的壁上有节流孔口的圆柱型笼套外运动来调节流量。圆柱型筒上下运动导致笼套上可过流体的节流孔口的面积产生了变化，控制通过节流阀流体的流量和压力降。高压流体从节流孔入口进入阀体和笼套之间的环形空间，改变流体方向，相互撞击进入笼套的中心，最后流向下游管段。

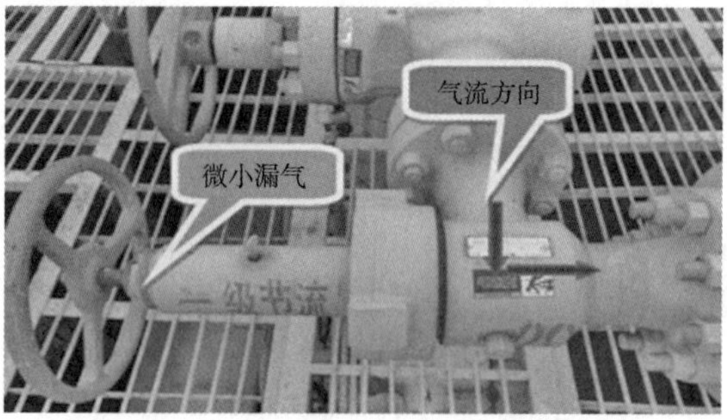

图 8 - 1　FMC T3 笼套式节流阀

1）现象描述

FMC T3 型笼套式节流阀在高压、高产量气井生产过程中出现异响、剧烈振动、渗漏、调节功能失效等现象。

2）原因分析

（1）异响、剧烈振动。

现场分析发现，在同样的压力和产量情况下，FMC T3 型笼套式节流阀的开限只有 9%～26%，而 Cammon－cc20 型笼套式节流阀的开限为 40%～60%。两类笼套式节流阀属于相同的工作原理，只是在过流面积（或是流量系数 *Kv* 值）上存在差别。由于 FMC T3 型笼套式节流阀流量系数 *Kv* 值（国外称 C_v 值）过大，在给定的压差及流量情况下，笼套式节流阀保持在极小的开度，只有极小的一部分节流孔允许气流通过，气流经过小孔道后在笼套内产生强烈的紊流，造成节流阀振动，产生异响。阀座与调节套实物见图 8－2。

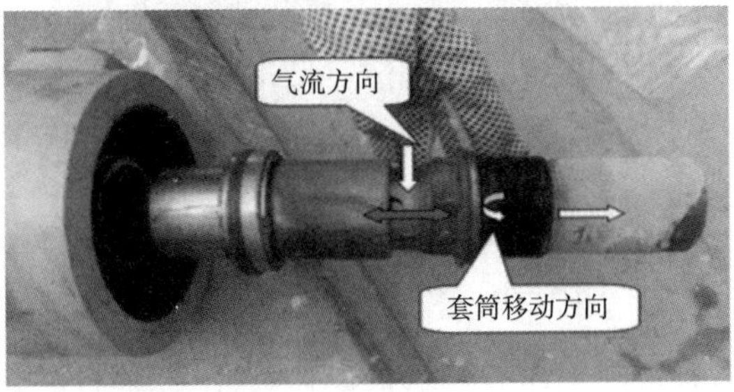

图 8－2　阀座与调节套实物图

（2）丝杠处渗漏。

经过拆解节流阀部件，发现阀门丝杠与外套筒间密封环（盘根）出现磨损、老化，导致密封不严出现气体渗漏。

（3）节流功能失效。

①经过拆解阀体，发现阀座和调节套之间被异物（单质硫和残酸的混合物、水合物等）卡死。

②由于操作不当，造成阀杆和调节套之间连接销钉断裂（图 8－3），导致调节套不能沿阀座上下移动实现开度节流。

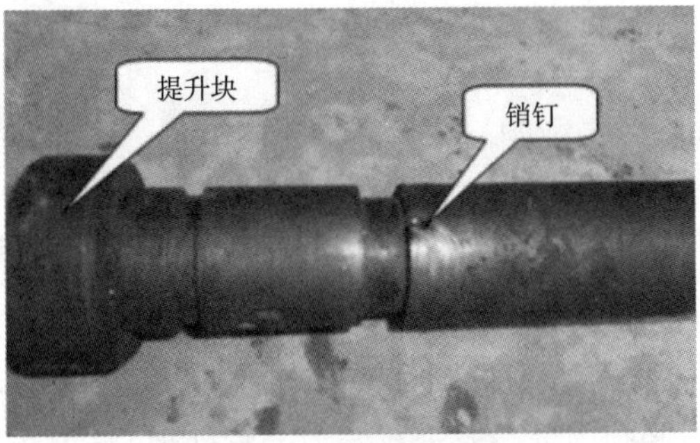

图 8－3　连接销钉断裂

③由于前期所选用的 FMC T3 型笼套式节流阀流量系数 C_v 值过大，在给定的压差及流量情况下，笼套式节流阀开度过小，高速流动的天然气对笼套造成冲蚀，导致节流阀调节失效。

3）处理措施

（1）对原有笼套由 2in 更换为 3/4in（图 8－4），由于更换后的阀座要比原有阀座的过流面积减小，在指定流量下节流阀的开度就必须开大，这样流体通过阀座的孔数就增多，多孔过流面可以显著降低气流经过阀座时产生的噪声和振动；更换3/4in笼套后，以$40\times10^4m^3/d$产量为例，在节流阀前后压力不变的情况下，节流阀的开度由原来的18%增大到32%，噪声及振动明显减小，只存在正常的气流声。

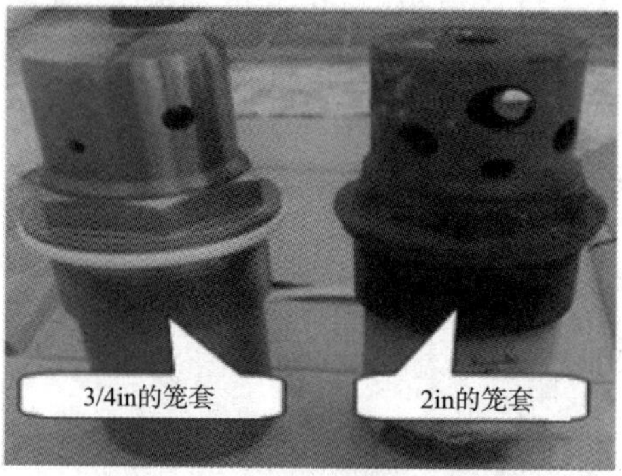

图8-4　3/4in与2in笼套实物图

(2)应做好节流阀的日常维护保养，规范操作，保持密封件完好，阀门开关灵活，不渗不漏。

(3)气井合理配产，降低节流阀前后压差，减小气流对阀套冲蚀伤害。

8.1.2　采气树闸阀开关故障

井口采气树所用闸阀有平板闸阀和楔式闸阀两种。连接方式分螺纹式、法兰式和卡箍式三种。通过闸板沿通路中央线的垂直方向上下移动起到截断和开启通道作用。闸阀在管路中只能起全开和全关堵截作用，不能起调节压力和节流作用。

1)现象描述

部分采气树闸阀因长时间未活动，无法正常开关，采用蒸汽热洗、润滑脂润滑等措施，均未达到理想效果。

2)原因分析

(1)阀门长期没有活动，导致阀门处杂质聚集、结垢。

(2)地层采出气流中存在硫化物杂质，导致在阀门内形成聚集。

3)处理措施

(1)关井，利用井口区放空管汇对问题阀门前后进行泄压放空。

(2)连接管路，用手动打压泵从阀门注脂口加注专用清洗剂，利用清洗剂能软化、分解结垢物杂质的特性，对阀门内部杂质进行浸泡分解处理。

(3)浸泡期间，对阀门进行开关活动，直至开关灵活。

(4)对阀门加注润滑脂进行维护保养。

8.1.3　FST气控液型井口控制柜地面安全阀频繁自动关闭故障

地面安全阀是安装在采气树1#总阀后的一个紧急关断阀门，为液动闸板阀。主要分为阀体和执行机构两部分，由阀座、阀盖、闸板、阀杆、活塞、弹簧、密封件等部件组成，执行机构被活塞分为液压腔和弹簧腔，其中阀杆连接活塞和闸板。使用时，在外部液压油压力作用下活塞压缩弹簧带动阀杆向前移动，同时阀杆带动闸板也向前移动，最终打开阀门气流通道，阀门开启，弹簧蓄能；当外部液压泄压后，液压油通过回油管路流回井口控制柜油箱，活塞在弹簧蓄能释放的作用下带动阀杆向后移动，同时，阀杆带动闸板也向后移动，阀门关闭。其作用就是在高含硫气井发生火灾、失控等紧急情况通过关断逻辑或井口控制柜手动操作进行远程关井。

1)现象描述

某井生产过程中，在未动操作、井口压力没有出现异常和站控室没有任何报警信号输出的情况下，地面安全阀出现自动关断，造成气井关井现象。在气井恢复正常生产后，又连续出现地面安全阀关断情况，给现场安全平稳生产造成极大影响。

2)原因分析

(1)FST 气控液型井口控制柜工作原理。

在气动增压泵或手动增压泵的作用下，将液压油进行增压，增压泵的大小与启停受压力开关控制。先导压力控制液控阀动作，系统液控阀控制高压液压油管线导通或关闭，从而对管线系统进行控制，即打开地面和井下安全阀门。高压溢流阀、低压溢流阀控制系统压力保证在一定范围工作，防爆电磁阀或面板开关阀接到关闭信号后，释放高压液控三通阀、低压液控三通阀先导压力后，泄压阀自动复位，瞬间把系统压力降为0，即关闭地面和井下安全阀门，见图8－5。

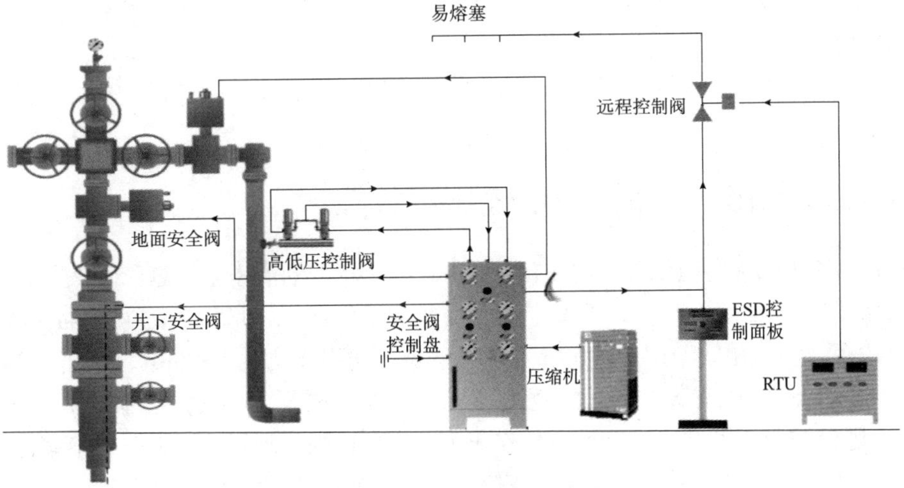

图8－5　井口安全控制示意图

(2)地面安全阀关断因素。

①井口控制柜手拉阀、站控室手操台紧急关断按钮、上位机逻辑系统触发站场泄压、保压关断，造成地面安全阀关闭。

②井口节流后压力、外输压力高高、低低报警，设备区气体泄漏，达到相关设定关断值，触发 ESD－4 单元关断、ESD－3 站场(保压)关断，造成地面安全阀关闭。

③ESD－3 站场(泄压)关断联锁 ESD－3 站场(保压)关断，造成地面安全阀关闭。

④ESD－1 全气田关断、ESD－2 支线关断，联锁触发 ESD－3 站场(保压)关断，造成地面安全阀关闭。

(3)故障排除方法。

①检查确认井口控制柜内各连接部件无跑、冒、滴、漏问题，不存在因液压油渗漏造成的系统低压导致的地面安全阀关闭问题。

②就地、远传数据正常，均在设定范围之内，无报警信号，无关断信息，排除因逻辑关断造成的地面安全阀关闭问题。

③在控制柜问题排查过程中发现该井地面安全阀液压油管路电磁阀有内漏现象，同时伴随间歇性异响，测试电磁阀的电阻值偏低。

分析认为是该井地面安全阀液压油回路电磁阀故障。检测发现电磁阀内部线圈有短接现象，引发电磁阀间歇工作，导致电磁阀阀芯失灵，致使地面安全阀液压管路失压，造成地面安全阀关闭，见图8－6。

图8－6　地面安全阀液压油管路电磁阀

3)处理措施

更换井口控制柜内该井地面安全阀液压管路上的同型号电磁阀后，井口控制柜恢复正常。

8.1.4　Cameron井口控制柜低压泵故障

Cameron井口控制柜工作是通过两台(低压、高压)电动液压泵(或手动增压泵)将常压的液压油增压至地面安全阀或井下安全阀开启所需要的压力，增压后的液压油储存在蓄能器内，低压泵最大输出压力为5000psi，高压泵最大输出压力为8500psi。低压泵的液压油一路作为开启地面安全阀的压力，另一路经减压阀减压后作为逻辑控制压力(80～120psi)。逻辑控制压力又分为三种：操作压力、高低压限位阀先导压力、易熔塞先导压力。这三种压力均作为逻辑控制压力来控制液控三通阀，从而达到控制地面安全阀(或井下安全阀)的目的。同时，在地面安全阀(或井下安全阀)逻辑控制回路上有一个和液控三通阀串联的电磁三通阀，也用来控制地面安全阀(或井下安全阀)。因此，紧急情况下可通过触发泄压关断、保压关断、单元关断，命令使电磁阀失电，关断地面安全阀或井下安全阀。

1)现象描述

某集气站场Cameron井口控制柜在运行过程中出现低压泵一直处于自动/持续补压状态，但压力始终保持在1500psi左右的现象，这一压力值远远达不到地面安全阀4000～5000psi的开启压力要求，导致地面安全阀无法开启。

2)原因分析

(1)检查确认井口控制柜油箱内液压油是否处于正常液位，排除因液压油不够导致的低压泵打不起压的问题。

(2)检查确认井口控制柜内各连接部件是否存在跑、冒、滴、漏问题，排除因液压油渗漏造成的低压泵打不起压的问题。

(3)检查发现井口控制柜中压泵液压管路上的溢流阀(图8-7)存在低压溢流现象，当管路中液压达到1500psi时，溢流阀开启溢流，导致低压泵无法正常建压打开地面安全阀。

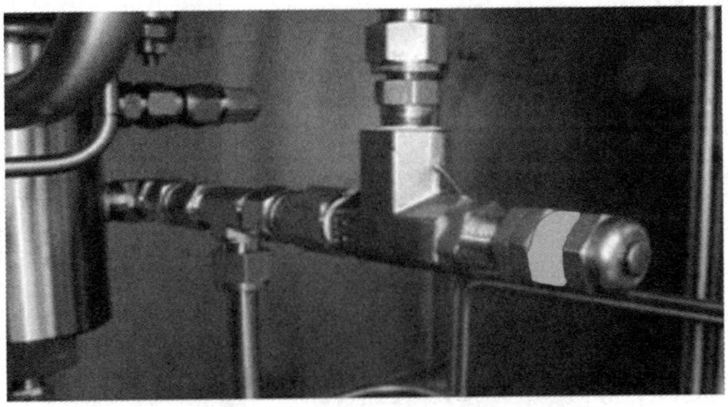

图8-7 溢流阀实物图

3)处理措施

(1)重新设置溢流阀的溢流值，将溢流值设定为5500psi，保证低压泵能正常建压。

(2)加强日常巡检，及时发现井口控制柜各级压力异常情况。

(3)禁止擅自调节井口控制柜各控制系统的压力设定值。

8.2 井下常见故障

8.2.1 Cameron井口控制柜井下安全阀液压故障

普光气田采用丛式井组开发，每个井场安装一套井口安全控制系统即井口控制柜，以确保遇到火灾或爆炸、H_2S含量超标等异常情况时实现对单井或丛式井组的紧急自动关断。井口安全控制系统与场站控制系统联锁，能接受并响应来自场站控制系统的ESD紧急关断控制命令，既能实现就地关断，也能实现远程关断。井下安全阀安装在距离井口100m左右的管柱上，采用液控管线和地面控制系统相连，实现井下安全阀的开关控制。

1)现象描述

Cameron井口控制柜对井下安全阀的正常控制压力设定为7000~8500psi，响应时间为35~120s。但在日常生产中发现，个别井井下安全阀的控制压力在未动操作的情况下，会自动升高达到10000psi以上，甚至造成压力表超量程现象。

2)原因分析

井下安全阀的液压控制管线浸泡在环空保护液中，在气井生产时，地层温度随天然气带出，形成油温上升→环空保护液温度上升→液压控制管线温度上升→液压油受热膨胀导致液压压力上升现象。而井下安全阀液压控制管线溢流阀的溢流值设定大于10000psi，当压力升高时，溢流阀不能有效溢流，致使井下安全阀压力表出现超量程现象。

3)处理措施

将井下安全阀的液压控制管线溢流阀的溢流值设定为9000psi，当液压管线压力超过9000psi，溢流阀自动溢流，从而使井下安全阀控制压力处于有效工作范围内，避免造成压力表超量程现象。

8.2.2 高含硫气井环空带压

高含硫气井环空带压是指在高含硫气井生产过程中，由于各种原因导致的环空中压力异常升高的现象。这种现象对气井的安全运行和井筒完整性构成了严重威胁。环空带压会导致井下油管、套管和封隔器超压或挤毁失效，同时含硫气体还会腐蚀井口套管及套管头，降低气井的生产安全系数，并增加事故隐患。环空带压可能由多种因素引起，包括但不限于封隔器失效、水泥环封固质量不佳、气体窜流等。

1)现象描述

高含硫气井生产期间，油套环空带压且含 H_2S 气体。

2)原因分析

原因主要为井下管柱连接丝扣或安全阀、循环滑套等井下工具出现微渗等。渗漏处酸性气体泄漏窜至环空及井口，将腐蚀油层套管，产生严重的井控隐患。

3)处理措施

因高含硫气井采用永久式封隔器管柱，无法动管柱作业，现场以管控措施为主：

(1)工程技术措施。

加注堵漏剂等工程技术措施进行堵漏，封堵漏点。

(2)管理措施。

①每2～4h巡检1次，每天对采气井口装置进行验漏；岗位值班人员应24h连续监测油管、套管、技套和表套压力值，压力值波动超过2MPa时，采取取样化验、泄压等措施。

②定期对井控设备维护保养。

③制定套管限压值并及时组织泄放。

④每旬对套管含 H_2S 气井进行取样，根据套管 H_2S、CO_2 含量及套管压力情况，计算 H_2S、CO_2 分压，当 $P_{CO_2}>0.02$MPa 且 $P_{H_2S}>0.01$MPa 时，应立即对套压进行泄放，并补充环空保护液，中和环空中 H_2S 气体。

⑤保持气井平稳生产，不频繁进行开关井或调整产量，避免漏点处压差增大。

8.2.3 高含硫气井井筒堵塞

高含硫气井井筒堵塞是一个复杂且多因素的问题，有可能由天然气水合物、硫沉积、腐蚀产物、有机物和无机物等多种因素引起。在当温度和压力下降至某一特定值时，易形成天然气水合物，单质硫会从 H_2S 中析出，与井下管柱腐蚀产物等其他杂质不断聚集、沉积在油管内壁上。这些沉积物可能会堵塞井筒和管道，从而降低天然气的产量和输送效率。

1)现象描述

部分高含硫气井生产过程中，出现油压快速下降，油温较低问题，井口及节流阀出现堵塞现象，关井后压力能恢复至正常水平，但开井后油压、油温快速下降，气井不能正常生产。

2）原因分析

（1）验证井下安全阀状态。

通过井口控制柜上井下安全阀控制阀测试井下安全阀状态，井下安全阀状态正常，未在井筒内造成节流。

（2）验证井筒积液。

通过增大生产压差、液氮诱喷等措施排除井筒积液，但排液量较少，井口油压、套压、温度变化不大，气井未能恢复正常生产，说明井筒积液不是井筒堵塞主要原因。

分析井筒堵塞的原因有以下几个：

①原生堵塞，主要是地层岩屑、暂堵剂、酸压液与地层反应物以及单质硫等混合物因井筒流态改变等原因在井筒内壁形成附着。

②次生堵塞，由于井筒原生堵塞物的存在，使气体在井筒形成节流产生水合物，加剧了井筒堵塞。

3）处理措施

（1）针对井筒内可能存在水合物和单质硫沉积堵塞，采用溶硫剂、乙二醇混合液解堵。

（2）对原生物堵塞，对堵塞部位进行连续油管作业冲洗解堵。

8.2.4　回注井油管腐蚀

回注井油管腐蚀的原因主要包括注入水中含有腐蚀性物质如 H_2S、CO_2、Cl^- 等，这些物质会加速腐蚀过程。此外，溶解氧、CO_2、pH 值、硫酸盐还原菌（SRB）及高矿化度离子也是导致腐蚀的重要因素。同时，在高含 H_2S 区块，温度升高会加剧腐蚀，且腐蚀现象多为局部现象。腐蚀现象表现为油管穿孔、结垢以及管壁厚度减薄，导致注水井的回注能力下降。

1）现象描述

回注井检管时发现注水管柱结垢、腐蚀严重，打捞过程中多次断裂。根据检管情况来看，每口回注井油管都存在不同程度的结垢与腐蚀现象，腐蚀特征为点腐蚀、坑腐蚀和溃疡状腐蚀，局部减薄甚至腐蚀穿孔等。

2）原因分析

（1）油管内壁腐蚀原因分析：经能谱（EDS）、X 射线衍射（XRD）检测，油管内壁结垢主要由 Fe^{3+} 的腐蚀产物构成，包括铁氧化物、硫化物及碳酸亚铁。油管内壁腐蚀主要由溶解氧引起，氧腐蚀速率远大于 H_2S 腐蚀速率。在回注水处理过程中，沉降工序、双氧水除硫等工艺流程都会造成氧含量升高。为保证安全，普光气田现场针对含硫污水采用过量的氧化剂去除 H_2S，溶解氧浓度较高，远大于 0.1mg/L 的要求。

（2）油管外壁腐蚀分析：油管外壁发现腐蚀穿孔，大多由外壁向内腐蚀造成，腐蚀产物为黑色，遇酸溶解产生 H_2S，XRD、EDS 等测试其成分主要为硫化亚铁。油管穿孔主要由 SRB 引起，回注水基本不含 H_2S，但含有大量 SO_4^{2-}，具备 SRB 细菌滋生的条件。从腐蚀形态看，SRB 腐蚀易形成局部腐蚀，造成穿孔。穿孔最易发生在封隔器附近，此处容易形成圈闭区，既能形成厌氧环境，又利于SO_4^{2-}补充；穿孔位置的温度适宜也具备 SRB 细菌生长的条件，易造成 SRB 细菌腐蚀。

3)处理措施

(1)按照每季度 1 次洗井、每年 1 次化学清洗的原则对井筒进行维护。

(2)按照每 3 年 1 次的原则安排检管作业。

(3)水井保持持续稳定注入，避免不必要的间歇注水。

8.2.5 致密气/页岩气井筒蜡堵

致密气/页岩气井筒蜡堵问题在油气开采过程中是一个常见且复杂的问题。蜡堵主要发生在井筒中，由于温度、压力和流动条件的变化，原油中的石蜡晶体析出并聚集，导致油流通道堵塞，严重影响油气井的正常生产。

1)现象描述

××井是一口部署在普光气田千佛崖组的重点评价井，在生产过程中，逐渐出现井口压力、温度下降，套压升高，产量大幅降低现象。当井口油压低于 10MPa、温度低于 20℃时，就会导致气井停产。

2)原因分析

(1)采用泡排和井口放空措施进行气井井筒排液处理，但排液量较少，井口油压、套压、温度变化不大，气井未能恢复正常生产。

(2)经过专项研究分析，普光气田千佛崖组气藏属于凝析油气藏。××井凝析油含量为 166.4g/m^3、密度为 0.75g/m^3，是中等含凝析油未饱和凝析气藏流体，其中凝析油含蜡量为 0.51%，碳素分布在 C_{10} ~ C_{50}，微晶蜡含量为 20.0%，析蜡点为 28.0℃，当压力在 10MPa 以上时析蜡点随着压力在 22.9 ~ 31.5℃变化。

通过以上原因分析判断，气井井筒未出现积液现象，气井生产异常是由井筒压力、温度低于凝析油析蜡温度、压力，导致凝析油中的蜡析出结晶，在井筒内形成蜡堵塞造成的。

3)处理措施

(1)通过连续向油管加注清蜡剂，缩短气井结蜡周期。

(2)根据井温梯度，预测油管结蜡位置，结合结蜡规律，制定合理的刮蜡周期，进行机械刮蜡。

后 记

能源安全和粮食安全是国家的生命线，习近平总书记强调能源的饭碗和中国的饭碗都必须端牢牢端在自己手里。高含硫气田是保障能源安全、助力粮食安全的重要力量，在我国拥有近4万亿立方米的资源量，安全高效开发该类资源意义重大。普光气田是我国首个成功开发并安全平稳运行至今的特大型海相高含硫气田，先后建立了我国高含硫气田开发技术体系和人才高地，引领我国高含硫气田安全高效开发，带动我国涉硫装备及材料技术进步，使我国成为世界上少数几个掌握高含硫气田开发核心技术的国家之一和世界唯一具备高含硫气田开发装备全产业链的国家。

采气工艺是天然气开发的核心环节，关系到天然气的高效开采；井控则是天然气开采过程中的重要保障，是确保作业人员生命安全和保护环境、避免资源浪费的重要防线。两者相辅相成，缺一不可。为更好地支持我国高含硫气田安全高效开发和现场岗位实践，在前期编著的《高含硫气田采气工》《高含硫气田井控技术》等教材基础上，结合近些年技术发展和经验更新编修了《采气工艺与井控》，这既是编著的最终成果，也是普光气田开发建设的重要成果之一。

本教材将理论和实操集于一体，通过对采气工艺和井控技术的深入研究和系统梳理，并紧密结合普光气田生产现场实际编写，能够科学有效指导职工岗位实践，提升培训的实用性和针对性，促进职工素质能力提升，对保障气田安全高效开发具有重要意义。

在编写过程中，吴红旗、杭广社、杨大静、马志建全程统筹协调，确保编写工作高质量推进。古小红凭借多年积累的丰富理论知识和实践经验，带领编写组查阅了大量的文献资料、研究报告以及现场实践案例。历经多次修改，团队最终将高含硫气田开发领域最精准、实用的知识，凝练成书，助力读者深入掌握这一核心技术。李中超、曹英斌、朱德华、尹琦岭、商剑峰、彭鑫岭等专家给予了重要的指导和宝贵的支持与帮助，他们的建议和意见使本书的内容更加丰富、科学、全面。

衷心感谢所有参与本教材编写审核工作的同事和专家，还要感谢那些在百忙之中抽出时间为本教材提供翔实案例和数据的工作人员，他们的付出让本教材更具有实践指导意义。特别向在高含硫气田勘探开发领域做出重大贡献的工作者致以崇高的敬意。在气田开发初期，他们以筚路蓝缕、艰苦奋斗、不懈探索的精神，攻克一个个难题。他们的经验和智慧是本教材的重要理论和实践基础，他们崇高的科学家精神和石油人精神激励着我们不断前行，也让我们更加坚定了将这些宝贵知识世代相传的决心。

对于广大读者，无论是否从事高含硫采气工作，都能从本教材获得有益的知识和启发。我们希望本教材成为您学习了解采气工艺与井控技术的“良师益友”。技术的发展是一个不断演进的过程，相信随着科技的不断进步和实践经验的不断积累，高含硫采气技术将会不断完善和提升。我们衷心希望本教材能够为高含硫气田的发展起到一定的推动作用，也希望更多的人能够关注和参与到这一领域的研究和实践，共同为保障国家能源安全、实现高水平科技自立自强做出更大的贡献。由于作者学识、水平有限，本教材可能会存在一些不足之处，敬请各位专家、学者批评指正。

最后，要感谢出版社的编辑们，是他们的专业素养和辛勤工作让本教材得以顺利出版。他们对书稿的精心编辑和排版，使本教材的质量得到了极大的提升。

本书编写组